"十三五"职业教育规划教材
高职高专机电专业"互联网+"创新规划教材

机械制图

陈世芳　主　编

内 容 简 介

本书将传统工程制图知识与计算机绘图知识有机融合，以机械制图知识为主线，将计算机绘图作为一种绘图方式，构建新的课程体系，以符合高校制图课程和工程图学学科发展的要求。针对高等职业教育培养应用型人才、重在实践能力的特点，本书以掌握概念、强化应用、培养技能作为编写宗旨，力求内容简明、精练，注重培养学生的读图和绘图能力，以及计算机绘图的应用能力。

本书可作为高职院校机械类及近机类专业的教材，也可供从事机械设计等的技术人员参考使用。

图书在版编目(CIP)数据

机械制图/陈世芳主编. —北京：北京大学出版社，2016.8
（高职高专机电专业"互联网+"创新规划教材）
ISBN 978-7-301-27234-3

Ⅰ. ①机… Ⅱ. ①陈… Ⅲ. ①机械制图—高等职业教育—教材 Ⅳ. ①TN126

中国版本图书馆 CIP 数据核字（2016）第 144650 号

书　　　名	机械制图 Jixie Zhitu
著作责任者	陈世芳　主编
策划编辑	刘晓东
责任编辑	黄红珍
数字编辑	刘志秀
标准书号	ISBN 978-7-301-27234-3
出版发行	北京大学出版社
地　　　址	北京市海淀区成府路 205 号　100871
网　　　址	http://www.pup.cn　新浪微博：@北京大学出版社
电子信箱	pup_6@163.com
电　　　话	邮购部 62752015　发行部 62750672　编辑部 62750667
印 刷 者	北京溢漾印刷有限公司
经 销 者	新华书店
	787 毫米×1092 毫米　16 开本　19 印张　445 千字 2016 年 8 月第 1 版　2020 年 9 月第 5 次印刷
定　　　价	45.00 元

未经许可，不得以任何方式复制或抄袭本书之部分或全部内容。
版权所有，侵权必究
举报电话：010-62752024　电子信箱：fd@pup.pku.edu.cn
图书如有印装质量问题，请与出版部联系，电话 010-62756370

前　言

　　机械制图是用图样确切表示机械的结构形状、尺寸大小、工作原理和技术要求的学科。图样由图形、符号、文字和数字等组成，是表达设计意图和制造要求及交流经验的技术文件，常被称为工程界的语言。机械制图也是大多高职院校机械类及相关专业开设的一门专业基础课程。对于机械类和近机类专业而言，大多数学生毕业从事机械设计、加工、工艺编制、设备改造等岗位的工作，因而识读和绘制机械图样的能力是这些岗位必备的一项技能。

　　本书贯彻"以能力为主，理论够用为度"的基本原则编写，从计算机辅助绘图员必须掌握的知识和技能入手，进行教学内容的选择。本书主要具有以下几个特点：

　　(1) 本书将 AutoCAD 作为一种绘图工具和手段，融入机械制图教学内容中，并紧扣计算机辅助绘图员中级和高级考证的要求，编入考证所需要掌握的 AutoCAD 二维绘图和三维绘图、第三角投影转第一角投影等内容。

　　(2) 本书注重学生创新能力的培养，以及学生想象构型能力和设计能力的训练，在组合体部分加入了构型设计的内容，并在配套习题册中加入相应的练习作业。

　　(3) 对高职学生而言，机械制图较抽象难懂，建议采用案例式教学，手把手地去教。因此本书提供所有的案例的 AutoCAD 原始文件，以方便教师教学和学生自学，另外也提供上机练习的习题的原始文件，同时还提供所有的习题答案。

　　(4) 本书全部采用最新的国家标准进行编写，并附有部分新旧标准的对照。

　　(5) 本书 AutoCAD 软件使用部分采用最新的 AutoCAD 2015 版进行编写。与传统教材不同，本书不会逐一介绍各个命令，而是采用案例方式，将常用的命令及用法融入具体实例中。

　　(6) 为满足学生考取 CAD 高级证的需要，本书加入了 AutoCAD 三维绘图的基础内容。尽管 AutoCAD 不是主流的三维软件，但其三维绘图简单易学，可培养学生的建模思路，为将来学习其他三维软件打下基础，学生可根据自己的兴趣爱好进行选学。

　　本书适用于 60~144 课时的机械制图课程的教学。对于少课时的专业，可对一些内容进行适当的删减。第 5 章和第 11 章均为选学部分。

　　与本书配套的习题集，会与教材同时出版，内容及顺序的安排与教材保持一致。

　　本书由广州铁路职业技术学院陈世芳老师担任主编，罗武老师编写了第 7、8 章，其他章节由陈世芳老师编写，罗武和诸进才老师制作了部分教学资源。在编写过程中，编者得到了广州铁路职业技术学院机械教研室的大力支持，以及广州鸿辉电工机械有限公司的帮助，在此表示诚挚的谢意。

　　由于编者水平有限，书中难免有疏漏之处，恳请广大读者及使用本书的老师提出宝贵意见，以便修订时更正。

编　者
2016 年 3 月

【精彩抢先看】

目 录

第1章　绘图的基本知识和技能 1
1.1　制图国家标准的基本规定 2
1.2　绘图工具的用法 12
1.3　常用几何图形的画法 16
1.4　平面图形的画法 20
1.5　徒手绘图 22
小结 24

第2章　计算机绘制平面图形 25
2.1　AutoCAD 2015 的基本操作 26
2.2　AutoCAD 2015 基本绘图设置 36
2.3　图形的绘制与编辑 40
小结 47

第3章　正投影法与三视图 48
3.1　投影法的基本知识 49
3.2　三视图的形成及投影规律 50
3.3　点的投影 54
3.4　直线的投影 56
3.5　平面的投影 60
小结 65

第4章　基本体及其表面交线 66
4.1　平面立体 67
4.2　曲面立体 70
4.3　平面与立体相交 75
4.4　相贯线 81
小结 88

第5章　轴测图 89
5.1　轴测图的基本知识 90
5.2　正等轴测图的画法 91
5.3　斜二轴测图的画法 95
小结 98

第6章　绘制和识读组合体的视图 99
6.1　画组合体的三视图 100
6.2　AutoCAD 标注组合体的尺寸 104
6.3　读组合体的视图 113
6.4　组合体的构型设计 119
小结 121

第7章　机件的表达方法 122
7.1　视图 123
7.2　剖视图 127
7.3　断面图 135
7.4　常用的简化画法及其他规定画法 138
7.5　第三角投影 141
小结 144

第8章　标准件和常用件 145
8.1　螺纹及螺纹紧固件 146
8.2　齿轮 154
8.3　键与销 158
8.4　滚动轴承 162
8.5　弹簧 166
小结 168

第9章　零件图 169
9.1　零件图的作用和内容 170
9.2　零件上常见的结构及尺寸注法 171
9.3　零件图的视图选择 175
9.4　零件图的尺寸标注 178
9.5　零件图的技术要求 183
9.6　典型零件的图例分析 197
9.7　零件测绘 203
9.8　读零件图 209
9.9　用 AutoCAD 绘制零件图 212
小结 219

第10章 装配图 220

- 10.1 装配图的作用和内容 221
- 10.2 装配图的表达方法 223
- 10.3 装配图的尺寸标注及技术要求 227
- 10.4 装配图的零件序号及明细表 228
- 10.5 装配结构的合理性 230
- 10.6 读装配图及拆画零件图 234
- 10.7 由零件图拼画装配图 241
- 10.8 装配体测绘 245
- 小结 248

第11章 三维绘图基础 249

- 11.1 基本概念 250
- 11.2 绘制三维实体和曲面 252
- 11.3 绘制三维网格曲面 263
- 11.4 三维图转二维平面图 268
- 11.5 装配实体 274
- 小结 276

附录 277

参考文献 294

第 1 章 绘图的基本知识和技能

▶ 学习目标

(1) 熟悉国家标准的基本规定,在绘图中能严格遵守国家标准。
(2) 能熟练使用常用的绘图工具和绘图仪器,会抄画平面图形。
(3) 熟悉草图绘制的方法,能徒手画简单的平面图形。

为了方便交流，国家标准对图样中的图幅、比例、字体、图线、尺寸标注等内容做了统一的规定。绘图必须严格遵守国家标准。

国家标准简称"国标"，其代号为汉语拼音字母"GB"，而"T"表示推荐性标准，字母后的数字为标准的编号，分隔号后的数字为该标准颁布的年代，例如，GB/T 14691—1993《技术制图 字体》。

1.1 制图国家标准的基本规定

1.1.1 图纸幅面及格式(GB/T 14689—2008)

1. 图纸幅面

【参考图文】

为了使图纸幅面统一，便于装订和保管，国家标准对图纸幅面做了相对的规定，基本图幅共有五种，其尺寸见表1-1，它们之间的尺寸关系如图1.1所示。绘图时可根据图形的大小和所绘制物体的复杂程度来选择适当的图纸幅面。必要时可加长幅面，但应按基本幅面的短边整数倍增加。

表1-1 图纸幅面尺寸 (单位：mm)

幅面代号		A0	A1	A2	A3	A4
尺寸 $B×L$		841×1189	594×841	420×594	297×420	210×297
图框	a	25				
	c	10			5	
	e	20			10	

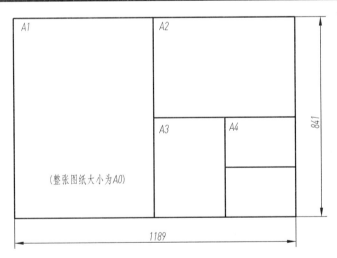

图1.1 五种基本图幅之间的尺寸关系

2. 图框格式

图纸分竖放和横放两种，图框分为留装订边和不留装订边两种，如图1.2和图1.3所示。图框线用粗实线绘制。同一产品的图样，采用同一种图框格式。

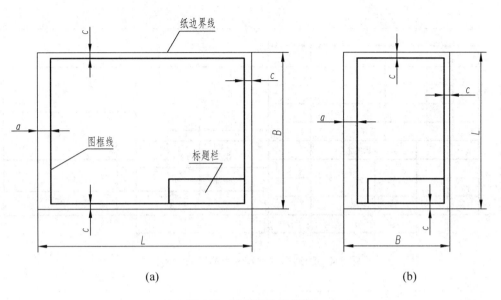

图 1.2　留装订边的图纸

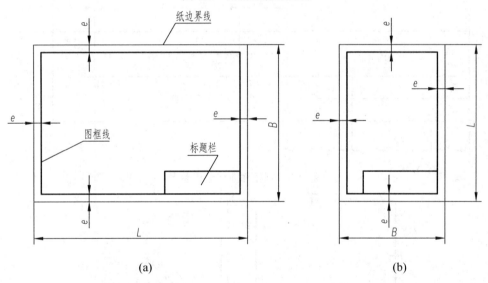

图 1.3　不留装订边的图纸

3. 标题栏

标题栏位于图纸右下角，国家标准推荐采用如图 1.4 所示的标题栏，制图作业可采用简化标题栏，如图 1.5 所示。

一般情况下以标题栏中的文字方向为看图方向。对预印好标题栏的图纸，允许逆时针旋转图幅画图，按方向符号指示的方向看图，如图 1.6(a)所示。方向符号的画法如图 1.6(b)所示。

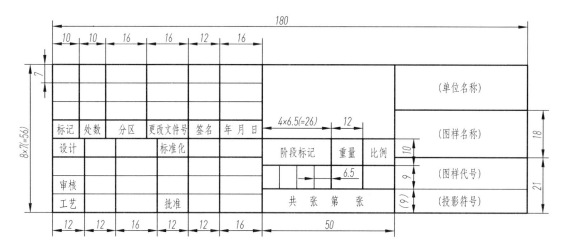

图 1.4 国家标准推荐使用的标题栏的样式

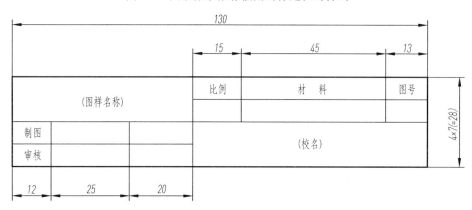

图 1.5 制图作业标题栏参考

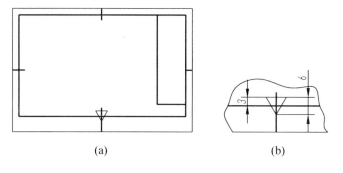

图 1.6 看图方向符号的绘制

1.1.2 比例(GB/T 14690—1993)

图形与实物相应要素的线性尺寸之比称为比例。比例可按表 1-2 选用。绘制图形时尽可能选 1∶1 的比例。

图样不论放大缩小，图形所注尺寸数字必须是实物的实际大小，如图 1.7 所示。

表1-2　比例(GB/T 14690—1993)

种类	比例	
	第一系列	第二系列
原值比例	1∶1	
缩小比例	1∶2　　1∶5　　1∶10　　1∶10n 1∶1×10n　　1∶2×10n　　1∶5×10n	1∶1.5　　1∶2.5　　1∶3　　1∶4　　1∶6 1∶1.5×10^n　　1∶2.5×10^n　　1∶3×10^n 1∶4×10^n　　1∶6×10^n
放大比例	2∶1　　5∶1　　1×10^n∶1 2×10^n∶1　　5×10^n∶1	2.5∶1　　4∶1 2.5×10^n∶1　　4×10^n∶1

注：n为正整数。优先采用第一系列。

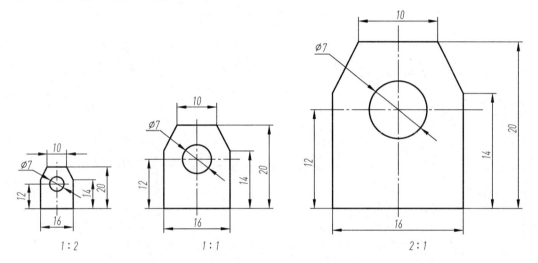

图1.7　不同比例的尺寸标注

1.1.3　字体(GB/T 14691—1993)

字体是图样的重要组成部分。字体的号数即为字体的高度。国家标准规定字体高度的公称系列为 1.8mm、2.5mm、3.5mm、5mm、7mm、10mm、14mm、20mm 等。如需书写更大的字，则字体高度应按 $\sqrt{2}$ 的比例递增。

1. 汉字的写法

汉字应写成长仿宋体，并采用国家正式公布推行的简化字。写汉字时字号不能小于3.5。字体的宽度约等于字体高度的2/3。

书写长仿宋体字的要领是横平竖直、注意起落、结构均匀、填满方格。长仿宋体字示例如图1.8所示。

2. 数字和字母的写法

图样上的数字和字母分直体和斜体两种。斜体字字头向右倾斜成75°。同一张图样，只允许选用一种形式的字体。字母和数字示例如图1.9所示。

10号字
字体端正　　笔画清楚
排列整齐　　间隔均匀

7号字
横平竖直　　注意起落　　结构匀称　　填满方格

5号字
表面粗糙度　　尺寸公差　　形位公差　　标准公差　　基本偏差

图 1.8　长仿宋体字示例

ABCDEFGHIJKLMN

OPQRSTUVWXYZ

abcdefghijklmnop

qrstuvwxyz

0123456789

0123456789

图 1.9　字母和数字示例

1.1.4 图线(GB/T 4457.4—2002)

1. 图线的线型及应用

用来表达物体结构形状的图形是由不同的图线组成的。表 1-3 列出了国家标准规定的机械制图中使用的 9 种线型及其应用。图 1.10 所示为常用图线的应用示例。

表 1-3 机械图样中使用的 9 种线型及其应用

图线名称	图线画法	图线宽度	一般应用
粗实线	————————	d(优先采用 0.5mm、0.7mm)	可见轮廓线
细实线	————————	$d/2$	尺寸线、尺寸界线、指引线、剖面线、过渡线、重合断面的轮廓线、螺纹牙底线、齿根线
细虚线	- - - - 4~6 1	$d/2$	不可见轮廓线
粗虚线	- - - - 4~6 1	d	允许表面处理的表示线
细点画线	— · — · — 15~30 3	$d/2$	轴线、对称中心线、剖切线
粗点画线	— · — · — 15~30 3	d	限定范围的表示线
细双点画线	— ·· — ·· — 15~20 5	$d/2$	相邻辅助零件的轮廓线、极限位置的轮廓线、轨迹线、中断线等
双折线	～/\～	$d/2$	断裂处的边界线、视图与剖视图的分界线
波浪线	∽∽∽	$d/2$	视图与剖视图的分界线

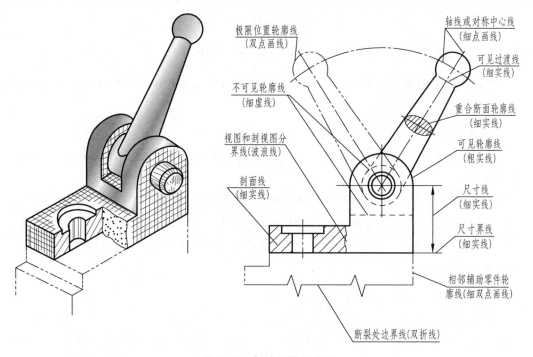

图 1.10 各种图线的应用

2. 图线的尺寸

图线宽度的推荐系列为 0.18mm、0.25mm、0.35mm、0.5mm、0.7mm、1mm、1.4mm、2mm。在 0.5～2mm 的范围内选用粗实线的宽度 d，优先采用 0.5mm 和 0.7mm 的粗线宽度。粗线和细线的宽度之比为 2∶1。虚线、点画线、双点画线的间隔见表 1-3。

3. 图线画法注意事项

(1) 同一张图样上，同类图线的粗细、间距应保持一致。

(2) 轴线、对称中心线、双点画线应超出轮廓线 2～5mm。点画线和双点画线的末端应是线段，而不是短画。若圆的直径较小，圆的中心线可用细实线来代替。

(3) 虚线、点画线与其他图线相交时，应在线段处相交，不应在空隙或短画处相交。如图 1.11 所示。

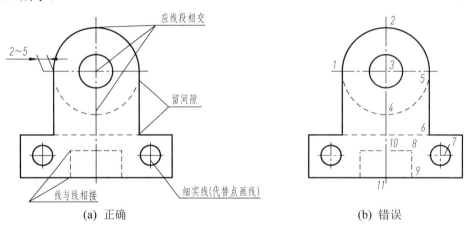

图 1.11 图线画法注意事项

1.1.5 尺寸注法(GB/T 4458.4—2003、GB/T 16675.2—2012)

尺寸是图样中的重要内容之一，是制造机件的直接依据，也是图样中指令性最强的部分。

1. 尺寸标注的基本规则

(1) 机件的真实大小应以图样上所注的尺寸数值为依据，与图形的大小及绘图的准确度无关。

(2) 图样中所注的尺寸，为该图样所示机件的最后完工尺寸，否则应另加说明。

(3) 图样上的尺寸单位为 mm，不需注单位。否则必须注明单位。

(4) 机件的每一尺寸，一般只标注一次，并应标注在反映该结构最清晰的图形上。

2. 尺寸的组成

(1) 尺寸界线：用于表示所标尺寸的范围。

尺寸界线用细实线绘制，从图形的轮廓线、轴线或中心线处引出，尽量画在图外，并超出尺寸线末端 2～3mm。也可借用轮廓线、轴线或中心线作为尺寸界线，如图 1.12 所示。

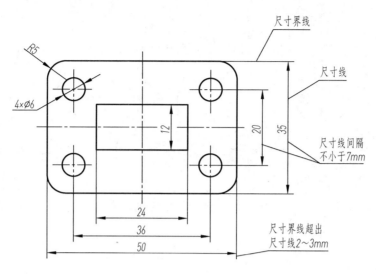

图 1.12 尺寸的组成

尺寸界线一般与尺寸线垂直,必要时才允许倾斜,如图 1.13 所示;在光滑过渡处标注尺寸时,必须用细实线将轮廓线延长,从它们的交点处引出尺寸界线,如图 1.13 所示。

(2) 尺寸线和箭头。

尺寸线用细实线画在尺寸界线之间。标注线性尺寸时,尺寸线必须与所标注的线段平行。尺寸线不得用其他图线代替,也不得与其他图线重合或在其他图线的延长线上。尺寸线应尽量避免与尺寸界线相交。

箭头是尺寸线终端形式的一种,机械图样大都采用这一种,箭头的画法如图 1.14 所示。建筑图样大多采用斜线的形式。

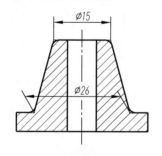

图 1.13 倾斜的尺寸界线

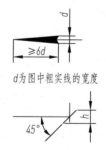

图 1.14 箭头的画法

(3) 尺寸数字:用于表示尺寸度量大小。

注写线性尺寸数字时,应注意数字的书写方向。水平尺寸字头朝上,数字注写在尺寸线的上方;垂直尺寸字头朝左,数字注写在尺寸线的左方;倾斜尺寸字头保持朝上的趋势,并尽量在图示 30°范围内标注尺寸,如图 1.15(a)所示,无法避免时,可按图 1.15(b)和图 1.15(c)所示引出标注。

非水平方向的线性尺寸数字也允许注写在尺寸线的中断处,如图 1.16 所示,同一图样注法应一致。

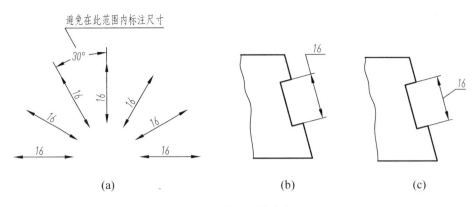

图 1.15 线性尺寸数字的写法

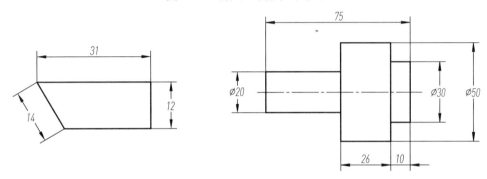

图 1.16 非水平方向尺寸数字的标法

3. 尺寸注法示例

1) 线性尺寸的标注

标注线性尺寸时，首尾相连的尺寸，尺寸线应对齐；互相平行的尺寸，大尺寸应注在小尺寸外面，如图 1.17 所示。

2) 对称图形的标注

对称图形应对称标注，当图形只画出一半或略大于一半时，尺寸线应略超过对称中心线或断裂处的边界，仅在一端画出箭头，如图 1.18 所示。

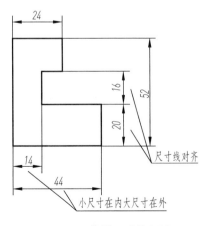

图 1.17 线性尺寸的标注

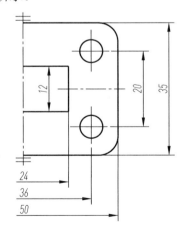

图 1.18 对称图形的标注

3) 圆及圆弧尺寸的标注

尺寸界线可以用圆或圆弧代替，尺寸线要过圆心或指向圆心画尺寸线。

尺寸数字写法同线性尺寸，也可引出折成水平方向标注。整圆必须标注直径，尺寸数字前加"ϕ"；有多个相同尺寸的圆，只需标注一次，如图 1.19 所示。

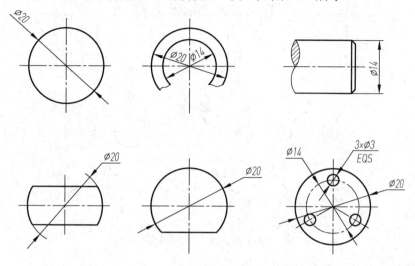

图 1.19　圆或圆弧直径的尺寸注法

圆弧一般标注半径，尺寸数字前加"R"；当半径过大或在图纸范围内无法标注圆心位置时，可将尺寸线折弯；标注球面的直径时，在符号"ϕ"或"R"前加注符号"S"，如图 1.20 所示。

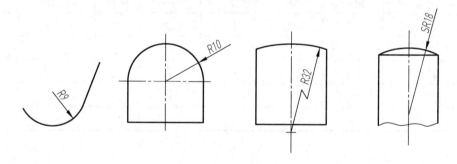

图 1.20　圆弧半径的尺寸注法

4) 角度尺寸的标注

尺寸界线沿径向引出，画一段圆弧作为尺寸线，如图 1.21 所示。

角度数字一律水平书写，写在尺寸线的中断处，也可写在尺寸线上方或外方。

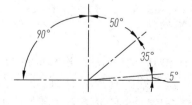

图 1.21　角度数字的注法

5) 小尺寸的标注

当标注尺寸较小,没有足够的位置画箭头或写尺寸数字时,箭头可以画在外面或用小圆点代替,尺寸数字也可写在外面或引出标注,如图 1.22 所示。

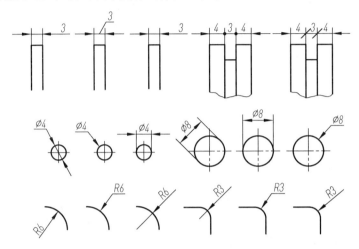

图 1.22　小尺寸的注法

4. 常见结构的尺寸标注符号

常见结构的尺寸标注符号见表 1-4。

表 1-4　常见结构的尺寸标注符号

序号	含义	符号	序号	含义	符号	序号	含义	符号
1	直径	ϕ	6	均布	EQS	11	埋头孔	∨
2	半径	R	7	45°倒角	C	12	弧长	⌒
3	球直径	$S\phi$	8	正边形	□	13	斜度	∠
4	球半径	SR	9	深度	▽	14	锥度	▷
5	厚度	t	10	沉孔或锪平	⊔	15	展开长	○

1.2　绘图工具的用法

采用手工绘制平面图形,首先要准备绘图工具,一般需准备好图板、丁字尺、三角板、圆规、分规,以及 H、HB、B 铅笔等。除了准备绘图工具,还要学会正确使用这些绘图工具。

1. 铅笔

铅笔铅芯的软硬是用字母 B 和 H 来表示的。B 前面的数字越大,则铅芯越软而黑;H 前面的数字越大,则铅芯越硬而淡。绘图时常用 H 或 2H 的铅笔打底稿,用 HB 的铅笔写字和徒手画图。画完底稿需描深图线,这时可用铅芯硬度为 B 或 2B 的铅笔。

削铅笔时要保留铅芯的牌号。铅芯可用砂纸修磨,2H、H、HB 的铅芯应磨成圆锥形,

B、2B 的铅芯可以磨成四棱柱形，如图 1.23 所示。

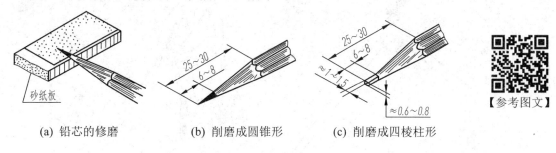

(a) 铅芯的修磨　　　　(b) 削磨成圆锥形　　　　(c) 削磨成四棱柱形

图 1.23　铅笔的削法

2. 圆规

圆规是用来画圆或圆弧的。用圆规画底稿时，装用 HB 铅芯，铅芯应磨成圆锥形或斜形；用圆规描粗加深圆时，则用 B 或 2B 铅芯，铅芯形状为四棱柱且应磨斜，如图 1.24(a)所示。钢针的装法如图 1.24(b)所示。

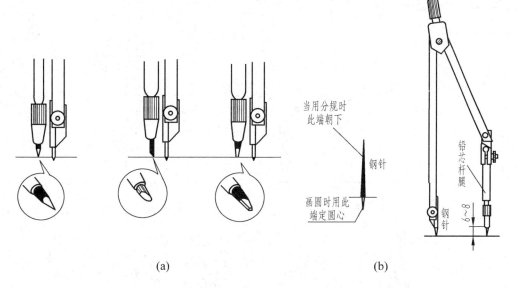

图 1.24　圆规及圆规铅芯形状

画圆时，将圆规两腿分开到所需的半径尺寸，并且保证圆规两腿跟纸面垂直。左手食指将针尖放到圆心位置，另一腿接触纸面，再以右手食指捏住圆规头部手柄，顺时针方向转动，并向画线方向稍微倾斜，即可画出一个完整的圆，如图 1.25 所示。

画大圆时要装上接长杆，再将铅芯插脚装在接长杆上使用，如图 1.26 所示。画小圆时应使圆规两脚向里倾斜，如图 1.27 所示。

将铅芯插脚换成钢针插脚，圆规可当分规用。分规是用来量取尺寸及等分线段或圆弧的，如图 1.28 所示。绘图时，可利用分规从尺子上把尺寸量取到图上，或将图形中的一处尺寸量取到另一处图形中。

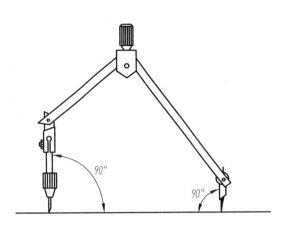

图 1.25 画圆的方法

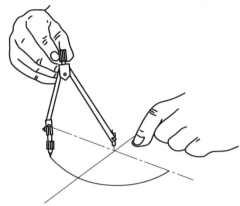

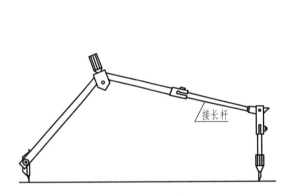

图 1.26 画大圆

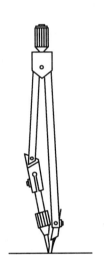

图 1.27 画小圆

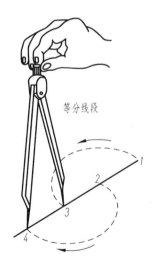

图 1.28 分规的使用

3. 图板、丁字尺、三角板

1) 图板

图板是用来铺放和固定图纸的。图纸要用胶带纸固定在图板上，如图 1.29 所示。绘图所用的图板面必须平整，左侧为工作边(也称导边)，要求光滑平直。

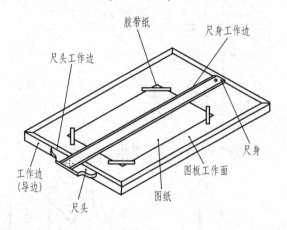

图 1.29　图板与丁字尺的用法

2) 丁字尺

丁字尺主要用来画水平线，使用时须用左手扶住尺头并使尺头内侧紧靠图板的导边，如图 1.30 所示。画水平线时，上下滑移尺头到所需的位置，然后沿丁字尺工作边自左向右画水平线，不能用尺身下缘画水平线。丁字尺还常与三角板配合画铅垂线，禁止直接用丁字尺画铅垂线。

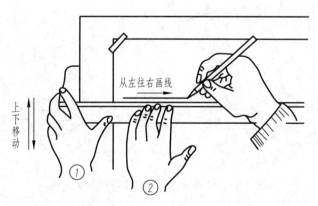

图 1.30　用丁字尺画水平线

3) 三角板

三角板常与丁字尺配合使用画铅垂线，如图 1.31 所示，还可画出与水平线成 30°、45°、60° 及 15° 倍数角的各种倾斜线，如图 1.32 所示。用两块三角板配合也可画出任意直线的平行线和垂直线，如图 1.33 所示。

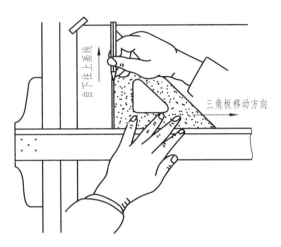

图 1.31　用丁字尺和三角板画垂直线

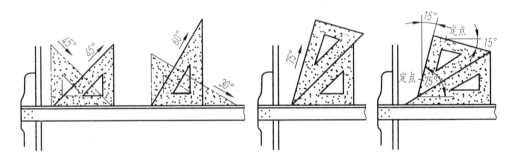

图 1.32　用三角尺与丁字板画特殊角度线

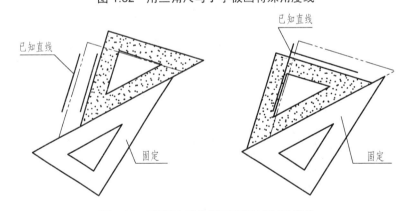

图 1.33　用两块三角板画平行线和垂直线

1.3　常用几何图形的画法

1.3.1　等分线段、等分圆周及正多边形的画法

1. 线段等分

已知线段 AB，现将其五等分，作图过程如图 1.34 所示。

(1) 过 A 点作直线段 AC，然后在此线段上用分规量取五等分(长度随意)。

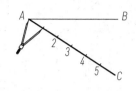 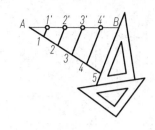

图 1.34 等分线段

(2) 将线段 5B 连接起来，过各等分点作 5B 的平行线，即得到所需的等分点。

2. 等分圆周及作正多边形

图 1.35 所示为圆的三等分及正三角形的画法，图 1.36 所示为圆的六等分及正六边形的画法。圆的五等分及正五边形的画法，以及其他多边形的画法可参考机械制图手册或其他资料。

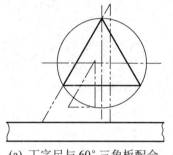 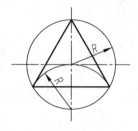

(a) 丁字尺与 60°三角板配合　　　　(b) 圆规

图 1.35 圆的三等分及正三角形的画法

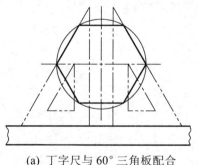 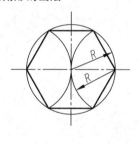

(a) 丁字尺与 60°三角板配合　　　　(b) 圆规

图 1.36 圆的六等分及正六边形的画法

1.3.2 斜度和锥度

1. 斜度

一条直线(或平面)对另一直线(或平面)的倾斜程度称为斜度。斜度 $=\tan\alpha=(H-h)/L$，一般把比值化为 $1:n$ 的形式。斜度用引出线标注，用符号"∠"或"∠"表示，符号的倾斜方向应与斜度方向一致，如图 1.37 所示。

斜度的画法如图 1.38 所示。

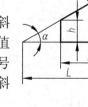

图 1.37 斜度

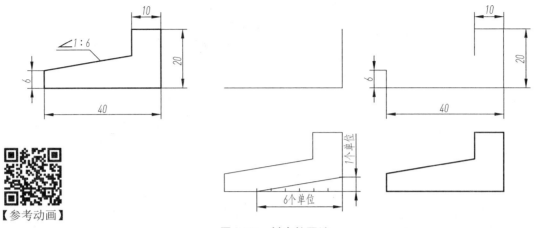

图 1.38 斜度的画法

2. 锥度

锥度是指正圆锥底圆直径与圆锥高度之比,圆台的锥度为其上、下两底圆的直径之差与圆台高度之比,如图 1.39 所示。锥度通常以 $1:n$ 的形式表示。锥度用引出线标注,用符号"◁"或"▷"表示,符号的倾斜方向应与锥度方向一致。

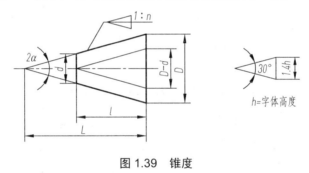

图 1.39 锥度

锥度的画法如图 1.40 所示。

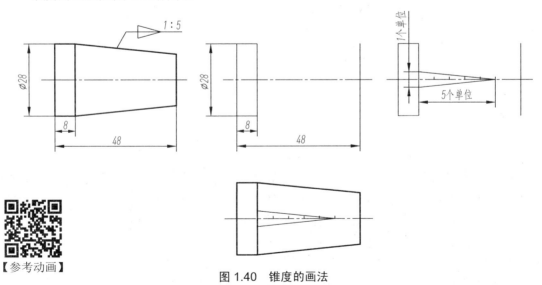

图 1.40 锥度的画法

1.3.3 圆弧连接的画法

在绘制机件的图形时，常遇到用一段圆弧光滑地连接另外两条线(圆弧或直线)的情况，这类作图问题称为圆弧连接。圆弧连接作图的关键是找出连接圆弧的圆心和切点。

1. 圆弧连接的作图原理

圆弧连接的作图原理见表 1-5。

表 1-5　圆弧连接的作图原理

连接弧与已知直线相切	连接弧与已知圆外切	连接弧与已知圆内切
圆心 O 的轨迹是与已知直线相距为 R 且平行于该直线的直线；切点为连接弧圆心向已知直线作垂线的垂足 P	圆心 O 的轨迹是已知圆弧的同心圆弧，其半径为 $R+R_1$；切点为两圆心连线与已知圆的交点 P	圆心 O 的轨迹是已知圆弧的同心圆弧，其半径为 R_1-R；切点为两圆心连线与已知圆弧的交点 P

2. 圆弧连接的作图方法和步骤

无论哪种形式的圆弧连接，最重要的都是先求出连接圆弧的圆心，然后确定其切点，最后画出连接圆弧。圆弧连接的作图方法和步骤见表 1-6。

表 1-6　圆弧连接的作图方法和步骤

类别	已知条件	作图的方法和步骤		
		求连接弧的圆心 O	求切点 A、B	画连接弧并加粗
连接线段				
连接线段和圆弧				

续表

类别	已知条件	作图的方法和步骤		
		求连接弧的圆心 O	求切点 A、B	画连接弧并加粗
与两已知圆外切	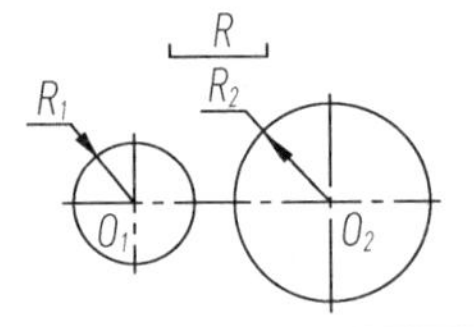	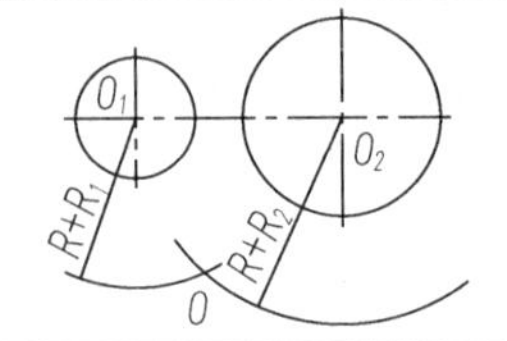	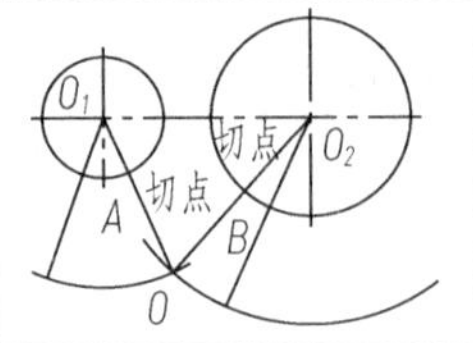	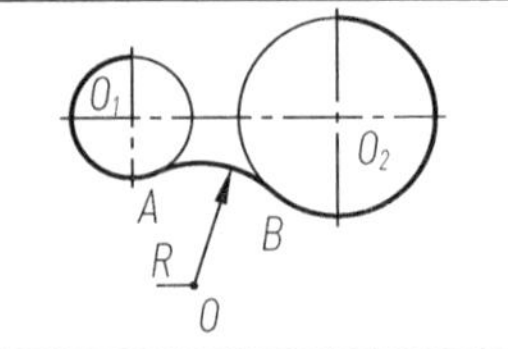
与两已知圆内切	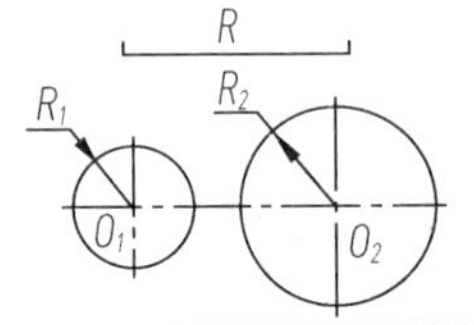	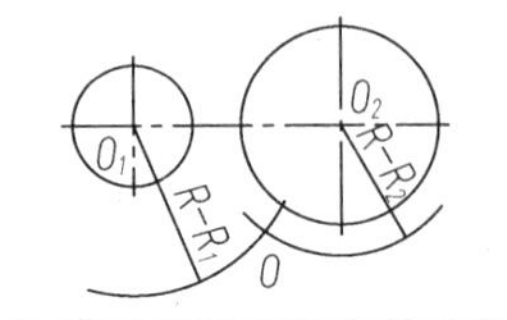	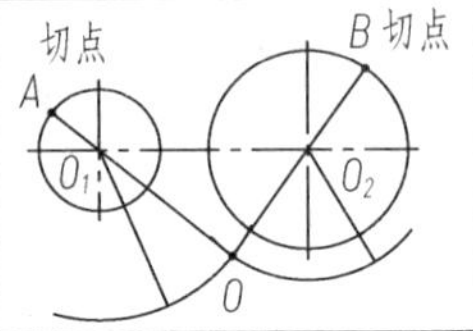	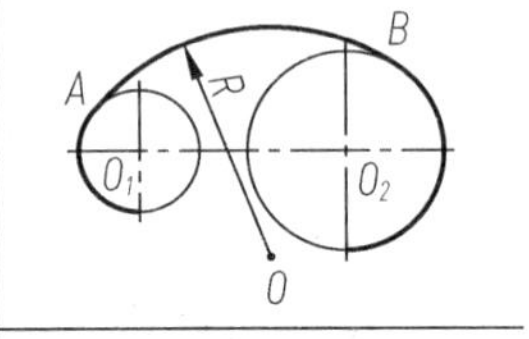
与两已知圆内外切	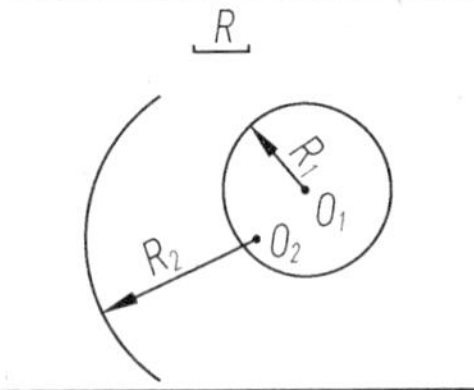	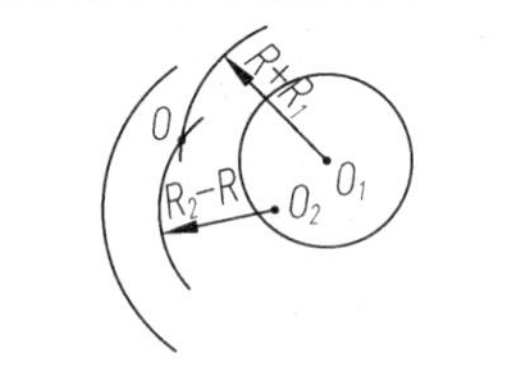	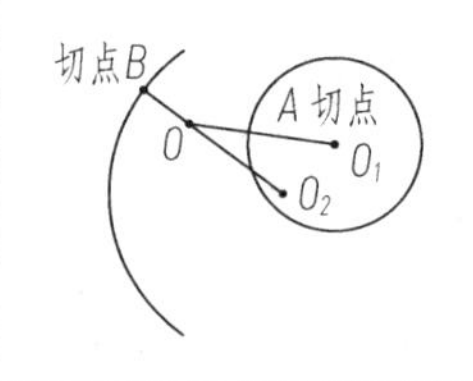	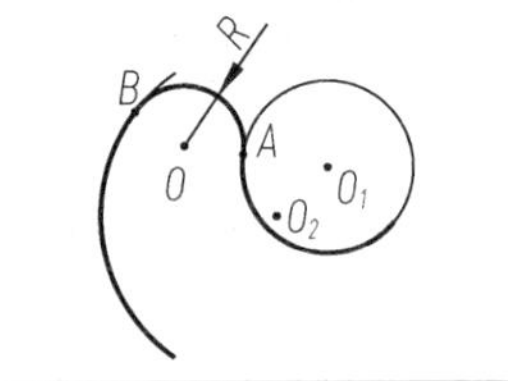

1.4 平面图形的画法

1.4.1 作图准备工作

1. 准备绘图工具

将铅笔削好，铅芯磨好，图板和丁字尺、三角板等擦干净。

2. 选择图纸及绘图比例

根据所画图形的尺寸，选择合适的图纸幅面及绘图比例。优先选用 1∶1 的比例。

3. 固定图纸并绘制图框和标题栏

用胶带纸固定图纸，保证图纸贴正，按国家标准规定绘制图框和标题栏。

1.4.2 分析图形的尺寸与线段

平面图形都是由若干线段(直线或曲线)连接而成的，要正确绘制一个图形，首先必须对该图形进行尺寸分析和线段分析，以确定哪些线段先画，哪些后画。

1. 尺寸分析

在平面图形中，一般包括两类尺寸，即定形尺寸和定位尺寸。

1) 定形尺寸

确定平面图形中线段的长度、圆弧的半径、圆的直径及角度大小等尺寸，称为定形尺寸。如图 1.41 所示，手柄中的 15、$\phi 5$、$\phi 20$、$R12$、$R15$、$R50$、$R10$、$\phi 30$ 等均为定形尺寸。

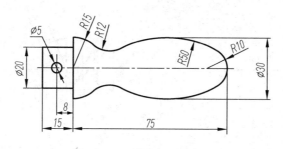

图 1.41　手柄的平面图形

【参考动画】

2) 定位尺寸

确定图形中各个组成部分(圆心、线段)与基准之间相对位置的尺寸，称为定位尺寸。图 1.41 中的 8 为定位尺寸；75 既是手柄的长度尺寸，又是 $R10$ 圆弧的定位尺寸。

2．线段分析

线段在图形中根据所给定的定形尺寸和定位尺寸是否齐全，可分为以下三类。

1) 已知线段

既有定形尺寸又有定位尺寸的线段，称为已知线段。图 1.41 中左端的直线段、$\phi 5$、$R15$、$R10$ 圆弧都是已知线段。

2) 中间线段

给了部分定位尺寸的线段，称为中间线段。图 1.41 中 $R50$ 圆弧为中间线段。

3) 连接线段

只有定形尺寸而无定位尺寸的线段，称为连接线段。图 1.41 中 $R12$ 的圆弧为连接圆弧。

1.4.3　绘图方法与步骤

1．画作图基准线

先画出图中的主要中心线(细点画线)和主要定位基准线，如图 1.42(a)所示，画基准线要使图形尽量匀称、居中，并要留出标注尺寸的位置。

2．画底稿

先画已知线段，如图 1.42(b)所示；$R50$ 圆弧与 $R10$ 圆弧内切，与 $\phi 30$ 圆柱素线相切，利用圆弧连接原理找出 $R50$ 圆弧的圆心及与 $R10$ 圆弧的切点可画出 $R50$ 圆弧，如图 1.42(c)所示；最后画连接线段 $R12$，$R12$ 圆弧与 $R15$、$R50$ 圆弧外切，找出圆心及切点即可画出，如图 1.42(d)所示。

3．检查描深

描深时，先粗后细，先曲后直，先水平后垂斜，自上而下，从左到右。

4．标注尺寸并填写标题栏

按国家标准有关规定在图样中标注尺寸和填写标题栏。

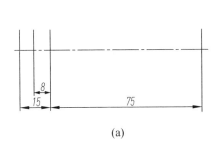
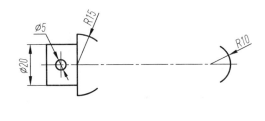

(a)   (b)

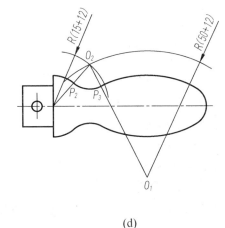

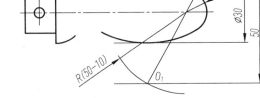

(c)   (d)

图 1.42　手柄的作图步骤

1.5　徒 手 绘 图

徒手画的图又称作草图，是以目测估计图形与实物的比例，不借助绘图工具徒手绘制的图样。在生产实践中经常需要人们借助徒手画图来记录或表达技术思路，因而徒手画图是工程技术人员必备的一项技能。

画草图的铅笔比用仪器画图的铅笔软一号，削成圆锥形，画粗实线时要秃些，画细线时可尖些。画草图时，可以用有方格的坐标纸，或者在透明的草图纸下面放一张有格子的纸，以便控制图线的平直和图形的大小。

1. 直线的画法

画直线时，可先标出直线的两个端点，在两点之间先画一些短线，再连成一条直线。画短线时，转动手腕，眼睛注意终点，控制方向，把线画直；画长线时，移动手臂画出。画水平线应自左向右画出；画垂直线应自上而下画出；斜线斜度较大时可自左向右下或自右向左下画出，如图 1.43 所示。

2. 圆的画法

画圆时，应先定出圆心位置，过圆心画对称中心线，在对称中心线上距圆心等于半径处截取 4 个点，过这 4 个点画圆即可。画稍大一点的圆时，可再加画两条斜线，共截取 8 个点，过 8 个点画圆，如图 1.44 所示。圆的直径很大时，可以用手作为圆规，以小指支撑于圆心，使铅笔与小指的距离等于圆的半径，笔尖接触纸面不动，转动图纸，即可得到所需的大圆，如图 1.45 所示。

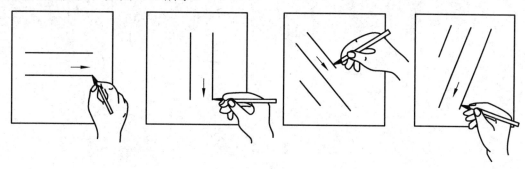

图 1.43　徒手画直线

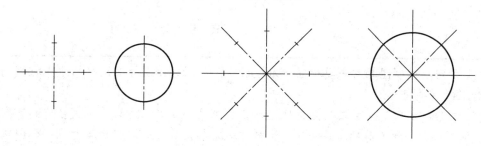

图 1.44　圆的画法

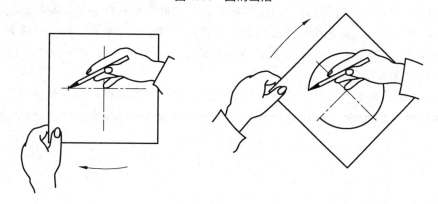

图 1.45　徒手画大圆

3. 平面图形的画法

徒手绘制平面图形，和使用尺规作图一样，要进行图形的尺寸分析和线段分析，先画已知线段，再画中间线段，最后画连接线段。在方格纸上画平面图形时，主要轮廓线和定位中心线应尽可能利用方格纸上的线条，图形各部分之间的比例可按方格纸上的格数来确定，如图 1.46 所示。

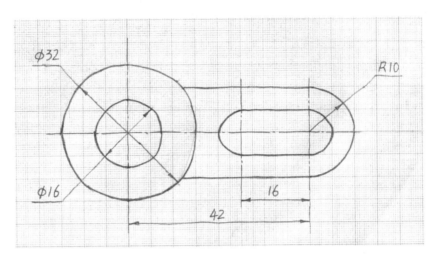

图 1.46 徒手绘制平面图形

小 结

(1) 学习机械制图时首先要树立标准化的观念，所绘制图样必须严格遵守机械制图国家标准的有关规定。

(2) 工程技术人员除了正确熟练地使用绘图工具和仪器，还必须养成良好的绘图习惯，养成严谨、一丝不苟的工作作风，这样才能绘制出具有一定图面质量且符合国家标准的图样。

(3) 正多边形、斜度、锥度、圆弧连接等基本几何图形的画法是绘制平面图形的基础。要绘制平面图形，首先要对平面图形进行线段分析和尺寸分析，分析哪些是已知线段(最先绘制的)，哪些是中间线段(第二步绘制的)，哪些是连接线段(最后绘制的)，才能正确地绘制出平面图形。

(4) 徒手绘图也是工程技术人员必备的技能，应熟练掌握徒手绘图的技巧。

第 2 章

计算机绘制平面图形

▶ 学习目标

(1) 熟悉 AutoCAD 软件的基本操作方法,掌握精确绘图的方法,掌握对象选择方法,会设置图层、线型、线型比例、文字样式等,会定制样板文件。

(2) 能熟练使用 AutoCAD 绘制平面图形,能正确进行文件的基本操作。

计算机绘图相对于传统的手工绘图而言，效率高、精度高、便于管理、检索、修改、重用，在各行各业中广泛使用。AutoCAD 是美国 Autodesk 公司开发的一个二维、三维交互绘图软件，是目前应用最广泛的绘图软件之一。

2.1　AutoCAD 2015 的基本操作

正确安装 AutoCAD 2015 后，双击桌面上的图标，系统进入绘图界面。AutoCAD 2015 为用户提供了"草图与注释""三维基础"和"三维建模"三种工作空间模式，单击右下角的图标，在其下拉列表中可以切换工作空间。二维画图所用的"草图与注释"工作空间界面如图 2.1 所示。

【参考视频】

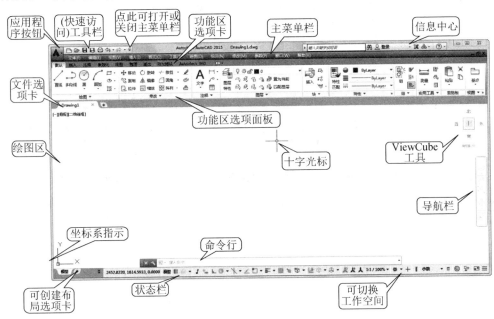

图 2.1　AutoCAD 2015 草图与注释工作界面

1. 标题栏

与大多数的 Windows 应用程序一样，AutoCAD 2015 的标题栏在应用程序的最上面，它的左侧用来显示当前正在运行的应用程序名称，它的右侧为最小化、最大化(还原)和关闭按钮。

2. 主菜单栏

主菜单栏包含了 AutoCAD 常用的功能和命令。单击主菜单项，可弹出相应的子菜单(又称下拉菜单)。

3. 命令行

命令行是 AutoCAD 与用户进行交互对话的地方，用于显示系统的信息及用户输入信息。在实际操作中应该仔细观察命令行所提示的信息。

4. 状态栏

状态栏最左边显示光标坐标值,右边是一些辅助绘图的工具,可打开或关闭,以方便用户绘图。

5. 功能选项面板

AutoCAD 默认的功能选项面板中有"绘图""修改""注释""图层""块"和"特性"等最常用的工具面板,单击功能区选项卡进行功能区选项面板的切换。

6. 绘图区

绘图区是用户绘图的工作区域。在绘图区的下方,单击" "可增加"布局"选项卡,切换到图纸空间。通常情况下,用户总是先在模型空间中绘制图形,绘图结束后再转至图纸空间安排图纸输出布局并输出图形。

2.1.1 交互方式

在 AutoCAD 中,用户通常结合键盘和鼠标来进行命令的输入和执行。可用键盘输入命令(或命令的快捷键)、参数及坐标,或用鼠标选择工具选项面板中的相应工具栏(或选择下拉菜单中的命令)、选择对象、捕捉关键点及拾取点等。

鼠标的用法如下:

左键:拾取键,用于单击命令按钮及选取菜单选项,也可在绘图过程中指定点和选择对象。

右键:一般作为 Enter 键使用,有确认和重复上次命令的功能。单击鼠标右键会弹出快捷菜单,这些菜单的种类与鼠标光标的位置有关。

滚轮:向前转动滚轮,放大图形;向后转动滚轮,缩小图形;按住滚轮并拖动鼠标,平移图形;双击滚轮,全部缩放图形。

2.1.2 坐标的输入方式

AutoCAD 提供了直角坐标或极坐标两种坐标输入方式,每种都包含了绝对坐标和相对坐标两种形式。

1. 直角坐标

在绘制二维图形时,只需输入 X 轴和 Y 轴坐标值即可,系统默认 Z 轴坐标的值为 0。

1) 绝对直角坐标

绝对直角坐标是相对于原点(0,0)的坐标,绝对直角坐标的输入方法是(X,Y),绘图区的任何一点均可以用(X,Y)表示。例如,坐标(50,20)的点是指在 X 轴正方向距离原点 50 个单位,在 Y 轴正方向距离原点 20 个单位的一个点。(注意输入坐标时,只输入括号里的数,分隔符必须是半角的逗号。)

2) 相对直角坐标

相对直角坐标是相对于上一个输入点的坐标,相对直角坐标的输入方法是(@ΔX,ΔY),其中@表示相对,ΔX,ΔY 为该点相对于前一点的坐标差。例如,上一个输入点的坐标是(50,20),输入相对坐标(@30,20),那么该点的绝对直角坐标就是(80,40),如图 2.2 所示。

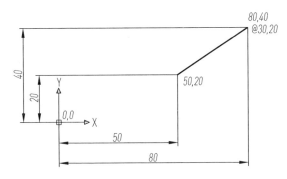

图 2.2　直角坐标的格式

2. 极坐标

极坐标是根据点相对于极点(即原点)的距离和角度定义的,角度是这点和极点的连线与极轴(即 X 轴正方向)的夹角,AutoCAD 默认情况下以逆时针来测量角度,角度也可以用负号来表示。

1) 绝对极坐标

绝对极坐标以原点为极点,绝对极坐标的输入方法是(L<A),其中,L 表示输入点与极点之间的距离(极长),A 表示角度。例如,10<45,表示该点离极点(原点)的距离(极长)为 10 个单位,而该点和极点的连线与极轴之间的夹角为 45°。

2) 相对极坐标

相对极坐标是点相对于上一个输入点的距离和偏移角度,相对极坐标是以上一个输入点作为极点,而不是原点,相对极坐标的输入方法是(@L<A),其中@表示相对，L 表示极长，A 表示角度。例如，@10<45,表示相对于上一个输入点距离 10 个单位,偏移角度为 45°的点,如图 2.3 所示。

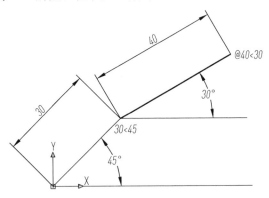

图 2.3　极坐标的格式

2.1.3　图形的选择方式

1. 用拾取框选择对象

在编辑图形时,使用拾取框(光标)单击某个图形就可以选择对象,当选择了一个对象时,被选择的对象将会以虚线的方式显示,如图 2.4 所示。

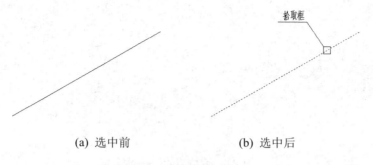

(a) 选中前　　　　　　　　　(b) 选中后

图 2.4　用拾取框选择对象

若误选了某个对象，则需要取消对象的选择。

(1) 若要取消选择的所有对象，可以直接按 Esc 键。

(2) 若要取消多个选择对象中的某一个对象，按 Shift 键并单击要取消选择的对象。

2．用矩形框选择对象

单击后拖动可出现矩形框。AutoCAD 在默认的情况下，以从左向右选择为"窗口方式"，以从右向左选择为"交叉方式"。用窗口方式选择对象时，只有对象完全处于矩形框中才会被选择，而用交叉方式选择对象时，不管对象全部还是部分处于矩形框中，都会被选择，如图 2.5 所示。

(1) 如果用窗口方式选择对象(即从左到右选择)，出现实线矩形框，背景颜色为蓝色，如图 2.5(a)所示，选择后，因为只有直线 AB 完全处于矩形框中，所以只有直线 AB 被选择。

(2) 如果用交叉方式选择对象(即从右到左选择)，出现虚线矩形框，背景颜色为绿色，如图 2.5(b)所示，选择后，因为直线 AB、BC、CD 部分或者全部处于矩形框中，所以直线 AB、BC、CD 都被选择。

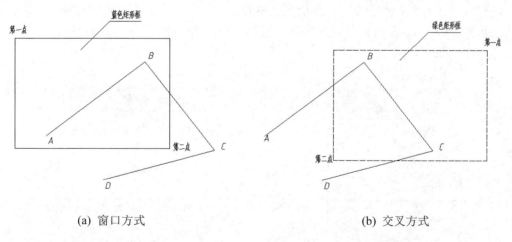

(a) 窗口方式　　　　　　　　　(b) 交叉方式

图 2.5　矩形框选择对象

3．用套索方式选择对象

按住鼠标左键并拖动鼠标，可用套索方式选择对象，如图 2.6 所示。套索方式也分窗口方式和交叉方式两种，图 2.6 为窗口方式，加粗显示为选中对象。

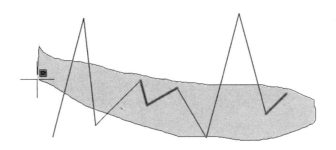

图 2.6　套索方式选择对象

4. 栏选方式选择对象

在命令行提示"选择对象"时输入"F",按 Enter 键,然后按住鼠标左键,将鼠标从需删除的线上划过,只要是鼠标经过的对象都会被选中,如图 2.7 所示。

图 2.7　栏选方式

5. 用快速选择对话框选择对象

当编辑复杂图形的时候,有时候需要选择某一个类型的对象,这个时候就需要用到快速选择对话框选择对象。

没有执行任何命令的情况下,在绘图区中右击,在弹出的快捷菜单中选择"快速选择"选项,如图 2.8 所示,即可打开快速选择对话框,如图 2.9 所示。如只选择 04 图形中的线,操作方法如图 2.9 所示。

图 2.8　快捷菜单

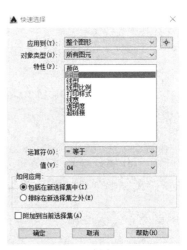

图 2.9　快速选择对话框

2.1.4 图形显示控制

1. 平移图形

方法一：按住鼠标中间的滚轮，光标变成手形，移动鼠标可进行平移。

方法二：单击导航栏中的平移按钮，光标变成手形，按住鼠标左键并拖动鼠标，就可以平移视图来调整绘图窗口显示区域。

2. 放大或缩小图形

滚动鼠标中间的滚轮即可以当前十字光标所在处放大或缩小图形。AutoCAD 2015 还提供了缩放工具来缩放图形，在导航栏单击下方的小三角，弹出缩放工具菜单，如图 2.10 所示。

图 2.10 缩放工具菜单

2.1.5 文件操作

AutoCAD 文件操作的方法与常用的 Windows 应用程序相同。

1. 新建文件

单击按钮，打开"选择样板"对话框，如图 2.11 所示。该对话框中列出了许多用于创建新图形的样板文件，默认的样板文件是"acadiso.dwt"。单击"打开"按钮，开始绘制新图形。

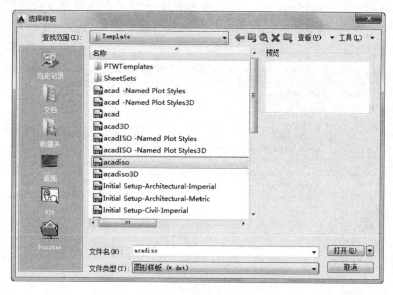

图 2.11 "选择样板"对话框

2. 打开文件

单击"标准"工具栏上的按钮，启动打开图形命令，AutoCAD 打开"选择文件"对话框，选取相应的文件，即可打开文件，如图 2.12 所示。

机械制图

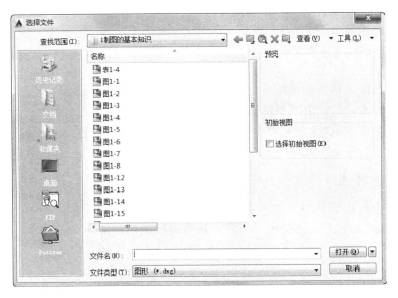

图 2.12 "选择文件"对话框

3. 保存文件

将图形文件存入磁盘时,一般采取两种方式,一种是以当前文件名保存图形,另一种是指定新文件名存储图形。

1) 快速保存

单击快速访问工具栏上的 ■ 按钮。系统将当前图形文件以原文件名直接存入磁盘,而不会给用户任何提示。若当前图形文件名是系统默认的且是第一次存储文件,则 AutoCAD 弹出"图形另存为"对话框,如图 2.13 所示,在该对话框中用户可指定文件存储位置、文件类型及输入新文件名。

图 2.13 "图形另存为"对话框

2) 换名存盘

单击按钮，AutoCAD 弹出"图形另存为"对话框，如图 2.13 所示。用户在该对话框的"文件名"文本框中输入新文件名，并可在"保存于"及"文件类型"下拉列表中分别设置文件的存储位置和类型。修改"文件类型"，可将文件保存成低版本的软件能打开的类型、样板或其他绘图格式。

2.1.6 AutoCAD 辅助绘图工具的设置

栅格、捕捉、正交、极轴追踪和对象捕捉是绘图的辅助工具，不能单独用于创建对象，但在这些辅助工具的配合下，更容易、更准确地创建修改对象。这些工具位于屏幕下方的状态栏中，单击相应的按钮，可以打开和关闭这些辅助绘图工具。图标呈蓝色时为打开状态，呈黑色时为关闭状态。

1. 捕捉和栅格

栅格类似于坐标纸中格子的概念，按 F7 键或单击按钮可打开或关闭栅格。栅格打开时，用户在绘图界限内可以看见格子，如图 2.14 所示。按 F9 键或单击按钮可打开"捕捉到图形栅格"，利用栅格和捕捉模式，可以在绘图过程中精确地捕捉到栅格点。单击右边的小三角，选择"捕捉设置"，可以打开"草图设置"对话框，这里可以设置捕捉及栅格的间距，如图 2.15 所示。

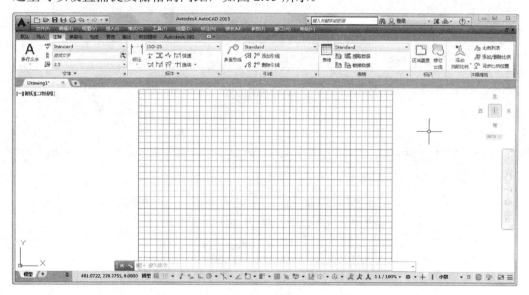

图 2.14 栅格

注意：在正常绘图过程中不要启用捕捉，否则光标在屏幕上按捕捉间距跳动，这样不便于绘图。

2. 正交

按 F8 键或单击按钮可打开和关闭正交模式。在正交模式下，光标被约束在水平或垂直方向上移动(相对于当前用户坐标系)，方便画水平线和竖直线，如图 2.16 所示。

图 2.15　栅格和捕捉间距的设置

图 2.16　正交绘图模式

3. 极轴

按 F10 键或单击 按钮可打开和关闭极轴，单击右边的小三角，可弹出极轴追踪对话框，如图 2.17 所示，更改增量角的大小，即可画出一些特殊角度的线。

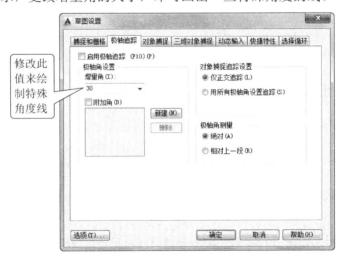

图 2.17　极轴追踪的设置

例如，将增量角设置成 30°，则光标移动到接近 30°、60°、90°、120°、150°等 30°整数倍角的方向时，极轴就会自动追踪，如图 2.18 所示。

4. 对象捕捉

按 F3 键或单击 按钮可以打开或关闭对象捕捉。对象捕捉实际上是 AutoCAD 为用户提供的一个用于拾取图形几何点的过滤器，它使光标能精确地定位在对象的一个几何特征点上。利用对象捕捉命令，可以帮助用户将十字光标快速、准确地定位在特殊或特定位置上，以提高绘图效率。

图 2.18　极轴追踪的用法

对象捕捉模式可单击 按钮右边的小三角，在弹出的快捷菜单勾选上相应的选项即可，如图 2.19(a)所示，或选择"对象捕捉设置"，弹出如图 2.19(b)所示的对话框，勾选相应的选项即可。

按住 Ctrl 键或者 Shift 键，在绘图区右击可弹出捕捉快捷菜单，可选择临时对象捕捉方式，如图 2.20 所示。

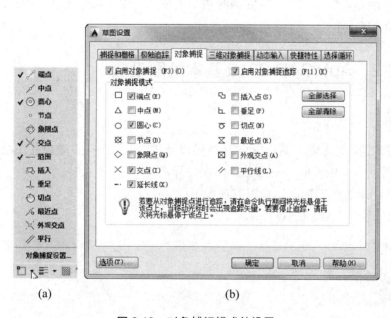

(a)　　　　　　　　　　　　(b)

图 2.19　对象捕捉模式的设置　　　　图 2.20　对象捕捉快捷菜单

注意：不要把所有对象捕捉方式都打开，要根据绘图时的实际要求，有目的地设置捕捉对象，否则在点集中的区域很容易捕捉混淆，反而使绘图不准确。

5. 对象追踪

按 F11 键或单击 按钮可打开或关闭对象追踪。当对象追踪打开时，屏幕上出现的对齐路径(水平或垂直追踪线)有助于用户用精确位置和角度创建对象。自动追踪包含两种追踪选项：极轴追踪和对象捕捉追踪。

【例 2-1】 在如图 2.21 所示的四边形中心处绘制一个直径为 100mm 的圆。

【参考视频】

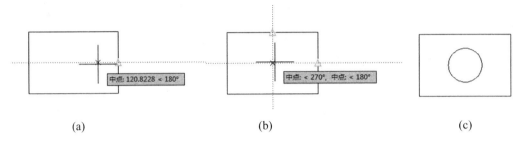

图 2.21 对象捕捉追踪图例

(1) 确认对象捕捉和对象追踪是打开的。

(2) 设置对象捕捉模式(图 2.19)，勾选"中点"对象捕捉方式。

(3) 选择"画圆"命令，再将光标在左侧或右侧中间处停留一会，移动鼠标，会出来一条水平追踪线，如图 2.21(a)所示；然后将光标在上下中间处停留一会，移动鼠标，会出来一条垂直追踪线；当光标接近两条追踪线的交点处时，会出现一个小叉，如图 2.21(b)所示。单击，即可捕捉到四边形的中心，输入圆的半径"100"，绘制完成的图如图 2.21(c)所示。

2.2　AutoCAD 2015 基本绘图设置

2.2.1　设置图纸幅面

AutoCAD 的绘图空间是无限大的，AutoCAD 可以通过"图形界限"来设置图纸幅面。图形界限定义了一个虚拟的、不可见的绘图边界。

例如，设置一个 A4 的图纸幅面，设置方法如下：

键入"LIMITS"命令，AutoCAD 提示：

```
命令:LIMITS
新设置模型空间界限:
指定左下角点或 [开(ON)/关(OFF)] <0.0000,0.0000 >：    //按 Enter 键,接受
默认值
指定右上角点 <420.0000,297.0000 >:210,297           //输入210,297后按
                                                    Enter 键
```

执行下拉菜单中"格式"—"单位"命令，即可打开"绘图单位"对话框，如图 2.22 所示。

图 2.22 "图形单位"对话框

2.2.2 设置图层及线型

绘制机械图样需要不同的线型来表示机件，AutoCAD 通过图层对各种图形对象进行分组，每个图层可设置不同的线型、颜色和线宽。图层相当于图纸绘图中使用的重图纸。它们是 AutoCAD 中的主要组织工具，可以使用它们按功能组织信息及执行线型、颜色和其他标准。

1. 创建新图层

(1) 单击"图层"工具栏上的"图层特性"图标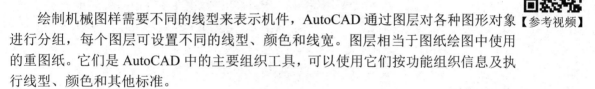，打开"图层特性管理器"对话框，如图 2.23 所示。

(2) 右击，在弹出的菜单中选择"新建图层"选项，在右侧的列表图中将新增加一个图层，默认情况下创建的图层自动命名为"图层 1(2、3…)"。

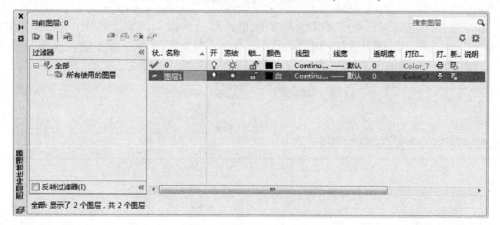

图 2.23 图层特性管理器

使用相同的方法，可以新建更多的图层。新图层的默认特性与当前图层"0"层的默认特性相同，可以根据绘图的需要设定新图层的颜色、线型和线宽等。

2. 设置图层的名称

打开"图层特性管理器"对话框,单击文字"图层1",出现可修改的文本框,修改名称即可。

为了方便记忆和管理,可以直接使用某种对象的名称命名图层,如虚线、尺寸标注等。

3. 设置图层的颜色

(1) 打开"图层特性管理器"对话框,单击"图层 1"的颜色图标(新建图层的颜色默认为白色),弹出"选择颜色"对话框,如图2.24所示。

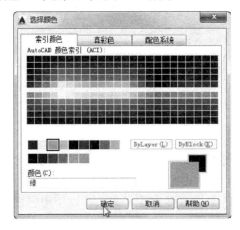

图2.24 "选择颜色"对话框

(2) 在"选择颜色"对话框中可以根据需要选择合适的颜色,然后单击"确定"按钮,返回"图层特性管理器"对话框。

4. 设置图层的线型

(1) 打开"图层特性管理器"对话框,单击"图层 1"的线型图标(新建图层的默认线型为Continuous),弹出"选择线型"对话框,如图2.25所示。

(2) 在"选择线型"对话框中单击合适的线型,然后单击"确定"按钮,返回"图层特性管理器"对话框。如果"选择线型"对话框中没有合适的线型,需要加载线型,单击"加载"按钮,然后弹出"加载或重载线型"对话框,如图2.26所示。

图2.25 "选择线型"对话框　　　　图2.26 "加载或重载线型"对话框

5. 设置图层的线宽

AutoCAD 默认的线宽为 0.25mm。

(1) 打开"图层特性管理器"对话框，单击"01"的线宽图标，弹出"线宽"对话框，如图 2.27 所示，选择"0.50mm"，然后单击"确定"按钮，即可将图线的线宽修改为 0.5mm。

(2) 在"线宽"对话框中单击合适的线宽，然后单击"确定"按钮，返回"图层特性管理器"对话框。

6. 使用图层

如果想使用某个图层的特性，必须先将该图层设置为当前图层，然后才可以绘制对象。最为简便的方法是，使用"图层"工具栏中的"应用的过滤器"下拉列表，在弹出的下拉列表中进行选择，选择哪个图层，即可将该图层设置为当前图层，如图 2.28 所示。

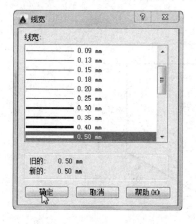

图 2.27 "线宽"对话框

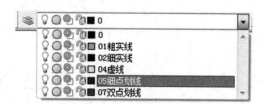

图 2.28 设置当前图层

7. 设置线型比例

各种线型中线段的长度可以通过设置线型比例来修改，修改方法如下：

选择"格式"—"线型"命令，弹出如图 2.29 所示的对话框，单击"显示细节"按钮，将全局比例因子改为"0.4"。比例因子越大，线段的长度越长。

图 2.29 线型比例的设置方法

2.3 图形的绘制与编辑

AutoCAD 提供了画直线、圆、圆弧、矩形、多边形等绘图命令,首先必须掌握这些绘图命令的使用。但这些命令只能绘制一些基本对象,为了获得想要的图形,还要学会对这些图形进行编辑,如修剪、偏移、倒角、圆角等。另外,为了提高绘图效率,更应灵活地掌握复制、镜像、阵列命令的使用。

2.3.1 绘制简单的图形

下面通过实例说明 AutoCAD 常用的绘图和编辑命令的用法,以及 AutoCAD 绘图的方法与步骤。

【例 2-2】 绘制如图 2.30 所示的图形。

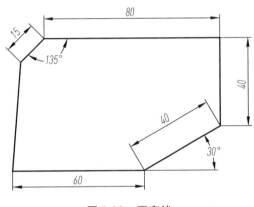

图 2.30 画直线

绘制步骤如下:

(1) 从图形左下角开始画图,选取 ✎ 命令,或输入"L"后按 Enter 键,用光标在绘图区合适的位置拾取一点,确保正交或极轴按钮处于打开状态(这两个按钮打开其中一个,另一个会关闭),将光标往右边移动,出现"0°"提示时[图 2.31(a)],用键盘输入"60",按 Enter 键,即可绘制第一条直线。画出第一条直线后不需要按 Enter 键,可以继续绘制下一条直线。

(a)   (b)

图 2.31 绘制过程

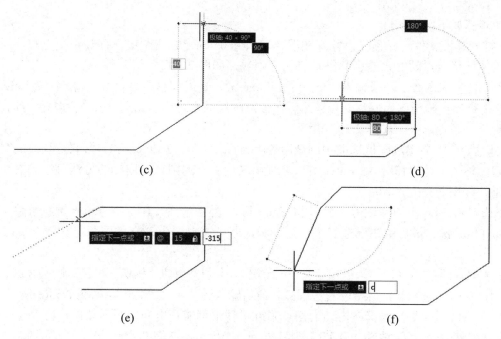

(e)   (f)

图 2.31　绘制过程(续)

(2) 第二条直线可以用相对极坐标，或将极轴设置成 30°增量角后绘制。

方法一：直接输入"@40<30"按 Enter 键。

方法二：修改极轴的增量角为 30°，并打开极轴，移动鼠标出现"30°"后，输入线段长度"40"即可，如图 2.31(b)所示。

(3) 再移动鼠标出现"90°"时，输入线段长度"40"，按 Enter 键，如图 2.31(c)所示。

(4) 移动鼠标出现"180°"时，输入线段长度"80"，按 Enter 键，如图 2.31(d)所示。

(5) 第五段的画法同第二段，输入"@15<－315"，按 Enter 键，如图 2.31(e)所示。

(6) 输入"C"，按 Enter 键，如图 2.31(f)所示，完成全图。(注意如果前面画直线时退出过直线命令，只能用鼠标拾取第一条直线的左端点。)

【例 2-3】　绘制如图 2.32 所示的图形。

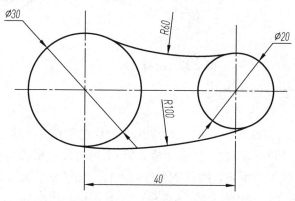

图 2.32　画圆及圆弧

【参考视频】

绘图步骤如下：

(1) 打开样板文件，已预先设置好图层，切换到 05 细点画线图层，打开正交方式，用鼠标在绘图区拾取点的方式绘制两条垂直的点画线，如图 2.33(a)所示。

(2) 选取偏移 命令，或输入"O"，按 Enter 键，输入偏移距离"40"，然后按 Enter 键，选取垂直的点画线作为偏移对象，然后在该点画线的右边随意拾取一点作为偏移方向，即可绘制第三条点画线，如图 2.33(b)所示。

(3) 切换到 01 粗实线图层选取画圆 命令(或输入"C"，按 Enter 键)，拾取点画线的交点为圆心，输入半径"15"，按 Enter 键，可画出左边 $\phi 30$ 的圆。用同样的方法可绘制右边 $\phi 20$ 的圆，如图 2.33(c)所示。

(4) 选取圆角 命令(或输入"F"，按 Enter 键)，然后输入"R"，按 Enter 键，再输入"60"，按 Enter 键，最后用鼠标选取左右两个圆，即可绘制半径 $R60$ 的圆弧，如图 2.33(d)所示。

(5) 选取画圆 命令，输入"T"，按 Enter 键(切换到"相切、相切、半径"画圆模式)，用鼠标左键拾取左边圆弧，再拾取右边圆弧，最后输入圆弧半径"100"，如图 2.33(e)所示。注意拾取左右圆弧时尽量选择在内切的切点附近，否则可能画出外切圆而非内切圆。

(6) 选取修剪 命令(或输入"TR"，按 Enter 键)，拾取左右两个圆作为剪切边回车，再将光标移到 $R100$ 圆弧的上半部，会出现红色的小叉，剪掉的部分会变灰，确认是需要修剪的部位后单击鼠标左键即可。

由此例可看出用手工绘图，画连接圆弧需自己找圆心和切点，但计算机绘图则不需要，因而计算机绘图的效率更高。

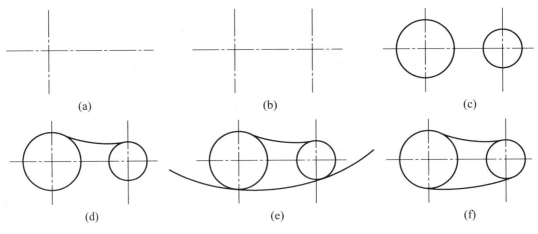

图 2.33 绘制过程

【例 2-4】 绘制如图 2.34 所示的图形。

绘图步骤如下：

(1) 先画挂架最外面的轮廓线，选取画直线命令，从左下角开始画起，只要输入线段的长度，即可绘制直线，画 60°线时，可以用极轴追踪绘制[设置极轴增量角为 30°，光标在长度为 10 的线段的左端点停留下，然后往上移动光标，在接近极轴的追踪线与垂直追踪线的交点时会出现一个小叉，单击可捕捉到该点，如图 2.35(a)所示]。

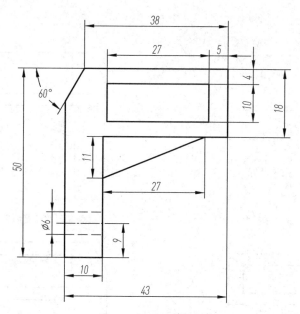

图 2.34 挂架的平面图形

(2) 画斜线,选画直线命令,利用沿直线追踪,光标是起点停留一下,垂直往下拖动光标,输入 "11",按 Enter 键,找到斜线的起点,然后光标再回到起点停留一下,出现范围时,如图 2.35(b)所示,输入 "27",找到斜线的终点,即可画出斜线。

(3) 选取偏移命令,画中间的矩形框,先输入偏移距离 "4",选取上面的线作为偏移对象,按 Enter 键,然后在线的下方随意选取一点,确定偏移方向,如图 2.35(c)所示,偏移最终结果,如图 2.35(d)所示。

(4) 选取修剪命令,选取刚刚偏移的四条线作为剪切边,按 Enter 键,然后选取需修剪掉的线段,如图 2.35(e)所示。

(5) 画下方的孔,选取偏移命令,偏移最下方的直线,效果如图 2.35(f)所示,最后更改偏移图线的图层,并将中心线拉长,得到如图 2.34 所示的图形。

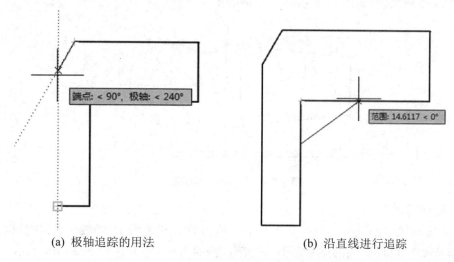

(a) 极轴追踪的用法　　　　(b) 沿直线进行追踪

图 2.35 挂架的绘制过程

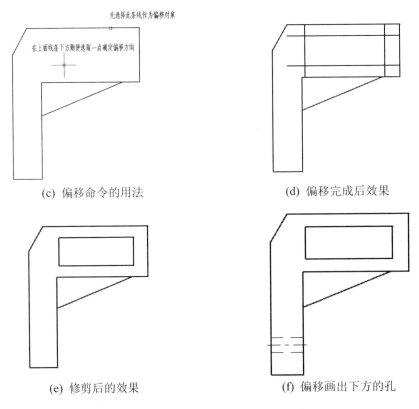

(c) 偏移命令的用法　　　　　　(d) 偏移完成后效果

(e) 修剪后的效果　　　　　　(f) 偏移画出下方的孔

图 2.35　挂架的绘制过程(续)

2.3.2　绘制复杂的平面图形

由于 AutoCAD 提供了镜像和阵列工具，因而绘制对称或均匀分布的图形时，只需画一半或一部分。

【例 2-5】　绘制如图 2.36 所示的手柄的平面图形。

【参考视频】

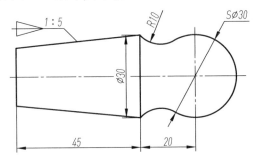

图 2.36　手柄的平面图形

绘图步骤如下：

(1) 先绘制中心线，再绘制一条距中心线为 20，长度为 15 的线段，并把该直线向左偏移 45；以点画线的交点为圆心画圆，圆的大小为 $\phi 30$，如图 2.37(a)所示。

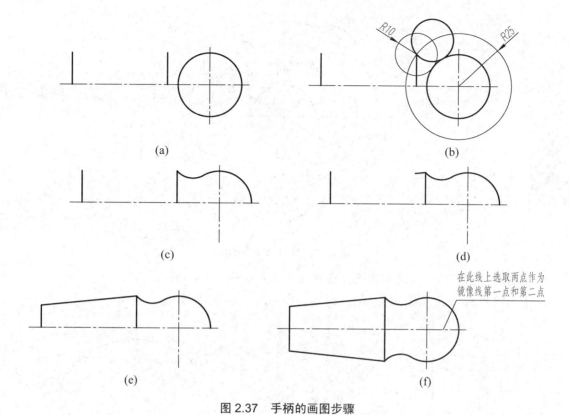

图 2.37 手柄的画图步骤

(2) 以 $\phi 30$ 的圆心为圆心，25 为半径画圆，再以线段端点为圆心，10 为半径画圆，以两圆的交点为圆心绘制 $R10$ 的圆，如图 2.37(b)所示。

(3) 选取相应的剪切边，修剪圆弧，效果如图 2.37(c)所示。

(4) 利用相对坐标绘制带锥度的线，选取画直线命令，选择右边线段的端点作为第一点，然后输入"@-5,-0.5"，如图 2.37(d)所示。

(5) 选取圆角命令，将圆角半径设为 0，选取最左边的直线和上一步绘制的直线，效果如图 2.37(e)所示。

(6) 选取镜像 命令，框选中心线上方的图形后按 Enter 键，在中心线上拾取两个端点(或交点)作为镜像线的第一点和第二点，然后按 Enter 键，默认不删除原对象，完成全图，如图 2.37(f)所示。

【例 2-6】 抄画如图 2.38 所示的平面图形。

绘图步骤如下：

(1) 绘制两条互相垂直的点画线，如图 2.39(a)所示。

(2) 画出如图 2.39(b)所示的圆。

(3) 选择修剪命令，选择 $\phi 12$ 和 $R12$ 的圆为剪切边，修剪完成后如图 2.39(c)所示。

(4) 选择环形阵列命令，选择圆、圆弧及中心线，然后指定环形阵列的中心点为 $\phi 24$ 圆弧的圆心，并将项目数改为"5"，然后关闭阵列，完成后如图 2.39(d)所示。

(5) 选择偏移命令，将水平方向的点画线上下偏移 16，垂直方向的点画线左右偏移 2.5，并修改偏移得到的线的图层，将其改为粗实线，如图 2.39(e)所示。

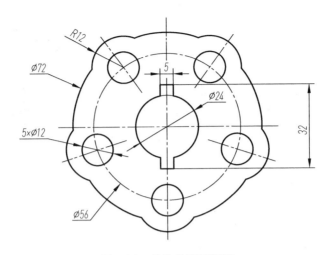

【参考视频】

图 2.38　垫片的平面图形

(6) 选择修剪命令，修剪多余的图线，完成后如图 2.39(f)所示。

(7) 将点画线多余的部分打断，得到如图 2.38 所示的图形。

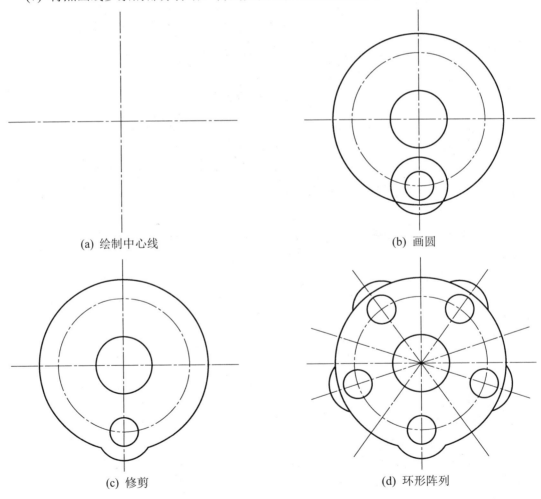

(a) 绘制中心线　　　　　　　　　(b) 画圆

(c) 修剪　　　　　　　　　(d) 环形阵列

图 2.39　垫片的绘制过程

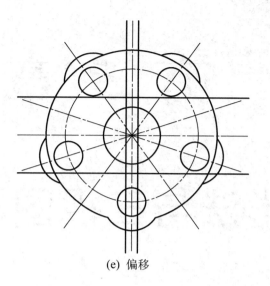
(e) 偏移

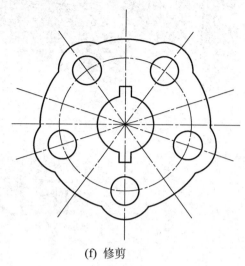
(f) 修剪

图 2.39　垫片的绘制过程(续)

小　　结

　　(1) 要熟练使用 AutoCAD 软件绘图，首先应熟悉 AutoCAD 软件界面及 AutoCAD 软件的基本操作方法。
　　(2) 熟练掌握 AutoCAD 图层、线型、绘图界限等基本设置方法，为以后定制自己的样板文件做好准备。
　　(3) 能灵活应用 AutoCAD 常用绘图命令和修改命令，以及对象捕捉、极轴、正交、追踪等辅助定位功能，快速准确地绘制各种平面图形。
　　(4) 要提高 AutoCAD 二维绘图的作图效率，除了熟练掌握各种命令的用法外，还需养成良好的画图习惯，尽量利用镜像、阵列、复制等修改命令。

第 3 章

正投影法与三视图

学习目标

(1) 理解投影的概念、三投影面体系的建立及三视图的形成过程。

(2) 掌握三视图投影规律，能用正投影的方法正确绘制三视图。

(3) 掌握点的投影规律，会画点的三面投影图，能根据点的两面投影求第三面投影，能比较两点的空间位置。

(4) 掌握不同位置直线或平面的投影特性，会画直线或平面的投影图，能根据直线或平面的投影图判断它们的空间位置，会判断空间两直线的相对位置，会求平面上直线或点的投影。

正投影图能准确表达物体的形状，并且度量性好、作图方便，所以机械图样主要是用正投影法绘制的，因此，正投影法的基本原理是识读和绘制机械图样的理论基础。

3.1 投影法的基本知识

3.1.1 投影法的基本概念

当灯光或日光照射在物体上时，在地面或墙上就会产生影子，这种现象称为投影。人们根据生产活动的需要，找出了影子和物体之间的关系，形成了投影的方法。

用投射线代替光线通过物体向选定的平面投影，并在该平面上得到投影的方法，称为投影法。

由于投射线、物体和投影面的相互关系不同，因而产生了不同的投影法，投影法可分为中心投影法和平行投影法两种。

1. 中心投影法

投射线汇交于一点的投影方法称为中心投影法，如图 3.1 所示。中心投影法不反映物体的真实大小，并且作图比较复杂，度量性差，故在机械图样中很少采用。但它直观性好，与人的视觉习惯相符，主要用于绘制透视图，在广告及建筑物效果图中广泛使用，如图 3.2 所示。

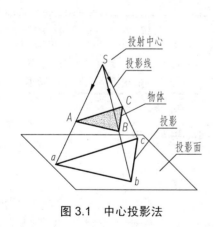

图 3.1 中心投影法　　　　　图 3.2 透视图

2. 平行投影法

投射线相互平行的投影法称为平行投影法，如图 3.3 所示。平行投影法又分为斜投影法和正投影法。

(1) 斜投影法。斜投影法是投射线与投影面相倾斜的平行投影法，如图 3.3(a)所示。斜投影法主要用来绘制轴测图。

(2) 正投影法。正投影法是投射线与投影面相垂直的平行投影法，如图 3.3(b)所示。正投影法作图简便,是绘制机械图样主要使用的投影法。

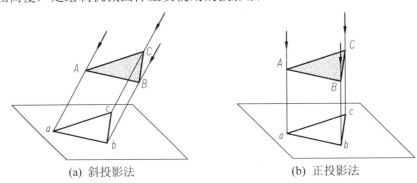

(a) 斜投影法　　　　　　　　(b) 正投影法

图 3.3　平行投影法

3.1.2　正投影法的性质

正投影法的基本性质见表 3-1。

表 3-1　正投影的基本性质

性质	显实性	积聚性	类似性
投影图			
投影特性	当直线或平面与投影面平行,其投影反映直线的实长或平面的实形	当直线或平面与投影面垂直,其投影积聚成点或直线	当直线或平面与投影面倾斜,直线的投影仍为直线,但长度变短,平面的投影与空间形状类似,但面积缩小

3.2　三视图的形成及投影规律

将机件用正投影法向投影面投射所得到的图形称为视图。

不同形体在同一投影面上具有相同的视图,因而仅从一个视图往往无法确定物体的形状,如图 3.4 所示,为此在机械制图中,常采用多面正投影的表达法。

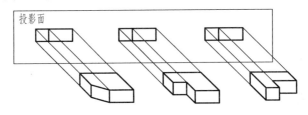

图 3.4　一个视图不能确定物体的形状

3.2.1 三视图的形成

1. 三投影面体系的建立

设置三个互相垂直的投影面,称为三投影面体系,如图 3.5 所示。正立投影面,简称正面,用字母 V 表示;水平投影面,简称水平面,用字母 H 表示;侧立投影面,简称侧面,用字母 W 表示。在三投影面体系中,两投影面的交线称为投影轴,分别用 OX、OY、OZ 表示。三条投影轴的交点为原点,用字母 O 表示。

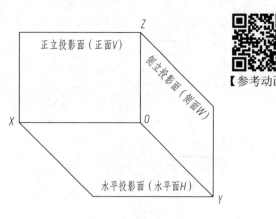

图 3.5　三投影面体系

2. 三视图的形成

把形体正放在三投影面体系中,然后分别向三个投影面进行投影,就可在三个投影面上得到三个视图,如图 3.6(a)所示。三个视图的名称如下:

主视图——从前往后投影,在正面(V)上得到的视图;

俯视图——从上往下投影,在水平面(H)上得到的视图;

左视图——从左往右投影,在侧面(W)上得到的视图。

为了把三个视图画在同一张图纸上,国家标准规定正面保持不动,水平面绕 OX 轴向下旋转 90°,使侧面绕 OZ 轴向右旋转 90°,OY 轴被分为两处,分别用 Y_H 和 Y_W 表示,如图 3.6(b)所示,展开后的三视图如图 3.6(c)所示。

在工程图上通常不画投影面的边框线和投影轴,如图 3.6(d)所示。

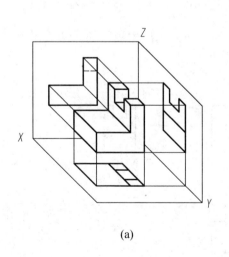

(a)

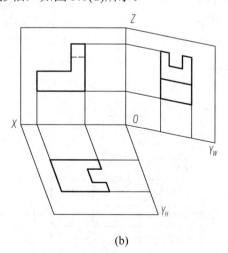

(b)

图 3.6　三视图的形成

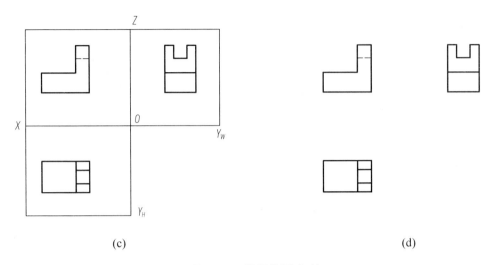

(c)   (d)

图 3.6 三视图的形成(续)

3.2.2 三视图的投影规律

1. 位置关系

以主视图为中心，俯视图配置在主视图的正下方；左视图配置在主视图的正右方。这个位置关系是不能变动的，如图 3.6(d)所示。

2. 方位关系

物体有上下、左右、前后六个方位。

主视图——反映形体的上下和左右关系；

俯视图——反映形体的左右和前后关系；

左视图——反映形体的上下和前后关系。

在俯视图和左视图中，靠近主视图的一边表示物体的后面，远离主视图的一边表示物体的前面，如图 3.7 所示。

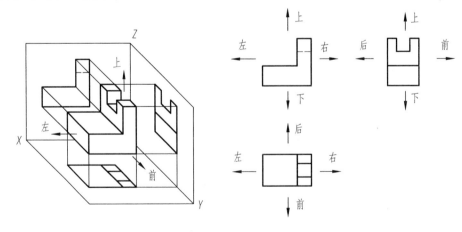

图 3.7 三视图的方位关系

3. 尺寸关系

物体有长、宽、高三个方向的尺寸。主视图反映物体的长度和高度，俯视图反映长度和宽度，左视图反映宽度和高度，如图 3.8 所示。

主视图与俯视图——长对正；
主视图与左视图——高平齐；
俯视图与左视图——宽相等。

"长对正、高平齐、宽相等"又称"三等"规律，这是看图、画图的基本原理。

图 3.8 三视图的尺寸关系

3.2.3 画三视图的方法与步骤

画物体的三视图时，应首先确定主视图的投影射方向，选择最能反映物体形状特征的图作为主视图，然后按照"长对正、高平齐、宽相等"的投影关系画出物体的三视图。

三视图的画法与步骤见表 3-2。

【参考视频】

表 3-2 三视图的画法与步骤

(1) 选取 A 所示的方向为主视图方向	(2) 选定形体长、宽、高三个方向的画作图基准，画作图基准线	(3) 从主视图入手，画 L 形板的三视图
(4) 从左视图入手，画斜切角的三视图	(5) 从俯视图入手，画斜槽的三视图	(6) 检查，描深

3.3 点的投影

点是组成物体最基本的几何要素，因此掌握点的投影规律十分重要。

3.3.1 点的投影规律

将空间点 A 分别向 H、V 和 W 面作垂线，其垂足即为点 A 在三个投影面上的投影。A 点在 H 面上的投影称为水平投影，用相应的小写字母 a 表示，在 V 面上的投影称为正面投影，用相应的小写字母加一撇即 a' 表示，在 W 面上的投影则用相应的小写字母加两撇即 a'' 表示，如图 3.9(a)所示。将投影面展开，得到如图 3.9(b)所示点的三面投影图。

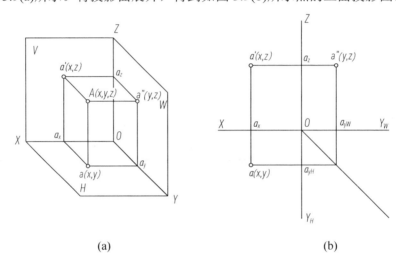

图 3.9 点的三面投影

1. 点的投影规律

对照图 3.9(a)可得出，点在三面投影体系中的投影规律如下：

(1) 点 A 的水平投影 a 和正面投影 a' 的连线垂直于 OX 轴，即 $aa' \perp OX$。
(2) 点 A 的正面投影 a' 和侧面投影 a'' 的连线垂直于 OZ 轴，即 $a'a'' \perp OZ$。
(3) 点 A 的水平投影 a 到 OX 轴的距离等于点 A 的侧面投影 a'' 到 OZ 轴的距离，即 $aa_X = a''a_Z$。

点的投影规律实际上和三视图的投影规律是一致的，即点的投影规律仍然符合"长对正、高平齐、宽相等"的对应关系。

2. 点的投影与直角坐标的关系

空间点的位置是由其三个坐标确定的。由图 3.9(a)可知：

点 A 的 x 坐标，$x = Oa_x = Aa''$，为点到 W 面的距离；
点 A 的 y 坐标，$y = Oa_y = Aa'$，为点到 V 面的距离；
点 A 的 z 坐标，$z = Oa_z = Aa$，为点到 H 面的距离。

由此可知点的水平投影由点的(x,y)坐标决定，点的正面投影由点的(x,z)坐标决定，点的侧面投影由点的(y,z)坐标决定。点 A 的任意两个投影反映了点的三个坐标值，其空间位置是确定的，因而已知点的两面投影可求其出第三面投影。

【例 3-1】 已知点 A 的两面投影，如图 3.10(a)所示，求它的第三面投影。

根据点的投影规律，即可求出点的第三面投影，如图 3.10(b)所示。

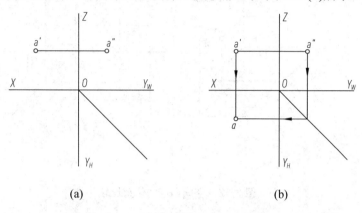

【参考动画】

图 3.10　由点的两面投影求第三面投影

【例 3-2】 已知点 $A(15，5，10)$，求它的三面投影图。

作图步骤如下：

(1) 画投影轴和 45°斜线，在 OX 轴上量取 15，得 a_x 点，如图 3.11(a)所示。

(2) 过点 a_x 作 OX 轴的垂线，自 a_x 沿 OY_H 轴方向量取 10，定出水平投影 a，沿 OZ 轴方向量取 5，定出正面投影 a'，如图 3.11(b)所示。

(3) 通过 45°斜线，画出侧面投影 a''，如图 3.11(c)所示。

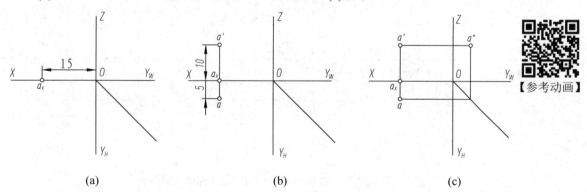

【参考动画】

图 3.11　由点的两面投影求第三面投影

3.3.2　两点的相对位置

两点之间的相对位置是指空间两点之间上下、左右、前后的位置关系。两点空间位置的判断方法如下：

x 坐标大的点在左，反之在右；

y 坐标大的点在前,反之在后;

z 坐标大的点在上,反之在下。

如图 3.12 所示,点 A 在点 B 的右、后、上方位置。

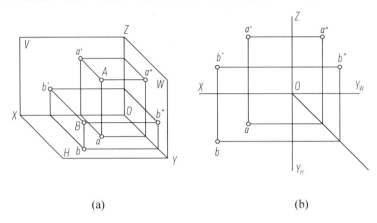

  (a)   (b)

图 3.12 空间两点的位置比较

【例 3-3】 已知点 A 的三面投影,如图 3.13(a)所示,B 点位于 A 点的左方 10、上方 8、前方 5,求作 B 点的三面投影。

作图步骤如下:

【参考动画】

(1) 在 OX 轴上向左量取 10 后作垂线,在 OY_H 轴上往下量取 5 后作垂线,在 OZ 轴上往上量取 8 后作垂线,垂线的交点即为 b'、b,如图 3.13(b)所示。

(2) 根据 b'、b,求得 b'',如图 3.13(c)所示。

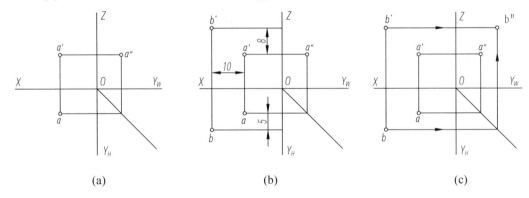

 (a)   (b)   (c)

图 3.13 根据两点的相对位置作点的三面投影

3.4 直线的投影

  两点确定一条直线,画直线的投影,只要将直线上两个点的投影画出,然后将同名投影互相连接,即可得到直线的投影,如图 3.14 所示。

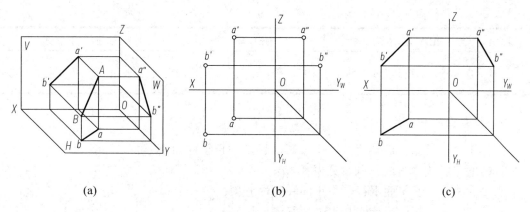

(a)   (b)   (c)

图 3.14 直线的投影

3.4.1 各种位置直线的投影特性

根据直线在三投影面体系中对投影面的位置不同，可将直线分为一般位置直线、投影面平行线和投影面垂直线三类。投影面平行线和投影面垂直线也称为特殊位置直线。

1．投影面的垂直线

垂直于一个投影面并与另两个投影面平行的直线，称为投影面的垂直线。

投影面垂直线分为三种，见表 3-3。

铅垂线——垂直于水平面，与正面和侧面平行；

正垂线——垂直于正面，与水平面和侧面平行；

侧垂线——垂直于侧面，与正面和水平面平行。

表 3-3 投影面垂直线的投影特性

名称	铅垂线	正垂线	侧垂线
直观图			
投影图			

续表

名称	铅垂线	正垂线	侧垂线
投影特性	在其垂直的投影面上的投影积聚成一个点,其他两面投影反映实长,且垂直于相应的投影轴		

2. 投影面的平行线

平行于一个投影面而与另外两个投影面倾斜的直线称为投影面平行线。

投影面平行线也分成三种,见表 3-4。

水平线——与水平面平行,与正面和侧面倾斜;

正平线——与正面平行,与水平面和侧面倾斜;

侧平线——与侧面平行,与正面和水平面倾斜。

表 3-4 投影面平行线的投影特性

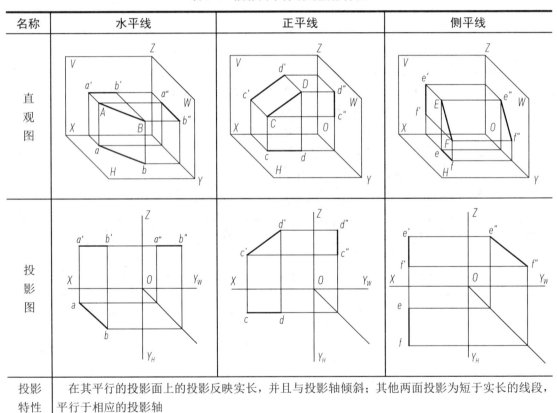

名称	水平线	正平线	侧平线
投影特性	在其平行的投影面上的投影反映实长,并且与投影轴倾斜;其他两面投影为短于实长的线段,平行于相应的投影轴		

3. 一般位置直线

与三个投影面都倾斜的直线称为一般位置直线,如图 3.14 所示。

一般位置直线的投影特性如下:

一般位置直线的三面投影都是小于实长的直线,并且均倾斜于投影轴。

3.4.2 两直线的相对位置

两直线的相对位置有三种情况：相交、平行和交叉。前两种位置的直线统称为共面直线，交叉直线称为异面直线。

1. 两直线平行

若空间两直线平行，则它们的同名投影必定互相平行。同样，如果投影图中同名投影都互相平行，则此两直线在空间也必定互相平行，如图 3.15 所示。

2. 两直线相交

相交两直线的同名投影也必定相交，而且交点的投影符合空间点的投影规律。反之，若投影图中两直线同名投影都相交，并且交点的投影符合空间点的投影规律，则此两直线在空间必定相交，如图 3.16 所示。

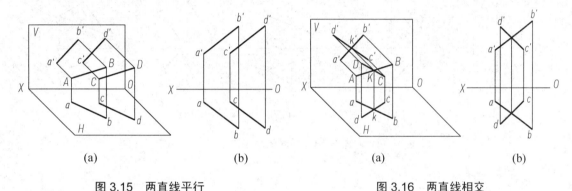

图 3.15　两直线平行　　　　　　　图 3.16　两直线相交

3. 两直线交叉

两条既不平行又不相交的直线叫作交叉两直线。交叉两直线的同名投影既不符合平行两直线的投影特性，也不符合相交两直线的投影特性。交叉两直线的同名投影也可能相交，但交点不符合空间点的投影规律，不是两直线共有点的投影，如图 3.17 所示。

ab 与 cd 的交点 $e(f)$ 不是直线 AB 和 CD 的交点，而是直线 AB 上 E 点与直线 CD 上 F 点的重影点。$a'b'$ 与 $c'd'$ 的交点 $g'(h')$ 不是直线 AB 和 CD 的交点，而是直线 AB 上 G 点与直线 CD 上 H 点的重影点。

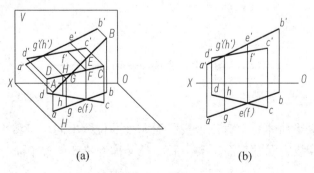

图 3.17　两直线交叉

3.5　平面的投影

平面的表示方法主要有以下两种：

1. 用几何元素表示平面

(1) 不在同一直线上的三点，如图 3.18(a)所示。

(2) 直线和直线外一点，如图 3.18(b)所示。

(3) 两相交直线，如图 3.18(c)所示。

(4) 两平行直线，如图 3.18(d)所示。

(5) 平面图形，如图 3.18(e)所示。

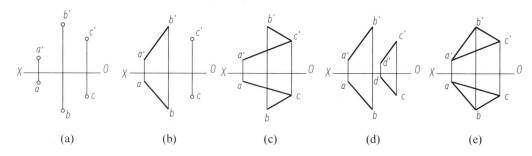

图 3.18　平面的表示法

2. 用迹线表示平面

平面与投影面的交线称为平面的迹线。平面可以用迹线表示，用迹线表示的平面称为迹线平面。平面 P 与平面 H、V、W 交线用 P_H、P_V、P_W 表示，分别称为水平迹线、正平迹线和侧平迹线，如图 3.19 所示。

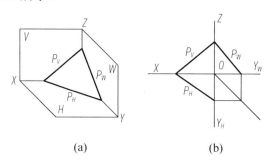

图 3.19　用迹线表示平面

3.5.1　不同位置平面的投影特性

根据平面在三投影面体系中对三个投影面所处的位置不同，可将平面分为一般位置平面、投影面平行面和投影面垂直面三类，后两类又称为特殊位置平面。

1. 投影面的平行面

平行于投影面的平面称为投影面平行面。平面平行于一个投影面,必定与另外两个投影面垂直。投影面平行面也分为三种,见表 3-5。

水平面——平行于 H 面,与 V 面和 W 面垂直;

正平面——平行于 V 面,与 H 面和 W 面垂直;

侧平面——平行于 W 面,与 V 面和 H 面垂直。

表 3-5 投影面平行面的投影特性

名称	水 平 面	正 平 面	侧 平 面
直观图	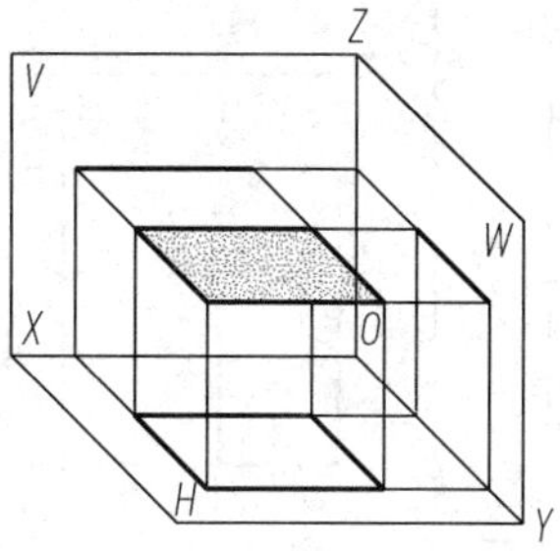	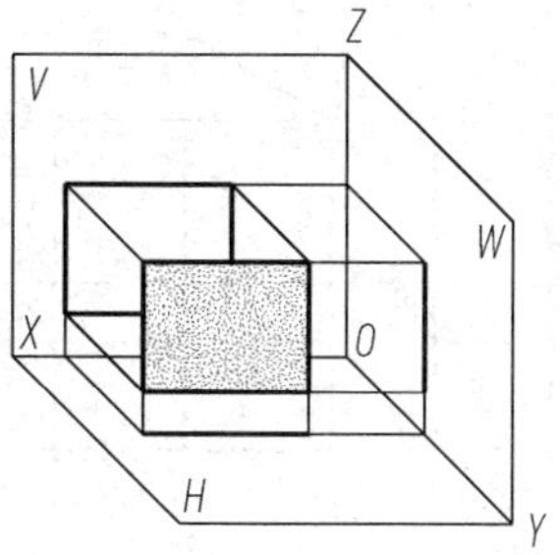	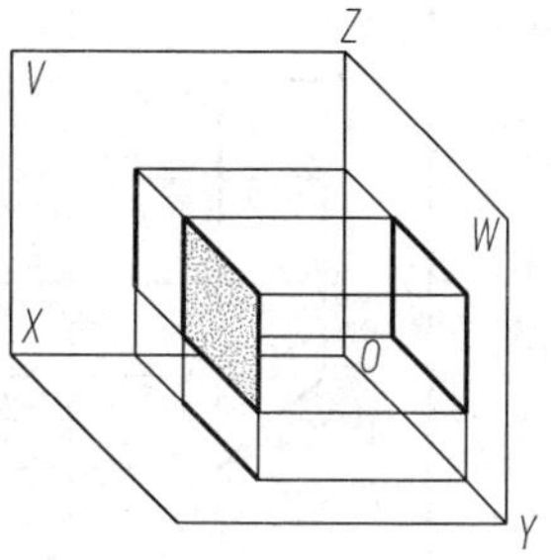
投影图	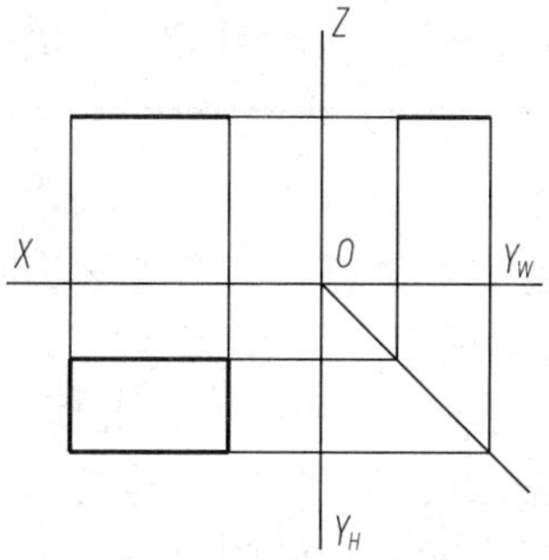	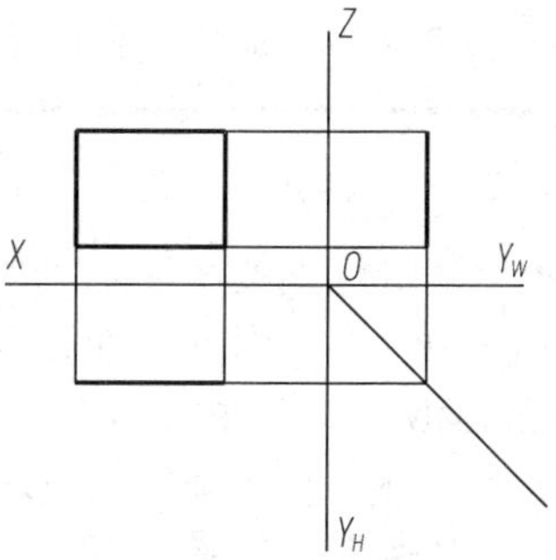	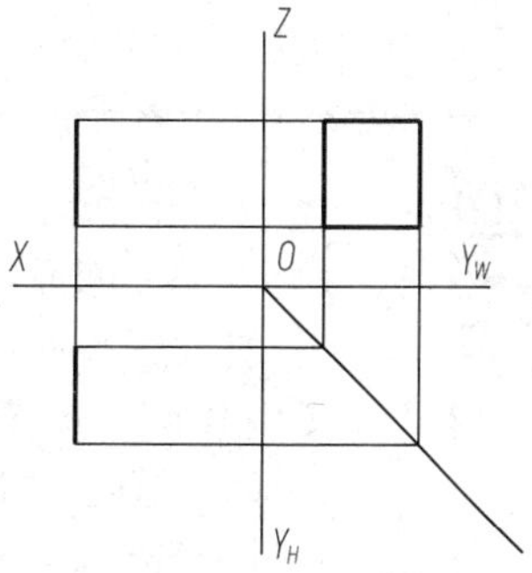
投影特性	在其平行的投影面上的投影反映实形,其他两面投影积聚成一条线,并且平行于相应的投影轴		

2. 投影面的垂直面

垂直于一个投影面而与另外两个投影面倾斜的平面称为投影面垂直面。

投影面垂直面也分为三种,见表 3-6。

铅垂面——垂直于 H 面,与 V 面和 W 面倾斜;

正垂面——垂直于 V 面,与 H 面和 W 面倾斜;

侧垂面——垂直于 W 面,与 V 面和 H 面倾斜。

表 3-6 投影面垂直线的投影特性

名称	铅垂面	正垂面	侧垂面
直观图			
投影图			
投影特性	在其垂直的投影面上的投影积聚成一条线，并且与投影轴倾斜，其他两面投影为类似形		

3. 一般位置平面

【参考视频】

与三个投影面都处于倾斜位置的平面称为一般位置平面，如图 3.18(e)所示。

一般位置平面的投影特性：平面的三面投影均为平面的类似形。

【例3-4】 如图 3.20(a)所示，已知平面的正面投影和水平投影，求其侧面投影。

由图 3.20(a)可以看出，该平面的水平投影积聚成一条线，并且与投影轴倾斜，可判断该平面为铅垂面，其侧面投影应是与正面投影相类似的图形。找出平面上各点的正面投影和水平投影，然后根据投影关系，找出这些点的侧面投影，顺次连接即可得到平面的侧面投影，如图 3.20(b)所示。

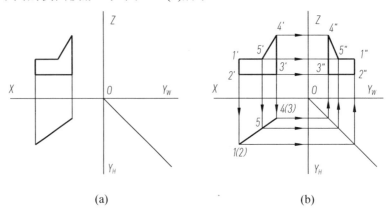

(a)　　　　　　　　　　　(b)

图 3.20 已知平面的两面投影求第三面投影

【例 3-5】 如图 3.21 所示，找出立体上指定直线或平面的三面投影，并分析它们的空间位置。

分析：

直线 AB，三面投影均为倾斜的直线，是一般位置直线；

直线 BC，水平投影积聚成点，是铅垂线；

直线 BD，其正面投影为一斜线，其他两面投影与投影轴平行，是正平线；

直线 DF，侧面投影积聚成点，是侧垂线；

直线 EF，侧面投影为一斜线，其他两面投影与投影轴平行，是侧平线。

平面 Ⅰ，侧面投影反映实形，其他两面投影积聚成线，是侧平面；

平面 Ⅱ，正面投影积聚成线，其他两面投影为类似形，是正垂面；

平面 Ⅲ，正面投影与侧面投影积聚成线，水平投影反映实形，是水平面；

平面 Ⅳ，侧面投影积聚成线，正面投影与水平投影为类似形，是侧垂面；

平面 Ⅴ，正面投影反映实形，其他两面投影积聚成线，是正平面；

平面 Ⅵ，水平投影积聚成线，其他两面投影为类似形，是铅垂面。

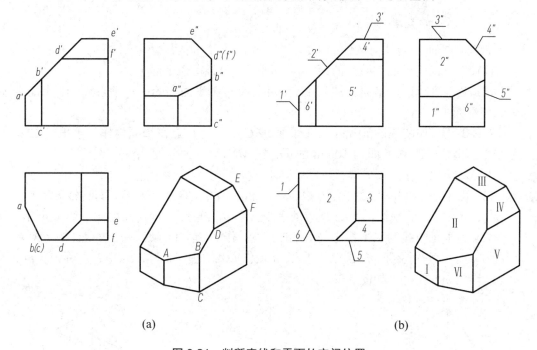

图 3.21 判断直线和平面的空间位置

3.5.2 平面上的点和直线

1. 平面上的点

点在平面上的几何条件是若点在平面内的一直线上，则该点必在平面上。

【例 3-6】 如图 3.22 所示，已知平面 ABC 的投影，及平面上 K 点的正面投影，求 K 点的水平投影。

作图步骤如下：

(1) 过 a'、k'作直线 a'd'，与直线 b'c'交于 d'点。

(2) D 点在 BC 上，因而 d 在 bc 上，过 d' 作 OX 的垂线，得到 D 点的水平投影 d，连接 ad。

(3) 过 k' 作 OX 的垂线，即得 K 点的水平投影 k。

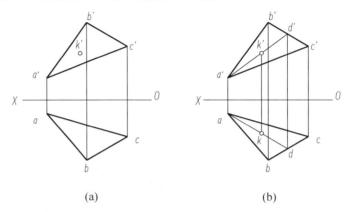

图 3.22　平面上取点

2. 平面上的直线

直线在平面上的几何条件如下：

(1) 若一直线经过平面上的两个点，则此直线必在该平面上。

(2) 若一直线经过平面上的一个点，并且平行于平面上的另一条直线，则此直线必在该平面上。

【例 3-7】　如图 3.23(a)所示，在平面 ABC 上，过 C 点在平面内作一水平线 CD，并在平面内作一距离 V 面为 10mm 的正平线 MN。

【参考动画】

作图步骤如下：

(1) 由于水平线的正面投影与 OX 轴平行，过 c' 作直线 $c'd'//OX$，与直线 $a'b'$ 交于 d' 点；过 d' 作 OX 的垂线，得到 D 点的水平投影 d，连接 cd 即可，如图 3.23(b)所示。

(2) 由于正平线的水平投影与 OX 轴平行，作 OX 轴平行线 mn，并且距离 OX 为 10，与 ab、bc 分别交于 m、n 点；过 m、n 点作 OX 的垂线，与 $a'b'$、$b'c'$ 分别交于 m'、n' 点，连接 $m'n'$ 即可，如图 3.23(c)所示。

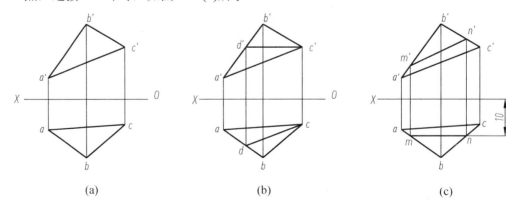

图 3.23　平面上取直线

小　结

(1) 正投影法能准确反映形体的真实形状，便于度量，因此它是绘制机械图样最常用的投影法。

(2) "主视图与俯视图长对正、主视图与左视图高平齐、俯视图与左视图宽相等"是三视图的画法原则，因此所绘制的三视图必须满足这样的关系。

(3) 点、直线、平面是构成形体的基本几何元素，在学习点、直线和平面的投影时，要和立体的投影结合起来，要用"长对正、高平齐、宽相等"的规律来研究几何元素的投影。

(4) 学习点的投影时，可将点的投影与点的坐标相结合，利用坐标来判断点的空间位置及比较两点的空间位置。

(5) 学习直线和平面的投影，要归纳总结特殊位置直线和平面的投影特性，并能灵活运用这些投影特性。

(6) 在平面上取点，如果该平面三个投影都没有积聚性，则可过该点在平面内作一直线，先求出直线的投影，再利用点在直线上其投影也在直线的投影上的性质求出点的投影。

第 4 章

基本体及其表面交线

学习目标

(1) 会画基本体三视图，会求基本体表面上点的投影。

(2) 理解截交线的概念和性质，会用积聚性和辅助平面法求基本体的截交线。

(3) 理解相贯线的概念和性质，会用积聚性和简化画法求两圆柱正交的相贯线，会用辅助平面法求基本体的相贯线。

任何复杂的立体都可以看成一些简单而且形状规则的立体经过切割或者叠加而成，这些形状简单而且规则的立体称为基本体，如图4.1所示。表面均由平面组成的基本体叫平面立体，主要有棱柱和棱锥。表面由曲面或平面与曲面围成的基本体叫曲面立体，又称为回转体，主要有圆柱、圆锥、圆球、圆环等。要掌握复杂立体的三视图的画法，必须先掌握基本体三视图的画法。

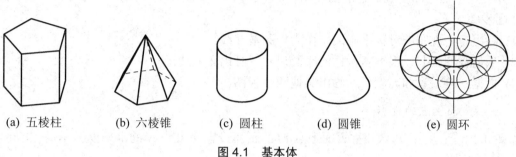

(a) 五棱柱　　(b) 六棱锥　　(c) 圆柱　　(d) 圆锥　　(e) 圆环

图4.1　基本体

4.1　平面立体

4.1.1　棱柱

1. 棱柱的投影分析

图4.2(a)所示为正六棱柱的三视图及形成过程。正六棱柱的顶面、底面均为水平面，其水平投影反映顶面、底面的实形，为一正六边形；其正面投影和侧面投影均积聚为上下两条直线。

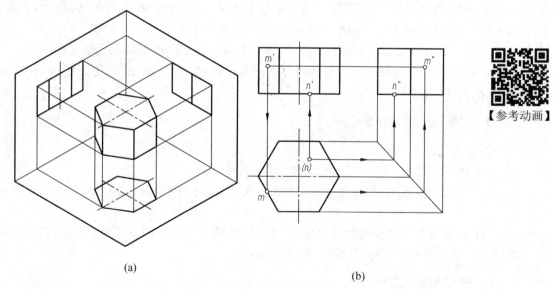

(a)　　　　　　　　(b)

图4.2　正六棱柱的三视图及表面取点

六个侧棱面中的前后两个棱面为正平面，其正面投影反映实形；其水平投影和侧面投影都积聚成直线。其余四个侧棱面都为铅垂面，其水平投影分别积聚成直线；

其正面投影和侧面投影均为类似形。六个侧棱面的水平投影都有积聚性，积聚成正六边形的六条边线。

2. 棱柱三视图的作图步骤

由图 4.2(a)可知六棱柱的俯视图为一正六边形，主视图为三个矩形框，左视图为两个矩形框，并且矩形框的高度跟棱柱的高度相等。

作图步骤如下：
(1) 画出各个视图的对称中心线，作为作图基准线。
(2) 从俯视图画起，根据六棱柱的底面尺寸，画出正六边形。
(3) 根据三等关系和高度尺寸画出其他两个视图。

3. 棱柱表面上点的投影

如图 4.2(b)所示，已知六棱柱表面上点 M 的正面投影 m' 及点 N 的水平投影 n，求作 M、N 点的另两面投影。

m' 是可见的，根据 m' 的位置可判断 M 点在六棱柱的左前方的侧棱面上，而左前方侧棱面的水平投影积聚成左前方的一条线，根据长对正即可求得 M 点的水平投影；再根据 m'、m，即可求得 m''。由于左方的侧棱面其侧面投影可见，因而 m'' 可见。

n 是不可见的，根据 n 的位置可判断 N 点在六棱柱的底面上，底面的正面投影和侧面都积聚成最下方的直线，根据三等关系，可以得到 n' 和 n''。

4.1.2 棱锥

1. 棱锥的投影分析

图 4.3(a)所示为正三棱锥的三视图及形成过程。正三棱锥的底面 △ABC 为水平面，其水平投影 abc 反映实形；其正面投影和侧面投影均积聚为最下方一条线。

左右两个侧棱面 SAB 和 SBC 为一般位置平面，其三面投影均不反映实形。

后侧棱面 SAC 为侧垂面，其侧面投影积聚成斜向直线 $s'a'(c')$。正面投影 $s'a'c'$ 和水平投影 sac 均为类似形。

2. 棱锥三视图的作图步骤

作图步骤如下：
(1) 画出对称中心线和底面基线作为作图基准线。
(2) 先画出俯视图，俯视图为正三角形，锥顶 S 的水平投影在三角形的中心，如图 4.3(b)所示。
(3) 根据三等关系和棱锥高画出 A、B、C 及锥顶 S 的正面投影和侧面投影，连接即可得到正三棱锥的主视图和俯视图，如图 4.3(b)所示。

3. 棱锥表面上点的投影

如图 4.4 所示，已知三棱锥表面上点 M 的正面投影 m'，求作 M 点的另两面投影。

由于 m' 可见，所以点 M 在左棱面，而左棱面的三面投影都没有积聚性，因而要用辅助线作图。

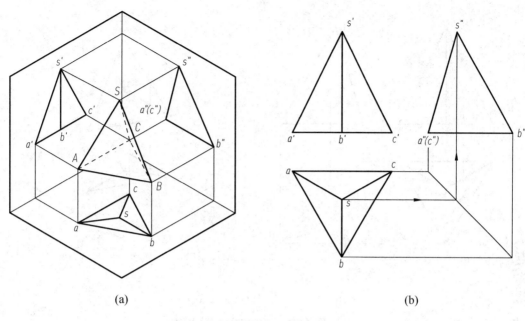

(a)   (b)

图 4.3   正三棱锥的三视图

过点 M 和锥顶作辅助直线 SM，连接 $s'm'$ 与 $a'b'$ 交于 d'；求出辅助线 $s'd'$ 的水平投影 sd，点 M 的水平投影 m 必在 sd 上；再根据 "三等"关系求出点 M 的侧面投影 m''，如图 4.4(a) 所示。

另一种辅助线的作图方法，过点 M 作底棱 AB 的平行线 EF，过 e' 作 $a'b'$ 的平行线 $e'f'$；求出 E 点的水平投影 e，然后过 e 作 ab 的平行线得到 EF 的水平投影 ef，点 M 的水平投影 m 在 ef 上；再根据"三等"关系求出点 M 的侧面投影 m''，如图 4.4(b) 所示。

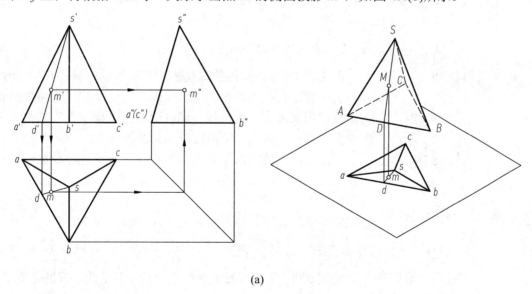

(a)

图 4.4   三棱锥的表面取点

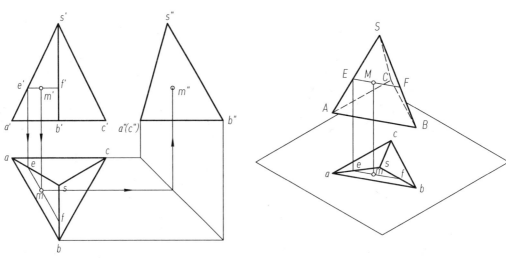

(b)

图 4.4 三棱锥的表面取点(续)

4.2 曲面立体

4.2.1 圆柱

1. 圆柱面的形成

如图 4.5 所示，圆柱面可看成由一条直线 AA_1，绕与其平行的轴 OO_1 回转而成。圆柱面上任意一条平行与轴线的直线称为圆柱面的素线。

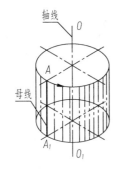

图 4.5 圆柱面的形成

2. 圆柱的投影分析

图 4.6(a)所示为圆柱的三视图及形成过程。圆柱的顶面和底面与水平面平行，水平投影反映实形，为一个圆；正面投影和侧面投影积聚成上下两条线。圆柱面与水平面垂直，其水平投影积聚在圆的圆周上；正面投影和侧面投影为矩形。

正面投影中的矩形左右两边为圆柱面最左 AA_1 和最右 CC_1 两条轮廓素线的投影，这两条轮廓素线的侧面投影与轴线重合。侧面投影中的矩形两边为圆柱面最前 BB_1 和最后 DD_1 两条轮廓素线的投影，这两条轮廓素线的正面投影与轴线重合。

3. 圆柱三视图的作图步骤

圆柱的三视图有一个视图是圆，圆的直径为圆柱的直径；其他两个视图是矩形，矩形的高度为圆柱的高度。

先画出圆的中心线和轴线，再画反映圆的视图，然后画其他两面投影，如图 4.6(b)所示。

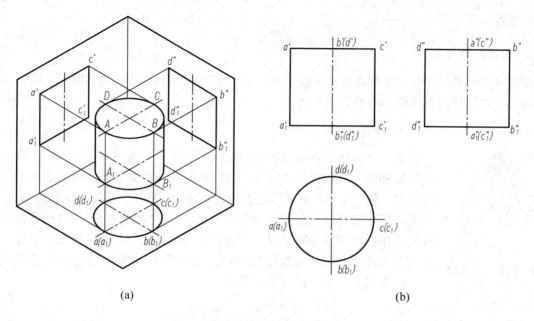

图 4.6 圆柱的三视图

4. 圆柱表面上的点的投影

如图 4.7 所示，已知圆柱表面上点 M 的正面投影 m' 及点 N 的水平投影 n，求作 M 点和 N 点的另两面投影。

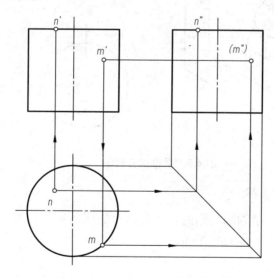

图 4.7 圆柱的表面取点

由于 m' 可见，所以点 M 在前半圆柱面，而圆柱面的水平投影有积聚性，其水平投影必须在前半个圆上，即可求出点 M 的水平投影 m；再根据"三等"关系求出点 M 的侧面投影 m''；m' 在轴线的右侧，因而点 M 在右半圆柱面，右半个圆柱面的侧面投影不可见，因而 m'' 不可见。由于 n 可见，N 位于顶面上，其正面投影 n' 和侧面投影 n'' 均在最上方的线上。由"三等"关系可求出 n' 和 n''。

4.2.2 圆锥

1. 圆锥面的形成

如图 4.8 所示,圆锥面可看成由一条直线 SA,绕与其相交的轴线 SO 回转而成。圆锥面上通过锥顶的任意直线称为圆锥面的素线。

2. 圆锥的投影分析

如图 4.9 所示,圆锥的底面与水平面平行,其水平投影为圆,正面投影和侧面投影积聚成直线;圆锥面的正面投影和侧面投影无积聚性,为等腰三角形,水平投影也无积聚性,为圆形,与底面投影重合,正面投影中的等腰三角形两边为圆锥面最左 SA 和最右 SC 两条轮廓素线的投影,这两条轮廓素线的侧面投影与轴线重合。侧面投影中的等腰三角形两边为圆锥面最前 SB 和最后 SD 两条轮廓素线的投影,这两条轮廓素线的正面投影与轴线重合。

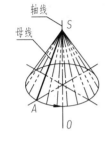

图 4.8 圆锥面的形成

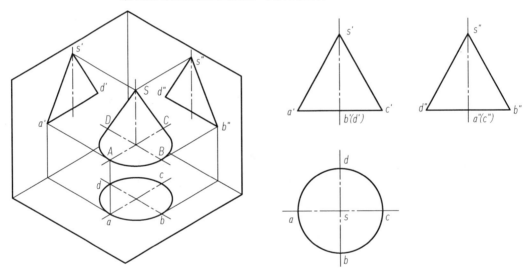

图 4.9 圆锥的三视图

3. 圆锥三视图的作图步骤

圆锥的三个视图,有一个为圆,圆的直径与圆锥的底圆直径相等,另两个视图为等腰三角形,等腰三角形的高与圆锥的高相等。

作图步骤如下:
(1) 画中心线和轴线作为作图基准线。
(2) 根据圆锥体的底圆直径画圆的投影。
(3) 根据圆锥体的高及投影关系画三角形投影。

4. 圆锥表面上的点的投影

如图 4.10 所示,已知圆锥表面上点 M 的正面投影 m',求作 M 点的另两面投影。由于圆锥面的三面投影都没有积聚性,因而要用辅助线作图。作图方法有两种。

1) 辅助素线法

过点 M 和锥顶作辅助直线 SM，连接 $s'm'$ 与底圆交于 $1'$；求出辅助线 $s'1'$ 的水平投影 $s1$，则点 M 的水平投影 m 必在 $s1$ 上；再根据"三等"关系求出点 M 的侧面投影 m''，由 M 点的正面投影可知 M 点在右半个圆锥面上，因而 m'' 不可见，如图 4.10(a) 所示。

2) 辅助圆法

过点 M 作一辅助圆 (垂直于圆锥轴线的纬圆)，纬圆的正面投影和侧面投影均积聚成直线，水平投影反映实形，M 点的水平投影必在此圆上，如图 4.10(b) 所示。

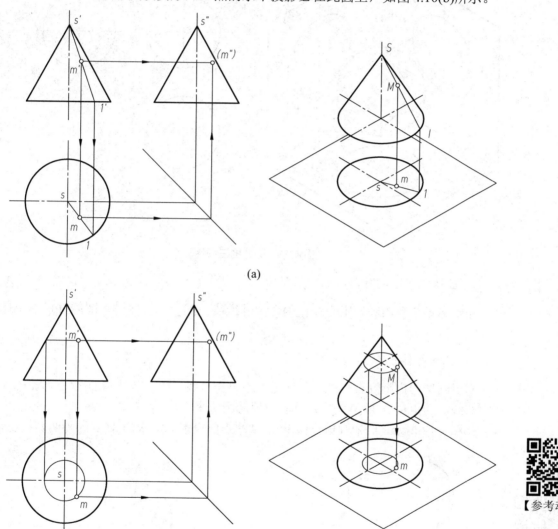

图 4.10　圆锥的表面取点

4.2.3　圆球

1. 圆球面的形成

圆球是以一个圆为母线，以其直径为轴线旋转而成的。

2. 圆球的投影分析

圆球的三个视图均为圆。主视图看到的是一个正平圆 P,俯视图看到的是一个水平圆 Q,左视图看到的是一个侧平圆 R,这些圆的其他两面投影均积聚成线,与圆球的中心线重合,如图 4.11 所示。

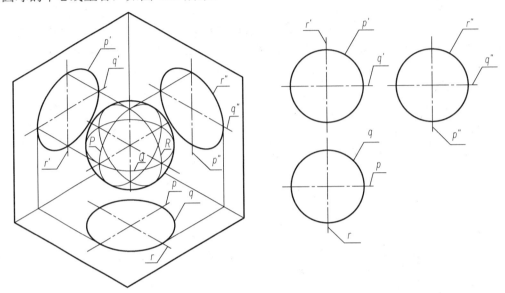

图 4.11 圆球的三视图

3. 圆球三视图的作图步骤

先画出三个视图圆的中心线作为作图基准线,然后画圆即可,圆的直径等于球的直径。

4. 圆球表面上的点的投影

由于圆球的投影没有积聚性,球面上不存在直线,除一些特殊的点(位于轮廓线或中心线上的点),一般位置的点只能用辅助圆法来求。

如图 4.12 所示,已知圆球表面上点 M 的正面投影 m',求作 M 点的另两面投影。

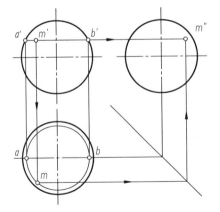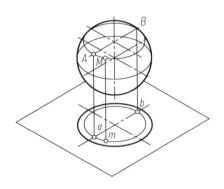

图 4.12 圆球的表面取点

过 m' 作水平纬圆的正面投影 $a'b'$，再作出其水平投影 ab，M 点的水平投影 m 就在该圆上，由于 M 点在圆的上半部分，因而 m 可见；再由投影关系可求 m''，由于 M 点在圆球的左半部分，因而 m'' 可见。

4.3 平面与立体相交

立体表面的交线有两种，一种是平面与立体表面的交线，称为截交线，另一种是立体与立体表面的交线，称为相贯线。

立体被平面截切所产生的表面交线称为截交线，该平面称为截平面，如图 4.13 所示。

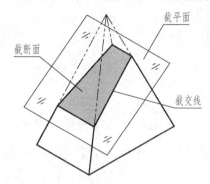

图 4.13 截交线的概念

由于立体表面的形状不同和截平面所截切的位置不同，截交线也表现为不同的形状，但任何截交线都具有下列基本性质：

(1) 共有性。截交线是截平面与立体表面的共有线，截交线上的每一点均为截平面与立体表面的共有点。

(2) 封闭性。截交线是一个封闭的平面图形。

因此，求截交线的实质是求出截平面与物体表面一系列的共有点，将共有点的同面投影连线，并判断可见性。

4.3.1 平面立体的截交线

平面立体被截平面切割后所得的截交线，是由直线段组成的平面多边形，多边形的各边是形体表面与截平面的交线，而多边形的顶点是形体的棱线与截平面的交点。

【例 4-1】 求作六棱柱被正垂面 P 切割[图 4.14(a)]后的三视图。

分析：由图 4.14(a) 可知截断面为六边形，在 V 面上的投影积聚成直线，截断面的六个顶点在六棱柱的六条棱线上，六条边同属于六棱柱的六个侧面，因而截交线的水平投影就是原来的正六边形，只需求出截交线的侧面投影即可。

作图步骤如下：

(1) 找出 Ⅰ、Ⅱ、Ⅲ、Ⅳ、Ⅴ、Ⅵ 点在 V 面和 H 面的投影。

(2) 根据投影关系求出各点在 W 面上的投影。

(3) 判断点的可见性，并顺次连线，擦去被切掉部分，完成作图，如图 4.14(b) 所示。

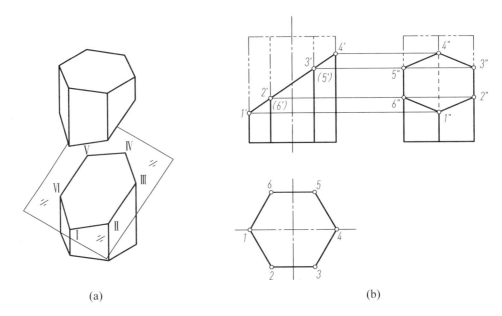

(a)   (b)

图 4.14　正垂面截切六棱柱

例 4-1 中，若正垂面与六棱柱相对位置不同，则截交线还可能出现以下几种情况，如图 4.15 所示。

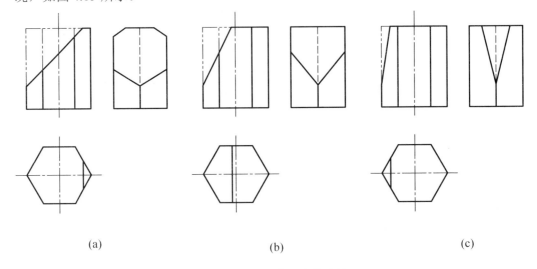

(a)   (b)   (c)

图 4.15　六棱柱的截交线其他情形

【例 4-2】　完成三棱锥被切割后的三视图，如图 4.16 所示。

分析：由图 4.16 可知该三棱锥被一水平面和一侧平面所切，水平面截切三棱锥切断了三棱锥的两条棱线，交线与底面三角形的边平行；侧平面截断了三棱锥的一条棱线，水平面与侧平面有一条交线，交线有两个端点，因而只需求出这五个点的投影即可。

【例 4-3】　完成四棱台开槽后的三视图，如图 4.17 所示。

具体作图方法与步骤由读者自行分析。其中 Ⅰ、Ⅱ点可先求出其水平投影，根据投影关系再求其侧面投影；Ⅴ、Ⅵ点可先求其侧面投影再求其水平投影；Ⅲ、Ⅳ点可利用ⅢⅤ、ⅡⅥ分别与底边平行的性质先求出水平投影再求其侧面投影。

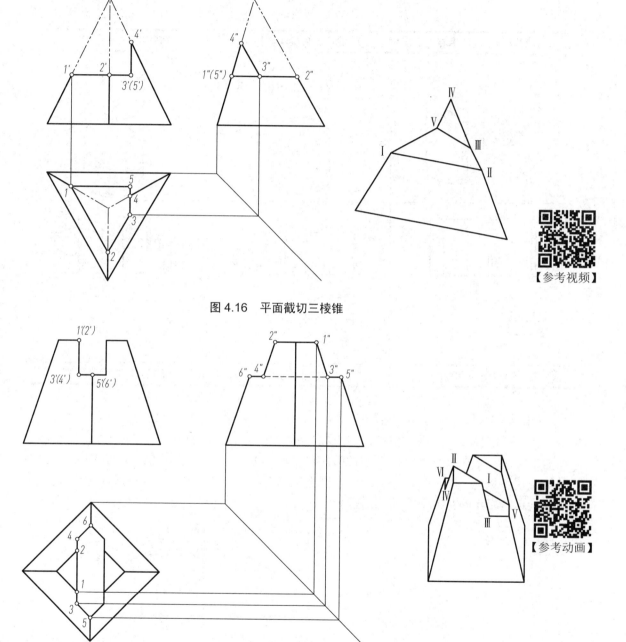

图 4.16　平面截切三棱锥

图 4.17　四棱台开槽

4.3.2　曲面立体的截交线

平面截回转体所形成的截交线一般是封闭的平面曲线，特殊情况下是直线。作图时一般求出截交线上一系列的点的投影，依次光滑连接即得截交线的投影。

1. 平面切割圆柱

截平面与圆柱轴线的相对位置不同，其截交线有三种不同的形状，见表4-1。

表 4-1　平面切割圆柱

截平面与轴线垂直	截平面与轴线平行	截平面与轴线倾斜
截交线为直线	截交线为圆	截交线为椭圆

【例4-4】　求作圆柱斜切后的三视图，如图4.18所示。

分析：圆柱被一正垂面斜切，截交线为椭圆。其正面投影积聚为一条直线，截交线上所有的点均积聚在该线上。由于圆柱面的水平投影为一个圆，截交线的水平投影与圆柱面的水平投影重合，即仍为该圆。因而在圆上取出若干点，求出这些点的侧面投影，依次光滑连接这些交点即得截交线的侧面投影。

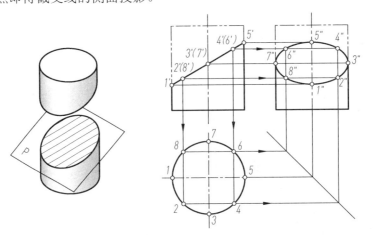

图 4.18　圆柱斜切

作图步骤如下：

(1) 求出特殊点的投影。先求出最左、最后、最上、最下、最前、最后位置的点投影。最左的点为Ⅰ点，同时也是最下的点；最右的点为Ⅴ点，同时也是最上的点；最前的点为Ⅲ点，最后的点为Ⅶ点；根据投影关系求出这些点的正面投影和侧面投影。

(2) 求一般点的投影，然后光滑连线，如图4.18所示。

【例4-5】 求作圆柱被开槽和切片后的三视图，如图4.19所示。

分析：该圆柱的左端开槽是用左、右两个平行于圆柱轴线的对称的两个水平面及一个侧平面截切而成；右端切口是用两个水平面及一个侧平面截切而成。

作图步骤如下：

(1) 画出完整的圆柱的三视图。

(2) 由槽宽和槽深，画左端切槽部分的主视图，然后根据投影关系画切槽后的左视图(多两条粗实线)，再根据投影关系画出水平投影，由于圆柱的最前和最后轮廓素线被切去一段，因而开槽部位俯视图向内"收缩"。

(3) 由切片深度和长度，画右端切片的主视图，然后根据投影关系画切片后的左视图(多两条虚线)，再根据投影关系画出水平投影，切片只是在圆柱表面上切出一个矩形，俯视图反映实形。

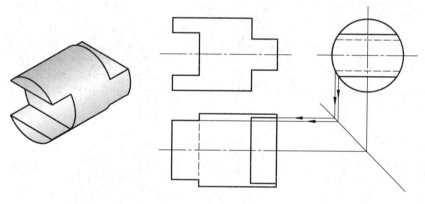

图 4.19 圆柱开槽和切片

2. 平面切割圆锥

截平面与圆锥面轴线的相对位置不同，其截交线有五种不同的形状，见表4-2。

表 4-2 平面切割圆锥

垂直于轴线	过锥顶	倾斜于轴线	平行任一素线	平行于轴线

续表

垂直于轴线	过锥顶	倾斜于轴线	平行任一素线	平行于轴线
截交线为圆	截交线为两相交直线	截交线为椭圆	截交线为抛物线	截交线为双曲线

【例 4-6】 求作圆锥被正平面切割后的三视图，如图 4.20 所示。

分析：圆锥被一与轴线平行的平面所切，截交线应为双曲线。截平面为正平面，因而截交线的水平投影和侧面投影均积聚成线，正面投影反映实形。

作图步骤如下：

(1) 先找出特殊的点的投影，Ⅰ、Ⅱ点为最低点，Ⅲ点为最高点，根据投影关系找出它们的各面投影，如图 4.20(a)所示。

(2) 再找一般点的投影，由于截交线上的点在圆锥面上，圆锥面没有积聚性，只能用辅助圆法或辅助素线法来求，如图 4.20(b)所示。

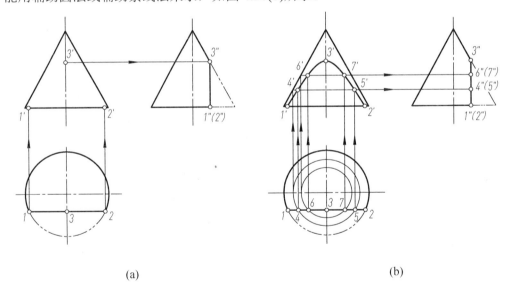

(a)   (b)

图 4.20　正平面截切圆锥

3. 平面切割圆球

圆球被任意方向的平面截切，其截交线都是圆，当截平面与投影面平行时，截交线在所平行的投影面上的投影为圆，其他两面投影积聚成线。

【例 4-7】 画出开槽半圆球的三视图，如图 4.21 所示。

分析：半圆球被两个对称的侧平面和一个水平面所切，侧平面的侧面投影为一段圆弧，水平面的水平投影为两段圆弧。作图的关键是确定图中圆弧的半径 R_1 和 R_2。

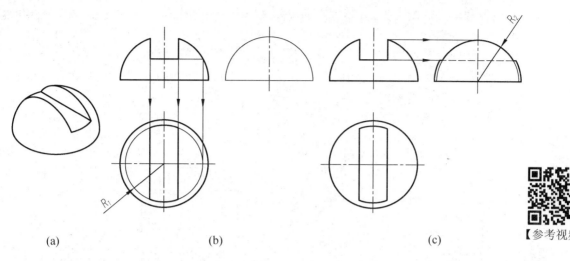

(a)　　　　　　　　　(b)　　　　　　　　　(c)

图 4.21　开槽半球的三视图

4.4　相　贯　线

两相交的形体称为相贯体，其表面交线称为相贯线，比如水管接头的两圆管相交处就有相贯线，如图 4.22 所示。由于相交两形体的几何形状或相对位置不同，则相贯线的形状也不相同，但都具有下列性质：

(1) 相贯线是相交立体表面的共有线，相贯线上的点是两立体表面的共有点。

(2) 相贯线一般是封闭的空间曲线，特殊情况下是平面曲线或直线。

根据相贯线的性质，求作相贯线实质上是求作相交立体表面上一系列的共有点。常用的方法有利用积聚性求相贯线和利用辅助平面法求相贯线。

图 4.22　相贯线

4.4.1　利用积聚性求相贯线

当相交的两回转体中有一个(或两个)是圆柱且其轴线垂直于投影面时，圆柱面在该投影面上的投影具有积聚性且为一个圆，相贯线上的点在该投影面上的投影也一定积聚在该圆上，而其他投影可根据表面上取点的方法做出。

【例 4-8】　求两圆柱正交时的相贯线，如图 4.23 所示。

分析：由于大圆柱的轴线垂直于 W 面，小圆柱的轴线垂直于 H 面，相贯线的水平投影和侧面投影都有积聚性，只需要求相贯线的正面投影。

(1) 求特殊点。相贯线的水平投影为一个圆，在圆上定出最左、最右、最前、最后点即Ⅰ、Ⅲ、Ⅱ、Ⅳ点的水平投影 1、3、2、4，再在相贯线的侧面投影上(圆弧)

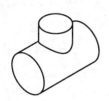

图 4.23　两圆柱正交的相贯线

找到这四个点的侧面投影,根据点的投影规律求出这四个点的正面投影,如图 4.24(a) 所示。

(2) 求一般点。在相贯线的水平投影上任取四个点 5、6、7、8(为了作图简便,对称选取四个点),在相贯线侧面投影上求出这四个点的侧面投影,然后由这些点的水平投影和侧面投影求出它们的正面投影,如图 4.24(b)所示。

(3) 光滑连接各点。按水平投影中各点的顺序将相贯线的正面投影依次连成光滑曲线。因为相贯线前后对称,所以相贯线正面投影的不可见部分与可见部分重叠。

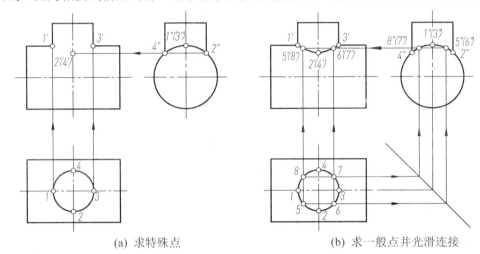

(a) 求特殊点　　　　　　　　(b) 求一般点并光滑连接

图 4.24　两圆柱正交的相贯线的画法

两圆柱正交,相贯线有以下三种情况:
(1) 两圆柱外表面相交,如图 4.22 所示。
(2) 两圆柱外内表面相交,如图 4.25(a)所示。
(3) 两圆柱面相交,如图 4.25(b)所示。

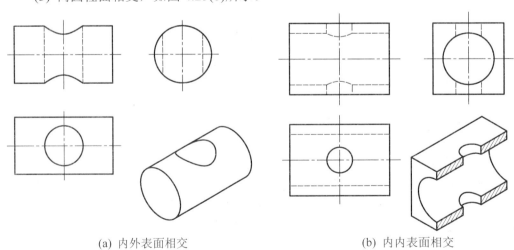

(a) 内外表面相交　　　　　　　　(b) 内内表面相交

图 4.25　相贯线的各种情形

4.4.2 利用辅助平面法求相贯线

相贯线上的点所在的面在三个投影面均无积聚性，无法利用表面取点法来求，可用辅助平面法求得。

辅助平面法的作图原理：假设用一辅助平面，同时截切两相交的回转体，求出辅助平面与两回转体的截交线，两截交线必定相交，交点必是相贯线上的点，如图 4.26 所示。用若干个辅助平面即可求出相贯线上一系列的共有点，连接这些点即可得相贯线。

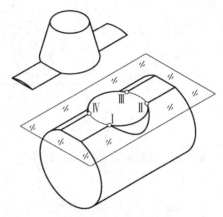

图 4.26 辅助平面的选择

为了简化作图，辅助平面一般选择特殊位置平面，使其与两相交立体表面所产生的截交线为简单易画的圆或直线，并且其投影反映实形。

【例 4-9】 求轴线正交的圆柱与圆锥台的相贯线，如图 4.27(a) 所示。

分析：由于圆柱面的侧面投影有积聚性，因此相贯线的侧面投影为左视图中梯形包含范围内的一段圆弧，其正面投影和水平投影需利用辅助平面法求出。

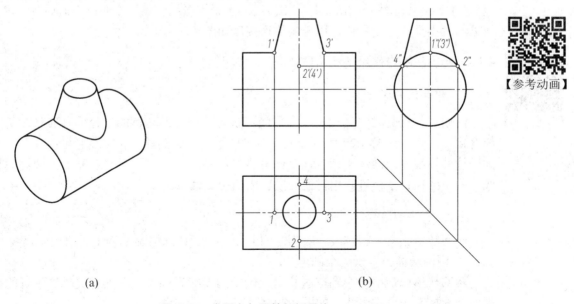

图 4.27 求圆台与圆柱的相贯线

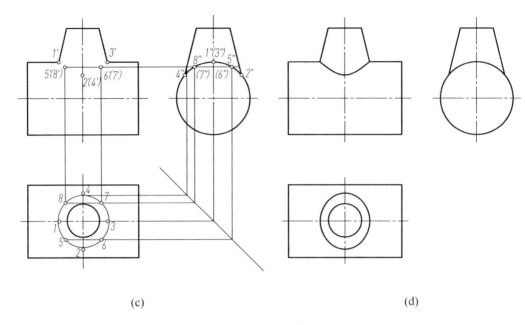

(c)   (d)

图 4.27 求圆台与圆柱的相贯线(续)

作图步骤如下：

(1) 求特殊点。圆锥台的四条转向轮廓线全部与圆柱面相交，Ⅰ、Ⅲ分别为最左、最右的点，同时也是最上的点；Ⅱ、Ⅳ分别为最前、最后的点，同时也是最下的点；根据投影关系可以求出这几个点的正面投影与水平投影，如图 4.27(b)所示。

(2) 求一般点。在最高点与最低点之间作辅助水平截切面，在 H 面上画出圆锥台的截交线为圆，圆柱的截交线为直线，交点即为相贯线上的点，根据投影规律，可求出这些点的正面投影。同理，可作一系列辅助水平面，求得相贯线上足够多的点，如图 4.27(c)所示。

(3) 判断可见性及光滑连接。相贯线的水平投影均可见，正面投影前后对称，看得见与看不见的完全重合，用粗实线连接后如图 4.27(d)所示。

4.4.3 相贯线的变化趋势和特殊情况

【参考动画】

1. 相贯线的变化趋势

两回转体相交时，其相贯线的空间形状随两相交回转体的直径和轴线相对位置的变化而变化，如图 4.28 所示。从图中可以看出，两圆柱的相贯线总是由小圆柱向大圆柱的轴线方向凸出，而且两个圆柱直径相差越小时，相贯线越靠近大圆柱的轴线，两个圆柱直径相等时相贯线的投影成两相交直线。

2. 相贯线的特殊情况

两回转体相交，相贯线一般为空间曲线，但在特殊情况下为平面曲线或直线。

1) 两回转体公切于一个圆球

两回转体公切于一个圆球时相贯线的空间形状为椭圆，在其相交轴线平行的投影面上的投影积聚成直线，如图 4.29 所示。

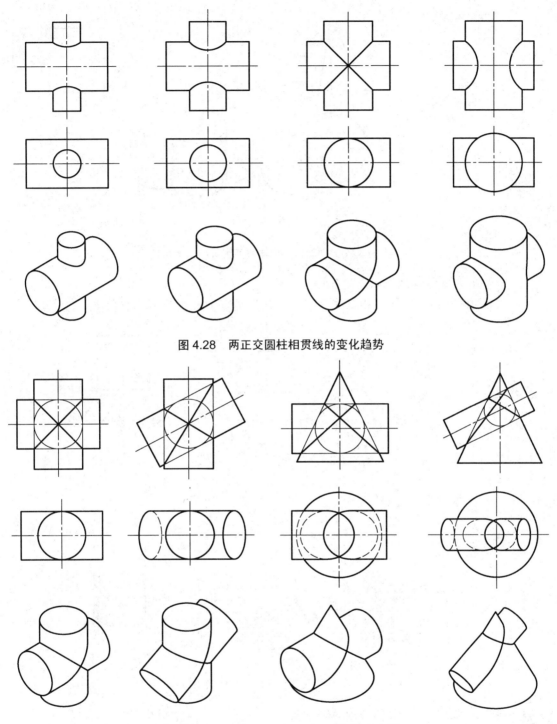

图 4.28 两正交圆柱相贯线的变化趋势

图 4.29 两回转体公切于一个圆球时的相贯线

2) 两圆锥共顶点或两圆柱平行

两圆锥共顶点或两圆柱平行相交时相贯线为直线，如图 4.30 所示。

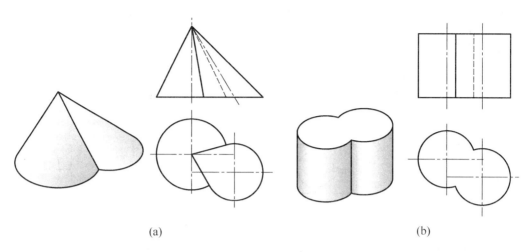

(a) (b)

图 4.30 两圆锥共顶点或两圆柱平行的相贯线

3) 两回转体共轴线

两回转体共轴线时相贯线的空间形状为垂直于轴线的圆,如图 4.31 所示。

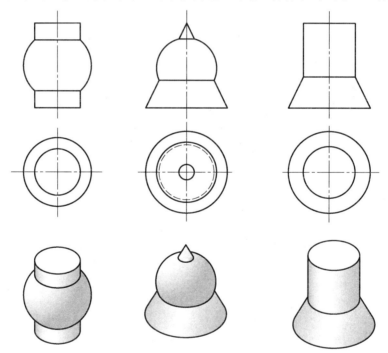

图 4.31 共轴线两回转体的相贯线

4.4.4 相贯线的近似画法和简化画法

1. 相贯线的近似画法

当两正交的圆柱直径相差较大,对作图要求准确不高时,其相贯线的投影可采用圆弧代替。作图时以大圆柱的底圆半径为圆弧的半径,如图 4.32 所示。

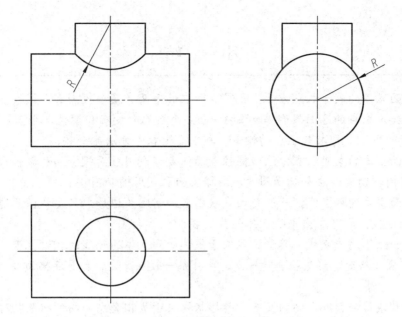

图 4.32 相贯线的近似画法

2. 相贯线的简化画法

大多数情况下的相贯线是零件加工后自然形成的交线,所以,零件图上的相贯线实质上只起示意的作用,在不影响加工的情况下,还可以采用模糊画法表示相贯线,如图 4.33 所示。

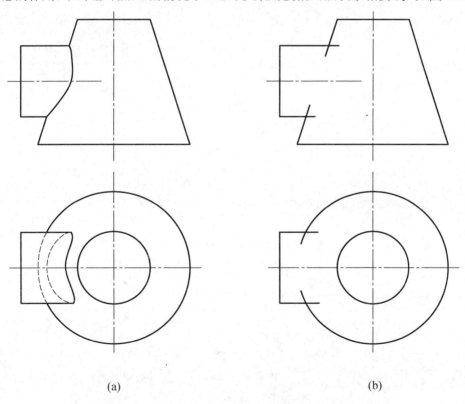

(a) (b)

图 4.33 相贯线的模糊画法

小 结

(1) 平面立体的表面取点方法：如果点所在的平面的某个投影有积聚性，则可利用积聚性，直接求出点的这面投影；如果该平面三个投影都没有积聚性，则需要作辅助线，先求出直线的投影，再求其上点的投影，与平面上取点方法完全相同。

(2) 曲面立体的表面取点方法：圆柱表面取点可利用柱面投影的积聚性来求，圆锥表面取点可用辅助素线法和辅助圆法，圆球表面取点用辅助圆法。

(3) 平面立体的截交线，一般是由直线围成的封闭多边形。只要找出多边形各顶点的投影顺次连接，即可求出平面立体的截交线。

(4) 曲面立体的截交线，其形状取决于被截曲面立体的轴线的相对位置。当截交线的投影为非圆曲线时，要先找全特殊点，再补充一般点，最后光滑连接曲线，并完善轮廓的投影。

(5) 相贯线是两形体表面的交线，其形状取决于两相交立体的形状及相对位置，一般情况下是封闭的空间曲线。其求法也是先求出所有的特殊点，再求出一些一般点的投影，最后光滑连接得到相贯线的投影。

(6) 无论是求截交线还是相贯线的投影，最终转化为求立体表面上的点的投影。

第 5 章

轴 测 图

▷ 学习目标

(1) 掌握轴测图的形成方法,理解轴测轴、轴间角、轴向伸缩系数等名词。
(2) 会画平面立体和回转体的正等轴测图及斜二轴测图。
(3) 会徒手绘制立体的轴测图。

多面投影图作图较简单、度量性好，但立体感差，缺乏看图基础的人难以看懂。因此，工程上有时也采用富有立体感，但作图较烦琐和度量性差的单面投影图(即轴测图)作为辅助图样。

5.1 轴测图的基本知识

5.1.1 轴测图的基本概念

将物体连同其直角坐标系沿不平行于任一坐标平面的方向，用平行投影法将其投射在单一投影面上所得到的图形称为轴测投影(轴测图)。采用正投影法得到的轴测图称为正轴测图，如图 5.1 所示。采用斜投影法得到的轴测图称为斜轴测图。

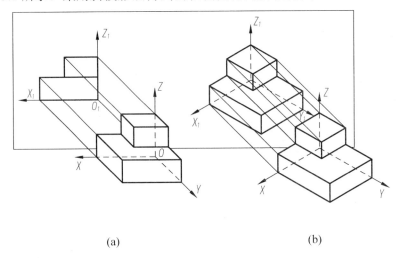

(a)　　　　　　　　　　　　　(b)

图 5.1　轴测投影的形成

1. 轴测轴

直角坐标轴 OX、OY、OZ 在轴测投影面 P 上的轴测投影 O_1X_1、O_1Y_1、O_1Z_1 称为轴测轴。

2. 轴间角

轴测投影中任意两根直角坐标轴在轴测投影面上的投影之间的夹角称为轴间角。

3. 轴向伸缩系数

直角坐标轴轴测投影的单位长度与相应直角坐标轴的单位长度的比值称为轴向伸缩系数。

5.1.2 轴测图的基本性质

由于轴测图是采用平行投影法绘制的，因而轴测图具有平行投影特性。

(1) 物体上互相平行的直线段，它们的轴测投影仍互相平行。

(2) 平行于坐标轴的直线段，其轴测投影必平行于相应的轴测轴，并且其伸缩系数与相应轴测轴的轴向伸缩系数相同。因此,画轴测图时,凡是物体上与轴测轴平行的线段的尺寸可以直接量取,"轴测"就是指沿轴向进行测量的意思。

(3) 直线段上两线段长度之比,等于其轴测投影的长度之比。

5.2 正等轴测图的画法

5.2.1 正等轴测图的形成

将物体放置成使它的三个坐标轴与轴测投影面具有相同的夹角,然后用正投影的方法向轴测投影面投影,就可得到该形体的正轴测图,如图 5.1(b)所示。

5.2.2 正等轴测图的轴测轴、轴间角及轴向伸缩系数

1. 轴间角

正等轴测投影由于物体上的三个直角坐标轴与轴测投影面的倾角均相等,因此,与之相对应的轴测轴之间的轴间角也必须相等,即 $\angle X_1O_1Y_1 = \angle Y_1O_1Z_1 = \angle X_1O_1Z_1 = 120°$,如图 5.2(a)所示。

2. 轴向伸缩系数

正等轴测图的三个轴向伸缩系数也相等,$p_1 = q_1 = r_1 = 0.82$,如图 5.2(b)所示。为了画图方便起见,通常采用简化的轴向伸缩系数,即 $p = q = r = 1$。这样画出的图形,在沿各轴向长度上均分别放大 1.22 倍,如图 5.2(c)所示。

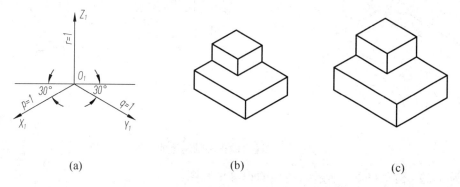

图 5.2 正等轴测图的轴间角和轴向伸缩系数

5.2.3 平面立体的正等轴测图的画法

画轴测图最常用的方法有坐标法、切割法、堆叠法、综合法等。

【例 5-1】 画如图 5.3 所示三棱锥的正等轴测图。

作图步骤如下:

(1) 选定坐标轴和坐标原点,为绘制方便,选取底面的 C 点作为坐标原点,如图 5.3 所示。

(2) 绘制轴测轴,按底面三角形各点的坐标画出 A、B、C 的轴测图,如图 5.4(a)所示。

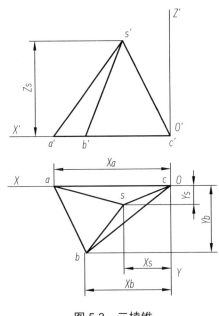

图 5.3 三棱锥

(3) 画出锥顶 S 点的轴测图,如图 5.4(b)所示。
(4) 连接四点并描深,完成轴测图的绘制,如图 5.4(c)所示。

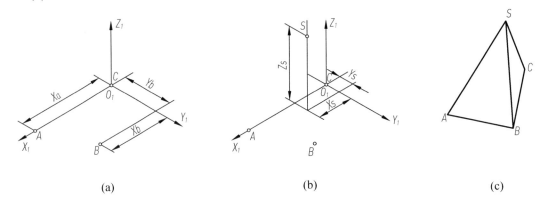

图 5.4 三棱锥的正等轴测图的画法

【例 5-2】 画如图 5.5 所示六棱柱的正等轴测图。

作图步骤如下:

(1) 选定坐标轴和坐标原点,为绘制方便,选取顶面的中心作为坐标原点,如图 5.5 所示。

(2) 绘制轴测轴,由于 A、D、M、N 分别在 X、Y 轴上,可直接量取并在轴测轴上定出它们的位置,如图 5.6(a)所示。

(3) 过 M、N 点作 X_1 轴平行线,量得 B、C、E、F 各点,连成顶面六边形,如图 5.6(b)所示。

(4) 过 A、B、C、F 点作 Z 轴平行线,长度为六棱柱的高度 h,如图 5.6(c)所示。

(5) 连接相关点,描深,完成六棱柱的轴测图,如图 5.6(d)所示。

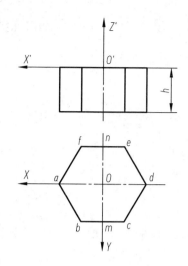

图 5.5 六棱柱的坐标选取

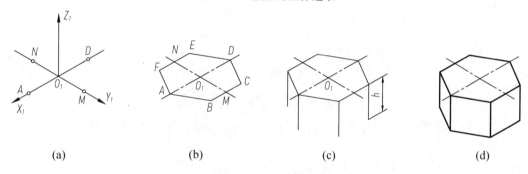

图 5.6 六棱柱的正等轴测图的画法

【例 5-3】 画如图 5.7 所示切割体的正等轴测图。

作图步骤如下：

(1) 选定坐标轴和坐标原点，为绘制方便，选取底右后角作为坐标原点。

(2) 绘制轴测轴，根据长方体的长、宽、高，画出长方体的轴测图，如图 5.8(a) 所示。

(3) 根据尺寸 a、b 画出图中所切的角，如图 5.8(b) 所示。

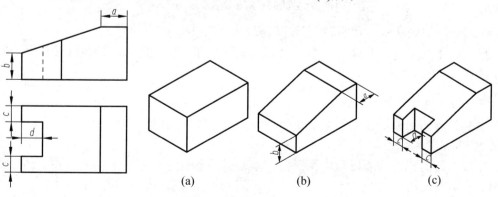

图 5.7 切割体　　图 5.8 切割体的正等轴测图的画法

(4) 根据物体上互相平行的直线段，它们的轴测投影仍互相平行，按尺寸画出中间的凹槽，如图 5.8(c)所示。

(5) 描深可见轮廓线，完成轴测图的绘制。

5.2.4 曲面立体的正等轴测图的画法

1. 圆的正等轴测图的画法

坐标平面(或其平行面)上圆的正等轴测投影为椭圆。立方体平行于坐标平面的各表面上的内切圆的正等轴测投影如图 5.9 所示。

椭圆常用的近似画法是四心近似画法，现以坐标平面 XOY 上的圆[图 5.10(a)]的正等轴测投影为例说明作图方法。

(1) 以圆心为坐标原点，画轴测轴，然后根据圆的直径画出圆的外切正方形的轴测图，为一菱形，如图 5.10(b)所示。

(2) 以菱形较近的两个顶点 1 点和 2 点为圆心，1C 或 2A 为半径，在 CD 和 AB 之间画圆弧，如图 5.10(c)所示。

(3) 连接 1C、1D、2A、2B，找到交点 3、4，再以 3、4 点为圆心，3A 或 4B 为半径，在 AD 和 BC 之间画圆弧，即完成圆的正等轴测图的画法，如图 5.10(d)所示。

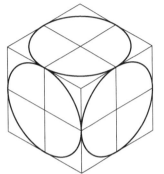

图 5.9 坐标平面上的圆

2. 回转体的正等轴测图的画法

【例 5-4】 画如图 5.11(a)所示圆柱体的正等轴测图。

作图步骤如下：

(1) 以顶面圆心作为坐标原点，将圆心沿 Z_1 轴下移圆柱的高度得到底圆的中心(移心法)，画顶面和底面两个菱形，如图 5.11(b)所示。

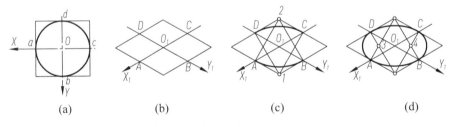

图 5.10 水平圆的正等轴测图的画法

(2) 用四心近似画法画出顶面和底面的椭圆，如图 5.11(c)所示。

(3) 作上、下底椭圆的公切线，将不可见的轮廓线和作图线擦去，即得圆柱体的正等轴测图，如图 5.11(d)所示。

3. 圆角的正等轴测图的画法

【例 5-5】 画如图 5.12(a)所示带圆角的长方体的正等轴测图。

作图步骤如下：

(1) 作长方体的正等轴测投影，找到长方体顶面两个圆角的切点 P_1、P_2、P_3、P_4，如图 5.12(b)所示。

(2) 由 P_1、P_2、P_3、P_4 分别作各边线的垂线，交于 O_1、O_2，用移心法得底板下面圆角

的两圆心 O_3、O_4，同时下移切点；以 O_1、O_2、O_3、O_4 为圆心，画对应的圆弧及小圆弧的外公切线，如图 5.12(c)所示。

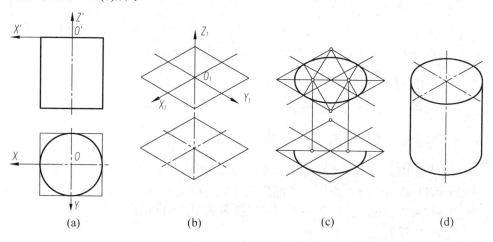

图 5.11　圆柱体的正等轴测图的画法

(3) 擦去多余线，加深图线，完成正等轴测图的绘制，如图 5.12(d)所示。

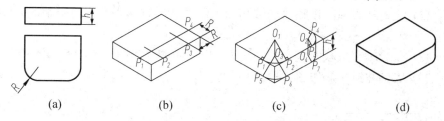

图 5.12　带圆角的长方体的正等轴测图的画法

5.3　斜二轴测图的画法

5.3.1　斜二轴测图的形成

将坐标轴 OZ 放成铅垂方向，并使 XOZ 面平行于轴测投影面(物体正放)，用斜投影法将物体连同坐标轴一起向 V 面投影，所得到的轴测图为斜二轴测图，如图 5.13(a)所示。

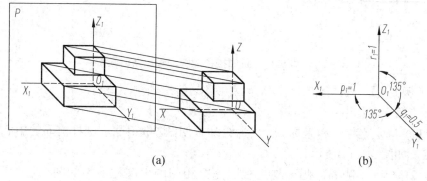

图 5.13　斜二测图

5.3.2 斜二轴测图的轴测轴、轴间角及轴向伸缩系数

1. 轴间角

国家标准规定，斜二测的轴测轴 OX、OZ 分别为水平方向和铅垂方向，$\angle X_1O_1Z_1=90°$，$\angle Y_1O_1Z_1=\angle X_1O_1Y_1=135°$，如图 5.13(b)所示。

2. 轴向伸缩系数

斜二轴测图的轴向伸缩系数 $p_1=r_1=1$，$q_1=0.5$，如图 5.13(b)所示。

5.3.3 斜二轴测图的画法

由于物体上的正平面在斜二轴测图都能反映实形，所以当物体上有较多的平行于正面的圆或圆弧时，采用斜二测作图比较方便。

【例 5-6】 画如图 5.14(a)所示正四棱台的斜二轴测图。

作图步骤如下：

(1) 选定坐标轴和坐标原点，为绘制方便，选取底面的中心作为坐标原点，如图 5.14(a)所示。

(2) 绘制轴测轴，作底面的轴测图，注意宽度方向为原来的一半，如图 5.14(b)所示。

(3) 在 Z 轴上量取四棱台的高度 h，作顶面的轴测图，如图 5.14(c)所示。

(4) 连接并描深，如图 5.14(d)所示。

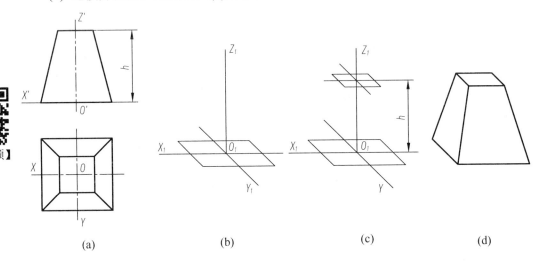

(a)　　　　　　　(b)　　　　　　　(c)　　　　　　　(d)

图 5.14　正四棱台的斜二轴测图的画法

【例 5-7】 画如图 5.15(a)所示法兰盘的斜二轴测图。

作图步骤如下：

(1) 选定坐标轴和坐标原点，为绘制方便，选取后面大圆柱前面的中心作为坐标原点，如图 5.15(a)所示。

(2) 绘制轴测轴，画出与主视图完全相同的大圆柱前端的图形，如图 5.15(b)所示。

(3) 用移心法，分别画出小圆柱前面的面及大圆柱后面的面的投影，如图 5.15(c)所示；

(4) 作各圆柱前后两个圆的公切线，将不可见的轮廓线和作图线擦去，即得法兰盘的正等轴测图，如图 5.15(d)所示。

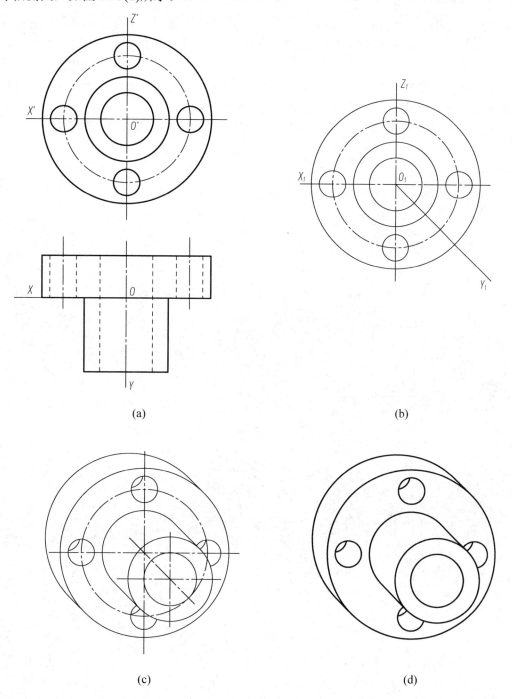

图 5.15 法兰盘的斜二轴测图的画法

小　结

(1) 轴测图是一种直观性很强的图，它作为一种辅助图样，主要是帮助我们想象和构思物体的形状，因而对工程技术人员而言，具备一定的徒手绘制轴测图能力有助于提高空间想象力。

(2) 画轴测图要切记沿轴向度量，只有与轴向方向平行的线段才可直接量取。为了提高作图速度，可利用平行性质作图。

第 6 章

绘制和识读组合体的视图

> 学习目标

(1) 会用形体分析法分析组合体,会画组合体的三视图。
(2) 会选择合适的尺寸基准,会合理标注组合体的尺寸。
(3) 利用形体分析法和线面分析法能看懂组合体的视图,能补画视图中所缺的线和补画第三视图。
(4) 能进行组合体的构型设计,能根据一个视图构思出不同形状的组合体。

任何复杂的机器零件,都可以看成是若干个简单的基本形体(棱柱、棱锥、圆柱、圆锥、球和圆环等)经过切割、叠加而形成的。本章重点介绍组合体的画法、尺寸标注及看图方法。

6.1 画组合体的三视图

6.1.1 常见组合体的组合形式

组合体的组合方式一般可分为叠加式、切割式和综合式三类,见表6-1。叠加式可以看成由若干个基本形体叠加而成,切割式可以看成是由一个基本形体切掉若干个基本体后形成的。综合式的组合体既有叠加又有切割,在实际中较为常见。

表6-1 常见组合体的组合形式

叠加式	切割式	综合式

6.1.2 形体分析法

组合体比基本体形状复杂,在画图和看图的过程中,通常按照组合体的结构特点和各组成部分之间的位置关系,将其分为若干个简单形体,组合起来画出视图或想象出其形状,这种分析方法称为形体分析法。如图 6.1 所示,支座可分解成底板、肋板、圆筒和凸台四个部分。

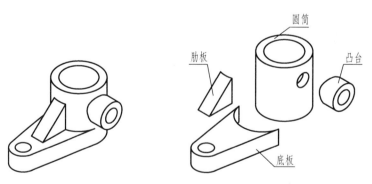

图 6.1 支座的形体分析

6.1.3 组合体表面连接关系及画法

组合体因组合部位的连接关系不同,相邻基本形体表面之间的线的画法有所不同。常见的表面结合关系有以下几种。

1. 平齐与不平齐

当两基本形体表面平齐(共面),结合处不应该画线,如图 6.2(a)所示。若两基本形体表面不平齐,结合处应画线,如图 6.2(b)所示。

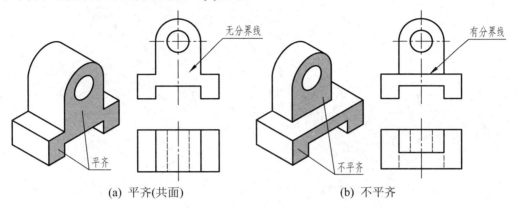

(a) 平齐(共面)　　　　　　　(b) 不平齐

图 6.2　组合体表面平齐与不平齐的画法

2. 相切与相交

相切是指两基本形体表面光滑过渡,在相切处不存在轮廓线,作图时在相切处不应画线。两基本形体表面相交会产生交线,画图时应画出交线的投影,如图 6.3 所示。

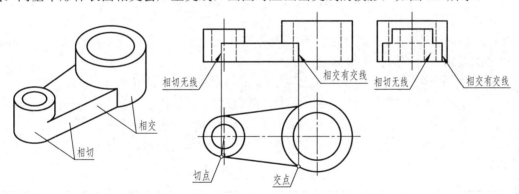

图 6.3　组合体表面相切与相交的画法

6.1.4　组合体三视图的画法

1. 叠加型组合体三视图的画法

叠加型组合体一般按组合体的组合顺序,逐个画出各组成部分的视图,最后完成全图。

【例 6-1】　绘制如图 6.4 所示轴承座的三视图。

1) 形体分析

如图 6.5 所示,轴承座可分为底板、圆筒、支承板和肋板四个基本形体,是一种综合型的组合体。轴承座下方是底板,底板的基本形体为长方体、上面有圆孔、圆角。轴承座上方是一圆筒,圆筒前后端面分别伸出肋板前表面和支承板后表面;支承板的左右两侧面与圆筒外表面相切;肋板对称放置在底板与圆筒之间,肋板和圆筒外表面相交产生交线。

图 6.4　轴承座的立体图

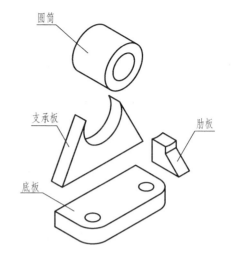

图 6.5　轴承座的形体分析

2) 绘制三视图

(1) 选择主视图。主视图是三视图中最主要的视图，应能反映出组合体形状的主要特征，还要兼顾其他两个视图，使图中的虚线越少越好。

如图 6.4 所示，对于轴承座选取箭头 A 所示的方向作为其主视图投影的方向最好。

(2) 确定比例与图幅。视图确定后，按国家标准规定选择作图的比例与图幅。比例优先选用 1∶1 的比例。

(3) 布置视图。应将视图均匀地布置在图幅上，画出各视图的基准线，注意视图之间要留有足够的空隙来标注尺寸。

(4) 画图。轴承座的作图步骤见表 6-2。画图时应注意以下几点。

① 应按形体分析法从主要的形体(圆筒、底板)着手，尽可能做到 3 个视图同时画。

② 画每一部分基本形体的视图时，应从形状特征明显的视图入手。

③ 画图先画主要结构，再画次要结构；先画大的结构，再画小的结构。

【参考视频】

表 6-2　轴承座三视图的作图步骤

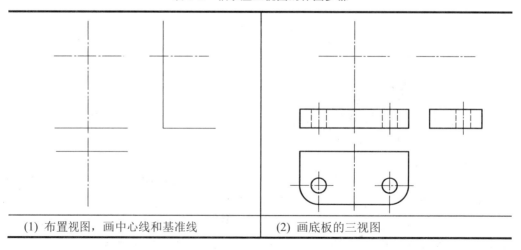

| (1) 布置视图，画中心线和基准线 | (2) 画底板的三视图 |

续表

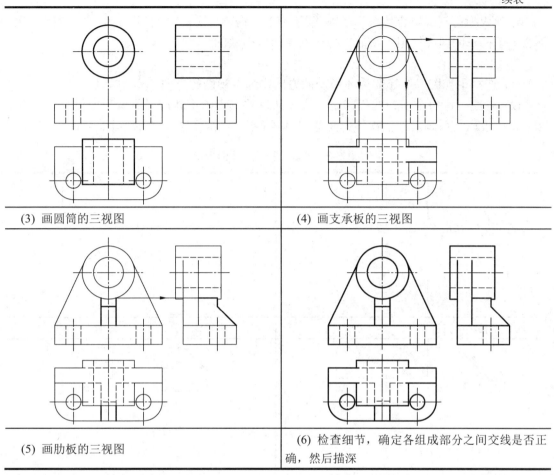

(3) 画圆筒的三视图	(4) 画支承板的三视图
(5) 画肋板的三视图	(6) 检查细节，确定各组成部分之间交线是否正确，然后描深

2. 切割型组合体的画法

画切割型组合体一般先画出未切前的物体的完整视图，然后按切割顺序逐个减去被切掉的部分。

【例 6-2】 绘制如图 6.6 所示顶块的三视图。

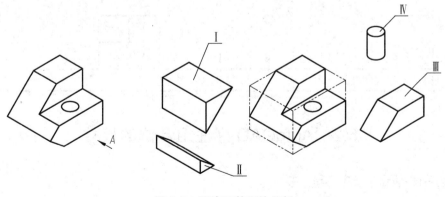

图 6.6 顶块及其形体分析

【参考动画】

1) 形体分析

该顶块为切割式组合体,可以看成是一长方体,切去一个三棱柱Ⅰ和一个三棱柱Ⅱ,切去一个梯形的四棱柱Ⅲ,最后挖掉一圆柱体Ⅳ而成的。

2) 绘制三视图

(1) 选择主视图。选择箭头 A 所示的方向作为主视图的方向。

(2) 画图。作每个切口的投影时,应先从反映形体特征轮廓且具有积聚投影的视图开始,再按投影关系画出其他视图。注意切口截面投影的类似性。具体作图步骤见表 6-3。

表 6-3 顶块三视图的作图步骤

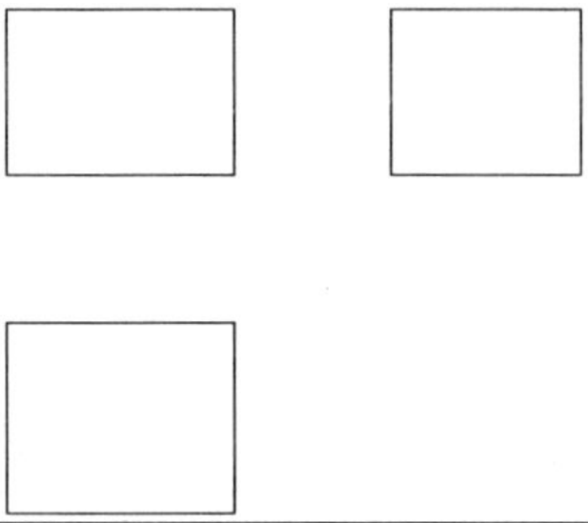 (1) 画四棱柱的三视图	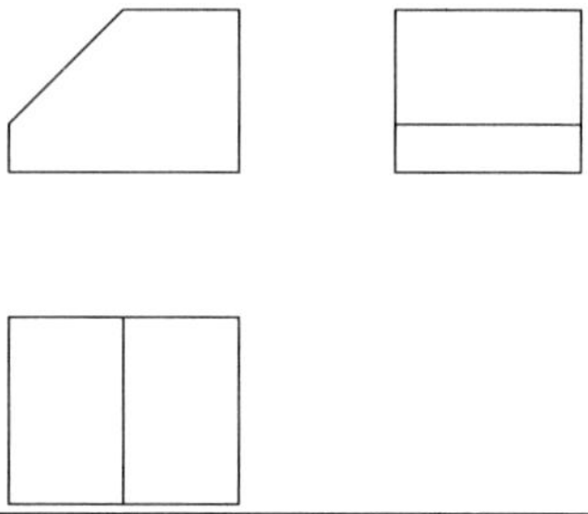 (2) 切去形体Ⅰ,从主视图画起
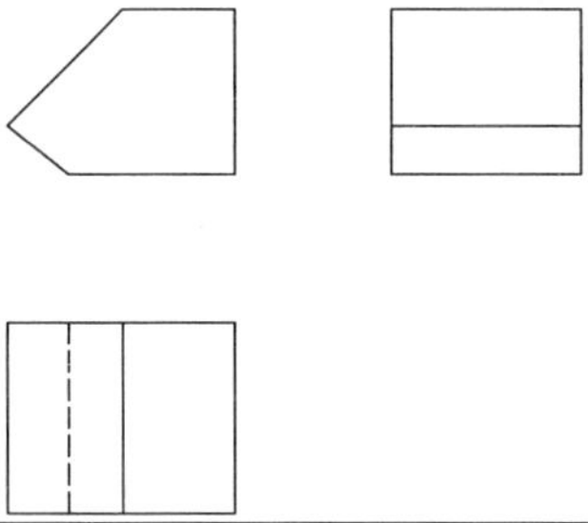 (3) 切去形体Ⅱ,从主视图画起	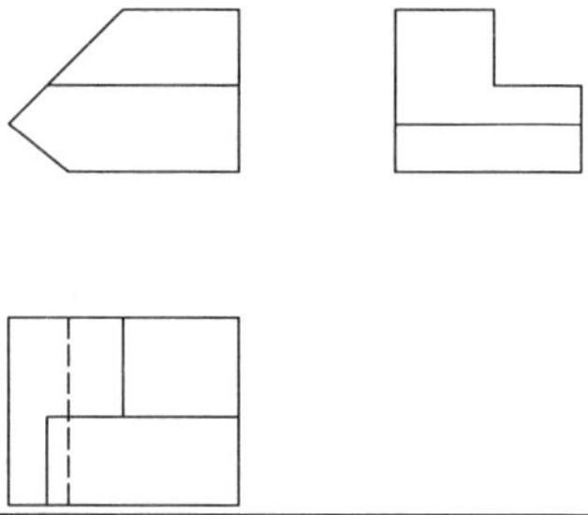 (4) 切去形体Ⅲ,从左视图画起
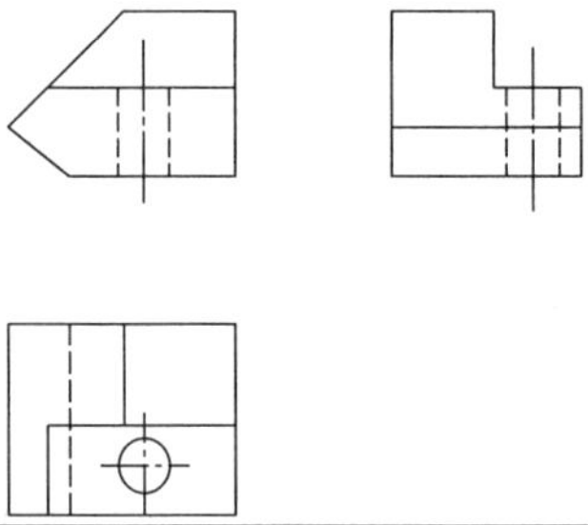 (5) 钻孔Ⅳ,从俯视图画起	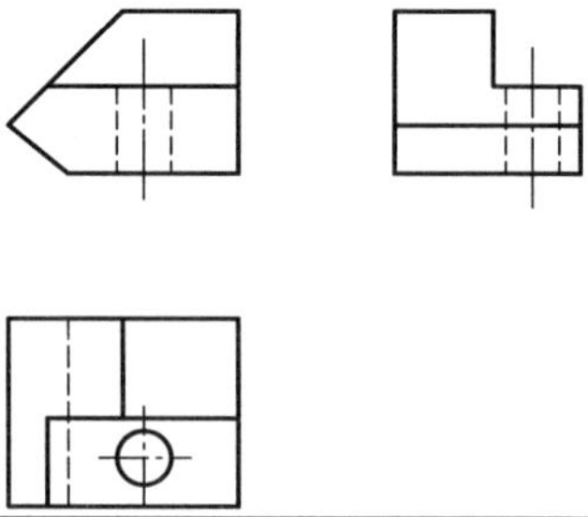 (6) 检查、描深

6.2 AutoCAD 标注组合体的尺寸

6.2.1 组合体的尺寸标注的基本要求

标注组合体的尺寸必须做到正确、完整、清晰。

1. 标注尺寸要正确

尺寸标注应符合国家标准的基本规定，并准确无误。

2. 标注尺寸要完整

要保证所标尺寸完整，通常采用形体分析法，将组合体分成若干个基本形体，标出每部分的定形尺寸和定位尺寸。

1) 需要标注的尺寸

在组合体视图上，应标注下面几类尺寸。

(1) 定形尺寸：确定组合体各组成部分形状大小的尺寸。

(2) 定位尺寸：确定组合体各组成部分之间相对位置的尺寸。

(3) 总体尺寸：确定组合体外形大小的总长、总宽和总高的尺寸。

2) 尺寸基准的确定

标注尺寸时所选择的尺寸起点称为尺寸基准。组合体具有长、宽、高三个方向的尺寸基准。通常选择组合体的底面、端面或对称面及回转轴线等作为尺寸基准，如图6.7所示。

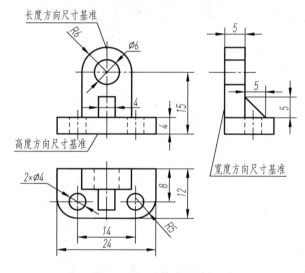

图 6.7 尺寸基准的选择

3. 尺寸分布要清晰

标注尺寸不仅要求完整，而且要注意清晰、明了，便于查找和看图。

(1) 尺寸应尽可能标注在反映形体形状特征明显的视图上，各基本体的定形、定位尺寸应尽量集中，如图6.8所示。

(2) 同心圆的直径尺寸应尽量标注在非圆视图上，圆弧的半径必须标注在圆弧视图上，如图6.9所示。

(3) 尽量避免在虚线上标尺寸，如图6.9所示。

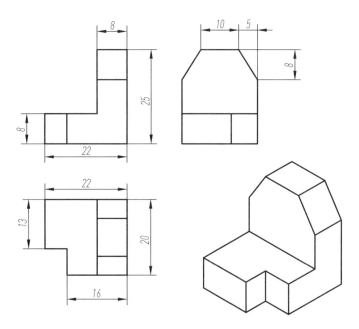

图 6.8　尺寸应标注在反映形体形状特征的视图上

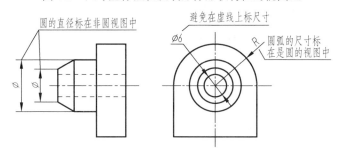

图 6.9　同心圆直径及圆弧半径的尺寸标注

6.2.2　常见形体尺寸标注示例

1. 平面立体的尺寸注法

平面立体一般只需注出底面尺寸和高度尺寸，如图 6.10 所示。

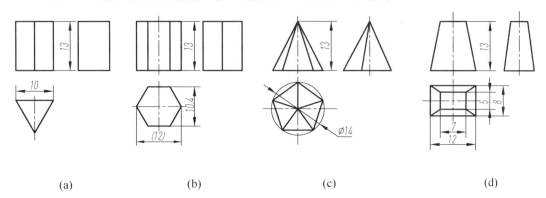

　　(a)　　　　　　　　(b)　　　　　　　　(c)　　　　　　　　(d)

图 6.10　平面立体的尺寸注法

2. 曲面立体的尺寸注法

曲面立体需注出底圆直径和高度尺寸，底圆直径一般注在非圆视图上，如图 6.11 所示。

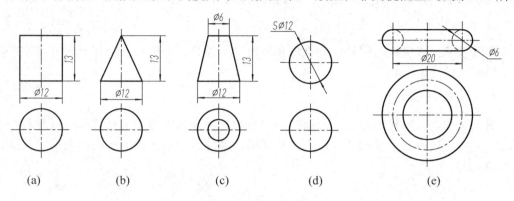

图 6.11　曲面立体的尺寸注法

3. 带切口的基本体的尺寸注法

除了注出基本体的尺寸大小，还应注出确定切口位置的尺寸，如图 6.12 所示。由于切口交线是由切平面的位置确定的，因此截交线不需要标注尺寸。

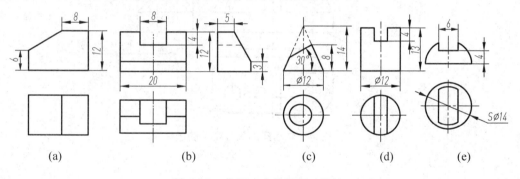

图 6.12　带切口立体的尺寸注法

4. 相交立体的尺寸注法

除了注出两相交体的尺寸大小，还应注出确定两相交基本体的相对位置尺寸。由于交线是由两基本体的位置确定的，因此相贯线不需要标注尺寸，如图 6.13 所示。

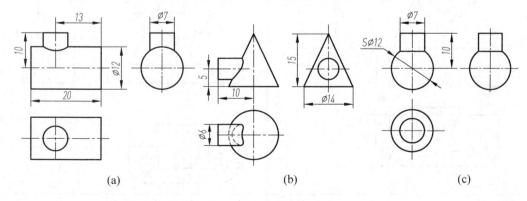

图 6.13　相交立体的尺寸注法

6.2.3 组合体尺寸标注的方法

现以轴承座为例，说明组合体尺寸标注的方法和步骤。

1. 形体分析

将轴承座分成底板、圆筒、支承板和肋板四个部分，分析每一个部分应标注哪些定形尺寸和定位尺寸。

2. 选择尺寸基准

根据尺寸基准选择的方法，轴承座左右对称，因而长度方向的尺寸基准以对称平面为基准，宽度方向以支承板的背面作为尺寸基准，高度方向以底板的底面作为尺寸基准，如图 6.14 所示。

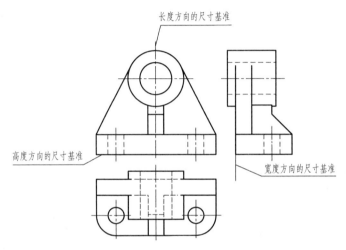

图 6.14 轴承座的尺寸基准的选择

3. 标注尺寸

尺寸的标注方法与步骤见表 6-4。

表 6-4 轴承座的尺寸标注

(1) 标注底板的定形和定位尺寸	(2) 标注圆筒的定形和定位尺寸

续表

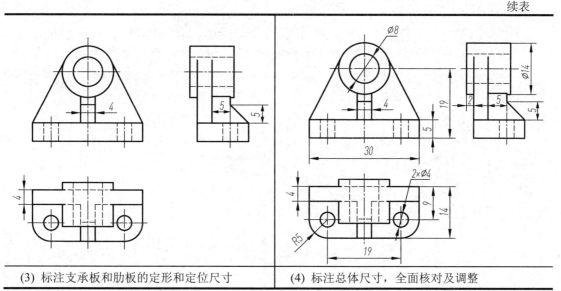

(3) 标注支承板和肋板的定形和定位尺寸	(4) 标注总体尺寸，全面核对及调整

6.2.4 用 AutoCAD 标注组合体的尺寸

用 AutoCAD 标注组合体的尺寸之前，首先要设置好尺寸标注样式，保证所注尺寸满足国家标准。

1. 设置文字样式

单击"新建"按钮，新建一个名称为"机械"的文字样式，单击 **A** 按钮，进入文字样式设置对话框，如图 6.15 所示，将 SHX 字体设为"gbeitc.shx"，勾选"使用大字体"，将大字体设为"gbcbig.shx"。（单击下拉列表框，用键盘输入"g"可快速找到字体名。）

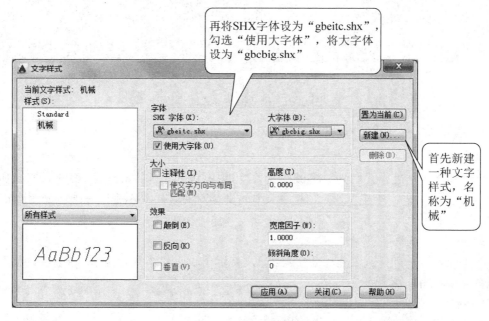

图 6.15 文字样式对话框

【参考视频】

2. 设置尺寸标注样式

单击 按钮，在打开的尺寸样式对话框，单击"新建"按钮，新样式名为"机械样式"，单击"继续"按钮，进行"机械样式"各标注样式选项卡中参数的修改，如图 6.16 所示。

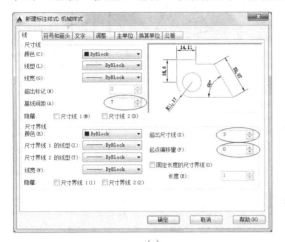

(a)

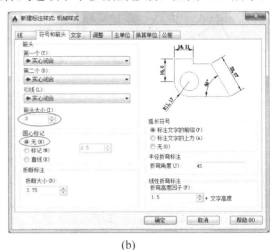

(b)

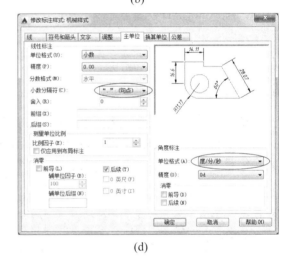

(c)　　　　　　　　　　　　　　　　　(d)

图 6.16　尺寸标注样式的设置

3. 设置尺寸标注子样式

1) 新建"角度标注"子样式

新建样式，基础样式名为"机械样式"，将用于设为"角度标注"，如图 6.17(a)所示，单击"继续"按钮，勾选"文字"选项卡中的文字对齐方式"水平"选项，如图 6.17(b)所示。

2) 新建"半径标注"子样式

新建样式，基础样式名为"机械样式"，将用于设为"半径标注"，修改"调整"选项卡的参数，如图 6.18 所示。

3) 新建"直径标注"子样式

新建样式，基础样式名为"机械样式"，将用于设为"直径标注"，修改"调整"和"文字"选项卡的参数,如图 6.19 所示。所用的标注样式设置完成后,将机械样式置为当前,如图 6.20 所示。

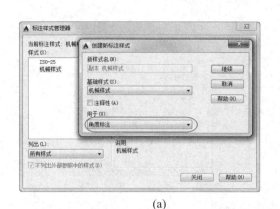
(a)

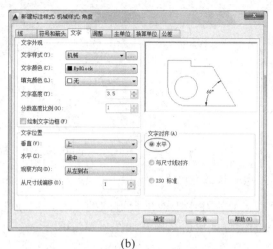
(b)

图 6.17　角度标注子样式的设置

图 6.18　半径子标注样式的设置

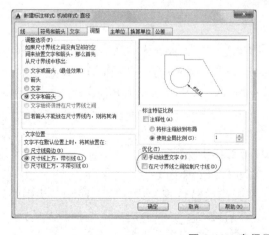

图 6.19　直径子标注样式设置

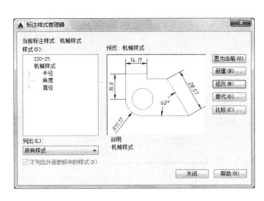

图 6.20 尺寸标注样式管理器

4. 标注尺寸

(1) 标注水平或垂直方向的尺寸，用线性标注 ，只需在标注起点、终点及放置尺寸线的位置处单击，样式如图 6.21(a)所示。

(2) 标注倾斜的尺寸必须用对齐标注 ，先选取斜线的两个端点，然后选择尺寸线放置的位置，样式如图 6.21(b)所示。

(3) 标注圆的直径或圆弧的半径时，用直径标注 或半径标注 ，只需先选取圆或圆弧，然后在需放置文字处单击，样式如图 6.21(c)所示。

(4) 标注角度时，用角度标注 ，先选择角的两条边线，再选择一点放置尺寸线，样式如图 6.21(d)所示。

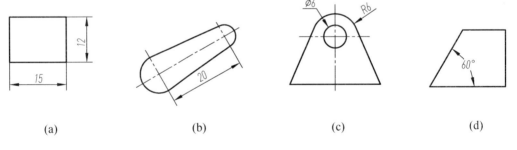

图 6.21 标注各类尺寸

5. 编辑尺寸

(1) 文字修改。双击尺寸文字，进入文字编辑器，可删除默认的文字，输入新的数值；也可移动光标将一些符号插入到指定位置，如输入 M、%%C(ϕ)、%%D(°)、%%P(±)等。

(2) 尺寸界线、尺寸线及箭头的修改。尺寸界线、尺寸线可打开或关闭，箭头的形式也可在特性窗口中进行修改。

【例 6-3】 标注图 6.22(a)的尺寸。

(1) 用线性标注 ，标注第一个尺寸，如图 6.22(b)所示。

(2) 用连续标注 ，标注后面两个尺寸，如图 6.22(c)所示。

(3) 选择中间的尺寸，按 Ctrl+1 组合键，在弹出的特性窗口中，将直线和箭头中的箭头 1 和箭头 2 改为"小点"，如图 6.22(d)所示，然后按 Esc 键取消选择；选择最左的尺寸，将箭头 2 改为"无"，再按 ESC 键；选择最右的尺寸，将箭头 1 改为"无"。

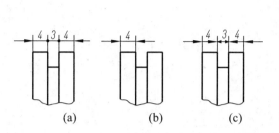

图 6.22 修改尺寸标注

6.3 读组合体的视图

读图是根据视图想象出物体的空间形状。读图之前要掌握读图基本方法。

6.3.1 读图的基本方法

1. 要善于理解视图中线和线框的含义

(1) 图中的一条粗实线或虚线可表示：交线的投影，面的积聚性投影，回转体轮廓素线的投影，如图 6.23 所示。

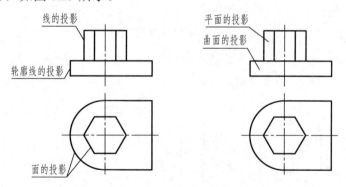

图 6.23 视图中线和线框的含义

(2) 视图中的一个封闭线框一般表示物体上一个平面或曲面的投影；两个相邻的封闭线框则表示位置不同的两个面的投影，如图 6.23 所示。

2. 要把几个视图联系起来读图

仅根据一个视图通常不能唯一确定物体的形状，看图时，要把几个视图联系起来，运用投影规律进行分析，才能想象出物体的空间形状。如图 6.24 所示，物体的俯视图相同，而主视图不同，分别表示了形状各不相同的 5 种物体。

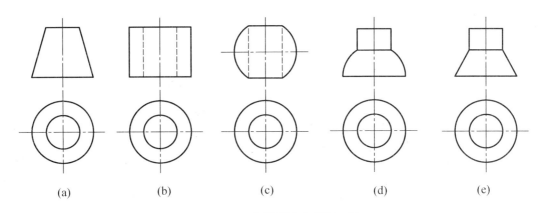

图 6.24 几个视图配合看图示例

3. 要从特征视图看起

(1) 形状特征视图。从最能反映形状特征的视图入手看图，如图 6.25 中左视图为形状特征视图。

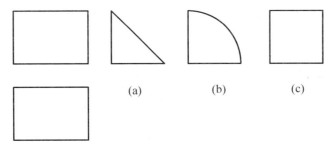

图 6.25 形状特征视图

(2) 位置特征视图。图中的线框可能是孔、槽也可能是凸起，如图 6.26 中左视图最能反映组合体各组成部分的相对位置关系。

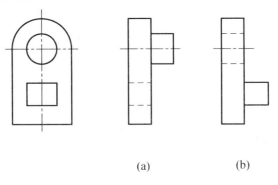

图 6.26 位置特征视图

6.3.2 读图的基本方法和步骤

1. 形体分析法读图

读图时应从反映形体特征的主视图入手，将主视图按组成形体的线框分成若干部分，由投影关系找出各部分的其余投影，进而分析各部分的形状及相互间的位置关系，最后综合想象出组合体的整体形状。

【例 6-4】 读懂下面图 6.27 所示组合体的三视图，想象其空间形状。

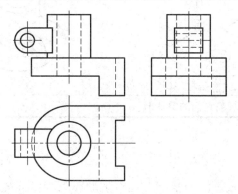

图 6.27 组合体的三视图

读图的方法与步骤见表 6-5。

【参考动画】

表 6-5 组合体的读图方法与步骤

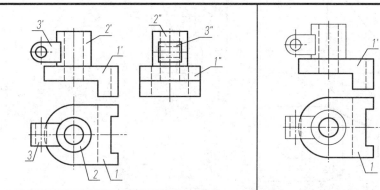	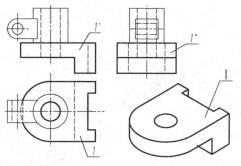
(1) 从主视图入手，将组合体分成三个部分	(2) 根据视图之间的对正关系，找出第一部分其余两面投影，其特征视图为俯视图，想象其空间形状
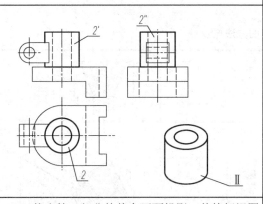	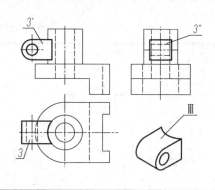
(3) 找出第二部分的其余两面投影，其特征视图为俯视图，想象其空间形状	(4) 找出第三部分的其余两面投影，其特征视图为主视图，想象其空间形状

续表

(5) 根据三视图方位关系，想象它们的整体形状

2. 线面分析法读图

线面分析法是在形体分析法的基础上，对于形体上难以读懂的部分，运用线面的投影特性，分析形体表面的投影，从而读懂整个形体。线面分析法主要用于读以切割体为主形体的视图。

【例6-5】 读懂图6.28所示压块的三视图，想象出其空间形状。

【参考动画】

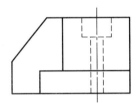

图6.28 压块的三视图

读图方法与步骤见表6-6。

表6-6 压块的读图方法与步骤

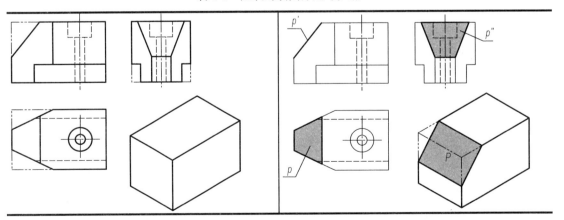

续表

(1) 补全三视图所缺的角，可以想象出立体的基本形体为一长方体	(2) 从主视图所缺的角入手，该长方体被一正垂面 P 所切，所切平面正面投影积聚成一条线，其他两面投影为类似形
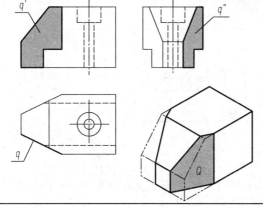	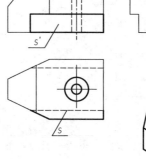 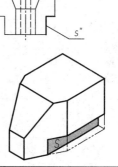
(3) 从俯视图所缺的角入手，该长方体被两铅垂面 Q 所切，两铅垂面的水平投影积聚成线，其他两面投影为类似形	(4) 从左视图所缺的角入手，该长方体被正平面 S 和水平面 R 所切，其中正平面的水平投影和侧面投影积聚成线，正面投影反映实形
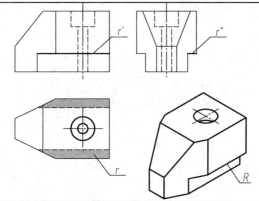	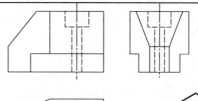 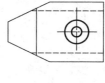 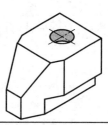
(5) 分析水平面 R 的投影，其水平投影反映实形，其他两面投影积聚成线	(6) 找出俯视图中的两个圆的其他两面投影，对应的主视图和左视图为两虚线矩形框，想象其空间形状是上部为一个大孔，下部为一个小孔；想象立体的整体形状

3. 补视图和补缺线

补视图和补缺线是培养看图、画图能力及检验是否看懂视图的一种有效手段。

【例 6-6】 已知主视图和俯视图，如图 6.29 所示，补画左视图。补图方法与步骤见表 6-7。

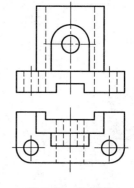

图 6.29 补视图

表 6-7 补视图的方法与步骤

 【参考视频】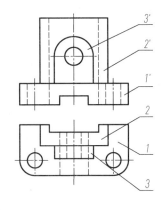 (1) 进行形体分析,知道该组合体可拆成三个部分,找出各组成部分的正面投影和水平投影	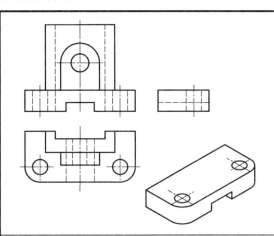 (2) 形体Ⅰ的特征视图为俯视图,想象其空间形状,然后补画其左视图
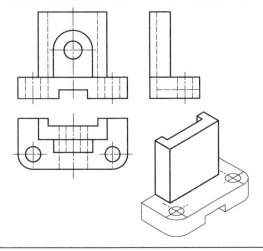 (3) 形体Ⅱ的特征视图为俯视图,想象其空间形状,然后补画其左视图	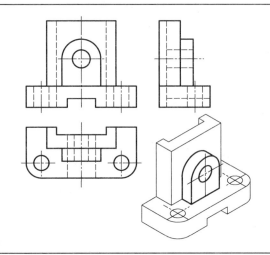 (4) 形体Ⅲ的特征视图为主视图,想象其空间形状,然后补画其左视图;最后检查描深

【例 6-7】 所给的三视图如图 6.30 所示,补画图中所缺的线。

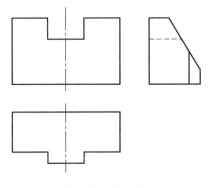

【参考动画】

图 6.30 补缺线

对照三个视图，想象立体的形状，补线的方法与过程见表 6-8。

表 6-8 补缺线的方法与过程

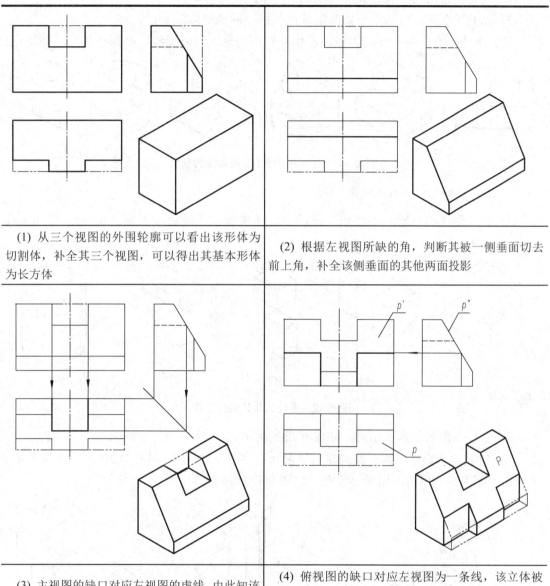

(1) 从三个视图的外围轮廓可以看出该形体为切割体，补全其三个视图，可以得出其基本形体为长方体	(2) 根据左视图所缺的角，判断其被一侧垂面切去前上角，补全该侧垂面的其他两面投影
(3) 主视图的缺口对应左视图的虚线，由此知该缺口为一通槽，按投影关系补全其在俯视图上的图线	(4) 俯视图的缺口对应左视图为一条线，该立体被正平面和水平面切去左前角和右前角，根据投影关系补全其在主视图中的图线。注意补完图形检查一下 P 面的投影，其主视图和俯视图应为类似形

6.4 组合体的构型设计

构型设计是产品设计过程中的重要组成部分，是培养空间想象力和创新能力的有效途径。

1. 组合体的构型方法

(1) 改变相邻线框的前后位置关系，构思不同的形体。
(2) 改变线框所示的基本形体的形状，构思不同的形体。

图 6.31 所示为一组合体的主视图，由主视图构思出物体形状，并画出其他两面视图。

图 6.31　由一个视图构思组合体的形状

2. 组合体构型设计应注意的问题

(1) 两个形体组合时，不能出现线接触、面接触、点接触，如图 6.32(a)~图 6.32(d) 所示。

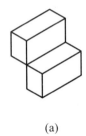 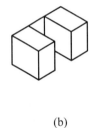   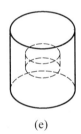

(a)　　　　　　(b)　　　　　　(c)　　　　　　(d)　　　　　　(e)

图 6.32　不能出现的组合形式

(2) 不要出现封闭内腔结构，如图 6.32(e)所示。
(3) 构型设计要有创新。结构尽可能复杂，包含多种基本形体，包含多种连接关系，如平齐、不平齐、相切、相交等关系，如图 6.33 所示。

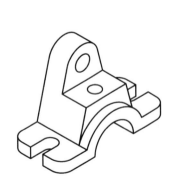 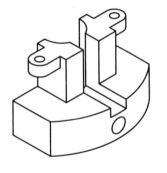 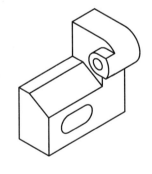

图 6.33　组合体设计范例

小　结

(1) 形体分析法是将复杂的组合体分拆成几个简单的形体，是组合体画图、读图的最基本方法，也是将来读零件图所用的方法，必须熟练掌握。

(2) 画组合体的三视图时最容易出错的部位是各组成部分表面连接处的分界线的画法，要根据它们之间的关系(平齐、不平齐、相交、相切)检查有无遗漏或多余的线。

(3) 线面分析法主要用于切割型组合体及复杂组合体中用形体分析法不易分析的部位，它可以从形体所缺的角入手，研究形体被什么位置的面所切，切完后的形状是怎样的，进而一步步地分析出形体的形状。

(4) 补视图与补缺线是组合体读图的最主要的训练手段，多做练习可以提高看图能力。

第 7 章

机件的表达方法

▶ 学习目标

(1) 会画机件的基本视图、向视图、局部视图、斜视图。
(2) 掌握各种剖视图的画法，能读懂各种剖视图，能将视图改画成剖视图。
(3) 掌握断面图的画法，能绘制机件的移出断面图和重合断面图。
(4) 能运用简化画法和规定画法来表达机件。
(5) 能选择合适的表达方案表达机件。
(6) 能看懂第三角投影绘制的图样。

在生产实践中，机件(包括零件、部件、机器)的结构和形状是多种多样的，仅用三视图的表示方法不一定能将其内外形状正确、完整、清晰、规范地表达出来。为此，国家标准规定了视图、剖视图和断面图等基本表示法。

7.1 视　　图

视图主要用于表达机件的外部结构和形状，一般只画出机件的可见部分，必要时才用细虚线表达不可见部分。

视图可分为基本视图、向视图、局部视图和斜视图四种。

7.1.1 基本视图

如图 7.1 所示，在原来三个投影面的基础上，再增加三个投影面，构成正六面体的六个面，称为基本投影面。机件向基本投影面投射得到的视图称为基本视图。机件分别向六个基本投影面投影，就得到了六个基本视图，除主视图、俯视图、左视图外，新增的三个视图为：

右视图——由右向左投射所得到的视图；

仰视图——由下向上投射所得到的视图；

后视图——由后向前投射所得到的视图。

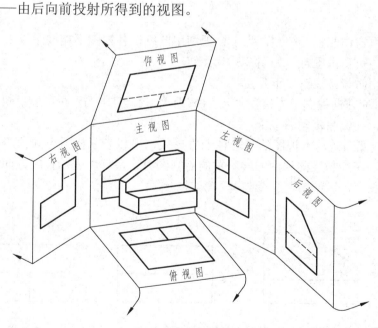

图 7.1　基本投影面及其展开

各投影面按图 7.1 所示展开后，六个基本视图的配置关系如图 7.2 所示。在同一张图样内，按上述关系配置的基本视图不需标注视图名称。

实际画图时，一般不必画六个基本视图，而是根据机件形状的特点和复杂程度，按实际需要选择其中几个基本视图，从而完整、清晰、简明地表达出该机件的结构形状。

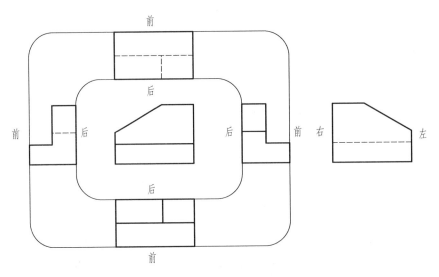

图 7.2 基本视图的配置

六个基本视图之间仍符合"长对正、高平齐、宽相等"的投影规律，从视图中还可以看出机件前后、左右、上下的方位关系。除后视图外，各视图靠近主视图的一侧均表示机件的后面，远离主视图的一侧均表示机件的前面。

7.1.2 向视图

向视图是可自由配置的视图。为了合理利用图纸，各视图不能按图 7.2 所示的规定位置关系配置时，可自由配置，如图 7.3 所示。

在实际应用时，应注意以下几点：

(1) 绘图时应在向视图上方标注"×"（×为大写拉丁字母），在相应视图的附近用箭头指明投射方向，并标注相同的字母。

(2) 由于向视图是基本视图的另一种配置形式，所以表示投射方向的箭头应尽可能配置在主视图上，在绘制以向视图方式配置的后视图时，最好将表示投射方向的箭头配置在左视图或右视图上，以便所获视图与基本视图一致。

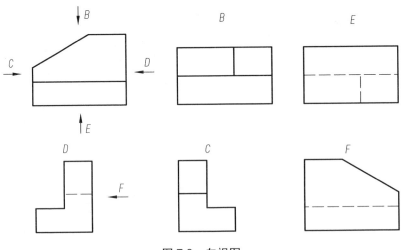

图 7.3 向视图

7.1.3 局部视图

当机件的某部分形状未表达清楚，又没有必要画出整个基本视图时，只将机件的某一部分向基本投影面投影，所得到的视图称为局部视图，如图 7.4 所示。

机件左侧凸台在主、俯视图中均不反映实形，但没有必要画出完整的左视图，可用局部视图表示凸台形状。局部视图的断裂边界用波浪线或双折线表示。当局部视图表示的局部结构完整且外轮廓线又成封闭的独立结构形状时，波浪线可省略不画，如图 7.4 中的局部视图 B。

用波浪线作为断裂分界线时，波浪线不应超过机件的轮廓线，应画在机件的实体上，不可画在机件的中空处。

一般在局部视图上方标出视图的名称"×"，在其相应视图的附近用箭头指明投射方向，并在箭头旁水平方向注上相应的字母。

局部视图按投影关系配置，中间没有其他图形隔开时，可省略标注，如图 7.4 中右上方的局部视图。

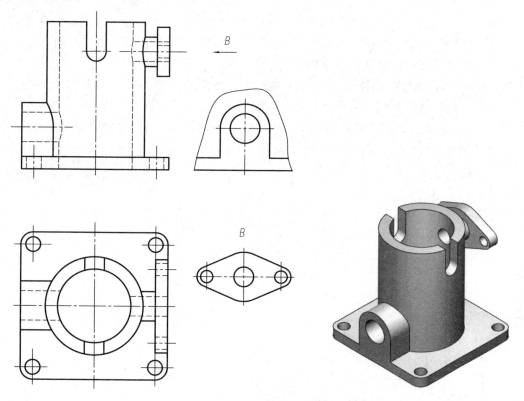

图 7.4　局剖视图

7.1.4 斜视图

将机件向不平行于任何基本投影面的平面投影所得到的视图称为斜视图，如图 7.5 所示。其倾斜部分在俯视图和左视图上均不反映实形，可重新设立一个与倾斜部分平行且垂直于某一基本投影面的辅助投影平面，在该投影面上画出倾斜部分的实形投影，即为斜视图。

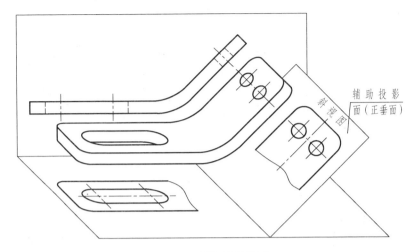

图 7.5 斜视图的形成

图 7.5 所示为一弯板，弯板右上部的倾斜部分在主、俯视图中均不能表示清楚，为了表示出该部分实形，可将弯板向平行于斜板且垂直于正面的辅助投影面投射，画出斜板的辅助投影图，再将其展开到与正面重合，即得到斜板的斜视图。

画斜视图时应注意以下事项。

(1) 斜视图必须用箭头在视图上指明投射方向和部位，并在箭头旁水平方向注上字母，同时在斜视图上方标注相应的字母。

(2) 必要时允许将斜视图向小于 45° 的方向旋转摆正，此时应按向视图标注，并加注旋转符号，如图 7.6 中的 $A \curvearrowright$ 所示。

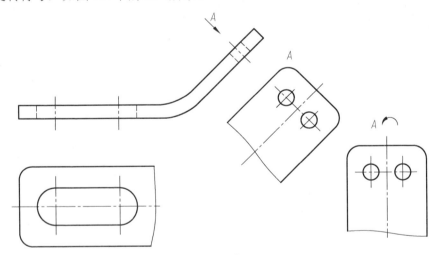

图 7.6 斜视图

(3) 斜视图的断裂边界用波浪线表示，如图 7.6 中 A 向视图。但当所表示的斜视图的结构是完整的，而且外形轮廓又自行封闭时，可以省略波浪线。

7.2 剖 视 图

视图主要是表达机件外部的结构形状，而机件内部的结构形状在前述视图中是用虚线表示的。当机件内部结构比较复杂时，视图中就会出现较多的虚线，虚线既影响图形的清晰度，又不利于看图和标注尺寸。画剖视图的目的主要是表达物体内部的空与实的关系，更明显地反映结构形状。

7.2.1 剖视图的基本概念

假想用一个剖切面把机件剖开，将处于观察者和剖切面之间的部分移去，余下的部分向投影面投射所得的图形称为剖视图，简称剖视，如图 7.7 所示。

【参考动画】

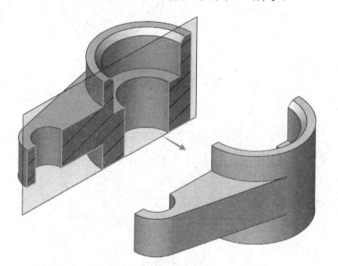

图 7.7 剖视图的概念

1. 画剖视图时应注意的问题

（1）画剖视图时，在剖切平面后的可见轮廓线应用粗实线绘出，如图 7.8 所示的空腔中线、面的投影。

（2）剖切面一般应通过所需表达的机件内部结构的对称平面或轴线，并且使其平行或垂直于某一投影面，图 7.7 中的剖切面是通过机件的对称平面。

（3）因为剖切是假想的，虽然机件的某个视图画成剖视图，而机件仍是完整的，所以其他图形的表达方案仍应按完整的机件考虑，如图 7.8 所示。

（4）剖视图上一般不画虚线，但没有将机件结构表达清楚时，在剖视图中仍需画出虚线，如图 7.9 所示。

（5）未剖开的孔的轴线应在剖视图中画出。

2. 剖面符号

剖视图在剖切面与机件相交的实体剖面区域应画出剖面符号，因机件材料的不同，剖面符号也不同，常见材料的剖面符号见表 7-1，画法如图 7.10 所示。

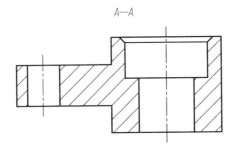

图 7.8 剖视图的画法

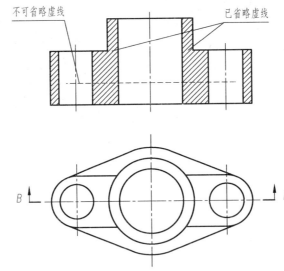

图 7.9 剖视图中的虚线

表 7-1 剖面符号

材料名称	剖面符号	材料名称	剖面符号
金属材料(已有规定剖面符号者除外)		非金属材料(已有规定剖面符号者除外)	
线圈绕组元件		玻璃及供观察用的其他透明材料	

续表

材料名称	剖面符号	材料名称	剖面符号
转子、电枢、变压器和电感器等的叠钢片		液体	
砂、填砂、粉末冶金、砂轮、陶瓷刀片、硬质合金刀片等		砖	

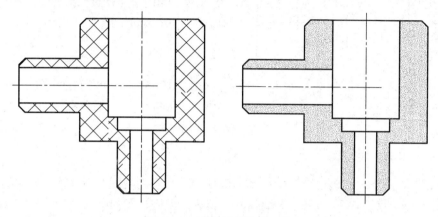

图 7.10 不同材料的剖面线

表示金属材料剖面符号的剖面线为一组间隔相等、方向相同，而且与剖面或断面外面轮廓成对称或相适宜的角度(参考角度 45°)的平行细实线，如图 7.11 所示。在同一机件的所有剖面图形上，剖面线的方向及间隔要一致。

  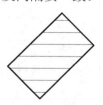  

图 7.11 剖面或断面的剖面线示例

在 AutoCAD 中绘制剖面线，只需选择图案填充命令 。如图 7.12 所示，金属材料选取 ANSI31 作为填充图案；角度设置成 0°或 90°(不要设成 45°)；比例用于设置剖面线的间隔，值越小越密；填充区域一般用拾取点的方式选择，只需在需填充区域内单击，全部选取完毕后关闭图案填充创建即可。

图 7.12 图案填充的设置

3. 剖视图的标注

(1) 剖视图的配置仍按视图配置的规定，按投影关系进行配置；必要时允许配置在其他适当的位置，但此时必须进行标注。

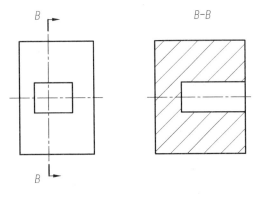

图 7.13　剖视图的标注

(2) 一般应在剖视图上方标注剖视图的名称"×—×"(×为大写拉丁字母)。在相应的视图上用剖切符号(短粗实线)和剖切线(细点画线)表示剖切位置和投射方向，并标注相同字母。剖切符号、剖切线和字母的组合标注如图 7.13 所示。剖切线也可省略不画。

7.2.2　剖视图的种类

GB/T 17452—1998《技术制图　图样画法　剖视图和断面图》规定剖视图分为全剖视图、半剖视图和局部剖视图三类。

1. 全剖视图

用剖切平面完全地将机件剖开所得到的剖视图称为全剖视图。当机件的外形简单、内部比较复杂而且又不对称时，常采用全剖视图来表达。全剖视图的画法及标注如图 7.14 所示。

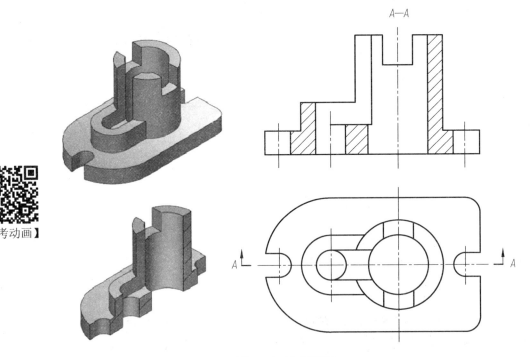

图 7.14　全剖视图

2. 半剖视图

当机件具有对称平面时，在垂直于对称平面的投影面上的投影，以对称中心为界，将其一半画成视图，另一半画成剖视图，这样所得到的图称为半剖视图，如图 7.15 所示。

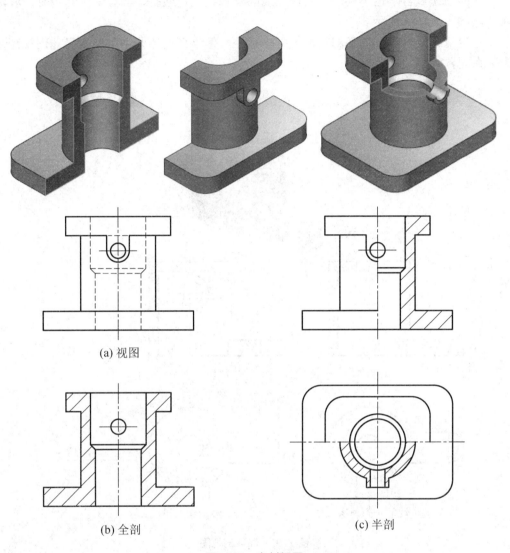

图 7.15　半剖视图

画半剖视图时，视图与剖视图的分界线应是细点画线，不能是其他任何线。在半个视图中，虚线可以省略，对孔或槽等应画出中心线的位置。

半剖视图可在一个图形上同时反映机件的内、外部结构形状，所以，当机件的内、外结构都需要表达，同时该机件对称或接近对称，而其不对称部分已在其他视图中表达清楚时，可以采用半剖视图。

3. 局部剖视图

用剖切面局部地剖开机件所得到的剖视图称为局部剖视图，如图 7.16 所示。局部剖视图主要用于表达机件上的局部结构，对于那些不对称机件需要表达内、外形状或对称机件不宜作半剖时，也将用局部剖视图来表达。

在局部剖视图中，用波浪线或双折线作为剖开和未剖部分的分界线，波浪线不要与图形中其他的图线重合，也不要画在其他图线的延长线上，遇孔、槽等空洞结构时，波浪线应断开，如图 7.16(a)所示。

在不致引起误解时，局部剖视图可省略标注，但当剖切位置不明显或局部剖视图未按投影关系配置时必须加以标注。

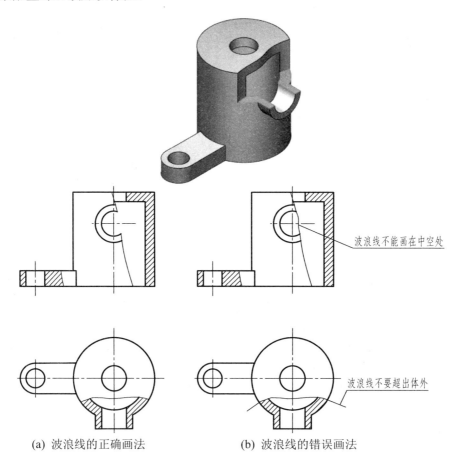

图 7.16　局部剖视图

7.2.3　剖切面的种类

根据机件结构形状的特点，用来假想剖切机件的剖切面可有下列几种。

1. 单一剖切面

画剖视图时可以用一个剖切面剖切机件，如上述全剖、半剖、局部剖视图，都是用单一剖切平面剖开机件所得到的剖视图。

单一剖切面也可以用单一斜剖切面剖切。图 7.17 中所用的单一剖切平面与基本投影面不平行，但与基本投影面是垂直关系。画这种剖视图时，通常按向视图(或斜视图)的配置形式配置并标注，一般按投影关系配置在与剖切符号相对应的位置上。必要时，也可将图形旋转画出。

第 7 章 机件的表达方法

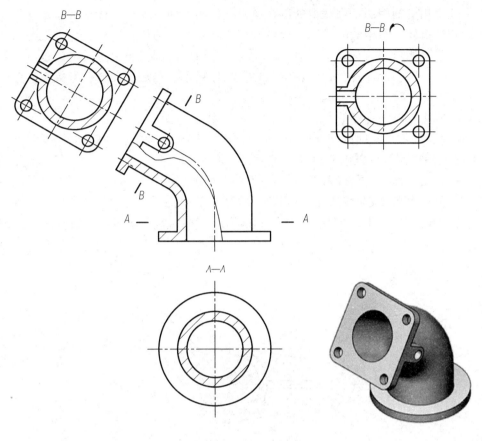

图 7.17 斜剖切平面

2. 几个相交的剖切面

画剖视图时也可以用几个相交的剖切面(交线垂直于某一投影面)剖开机件。当机件内部结构形状用单一剖切平面剖切不能完全表达，而这个机件在整体上又具有垂直于某一基本投影面的回转轴线时，可采用几个相交的剖切平面剖切，如图 7.18 所示。

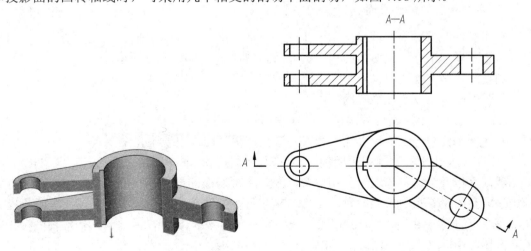

图 7.18 几个相交的剖切平面

133

采用几个相交的剖切平面获得的剖视图必须标出剖切位置,其标注方法是在剖切平面的起、讫和转折处,用相同的大写字母及剖切符号表示剖切位置,并在起、讫两端外侧用与剖切符号垂直相连的箭头表示投射方向;同时在相应的剖视图上方正中位置用相同的字母标注"×—×",表示剖视图的名称,如图 7.18 所示。当剖视图按投影关系配置,中间又无其他图形隔开时,箭头可以省略。

画图时应注意以下几点:

(1) 两相交的剖切平面的交线应与机件上垂直于某一基本投影面的回转轴线重合。

(2) 先假想按剖切位置剖开机件,然后将被剖切平面剖开的结构及其有关部分旋转到与选定的投影面平行后,再投射画出,以反映被剖切结构的实形,但在剖切平面以后的其他结构一般仍按原来位置投射画出,如图 7.19 所示的小孔还是原投影位置画出。

(3) 当两相交的剖切平面剖到机件上的结构产生不完整要素时,应将此部分结构按不剖绘制。

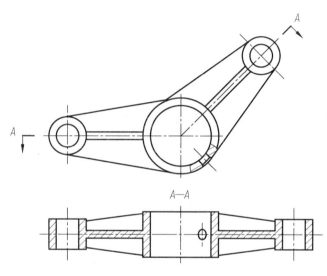

【参考动画】

图 7.19　相交的剖切平面后的其他结构

3. 几个平行的剖切平面

有些机件的内形层次较多,用一个剖切平面不能全部表示出来。在这种情况下,可以用两个或者多个平行的剖切平面剖开机件后画剖视图,如图 7.20 所示。

剖视图按基本视图配置,中间又无其他视图隔开时可省略剖视图名称和投射方向。

画图时应注意以下几个问题:

(1) 在剖视图上,不要画出两个剖切平面转折处的投影。要恰当地选择剖切平面的位置,转折处不应与图上的轮廓线重合,并避免在剖视图内出现不完整要素。

(2) 采用几个平行的剖切平面剖开机件时必须标注,即在剖切平面的起、讫和转折处,要用相同字母及剖切符号表示剖切位置,在两个剖切面的分界处、剖切符号应对齐;当转折处地方有限又不致引起误解时,允许省略字母。并在起、讫的外侧画上箭头表示投射方向,在相应的剖视图上用相应的字母注出"×—×",表示剖视图的名称。当剖视图按投影关系配置,中间又无其他图形隔开时,可以省略箭头。

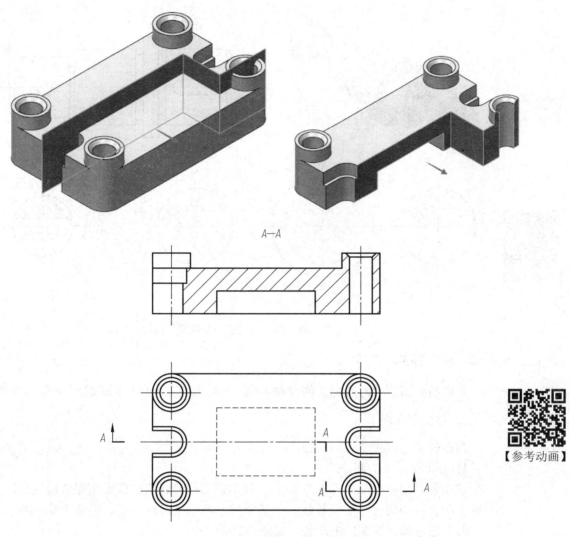

图 7.20　几个平行的剖切平面

上述三类剖切面既可单独应用，也可结合起来使用。

7.3　断　面　图

7.3.1　断面图的概念

假想用剖切面将物体的某处切断，仅画出该剖切面与机件接触部分的图形称为断面图，如图 7.21 所示。断面图常用来表示机件上的肋板、轮辐、键槽、小孔、杆件和型材的断面形状。

断面图与剖视图的主要区别在于，断面图只画出机件的断面形状，而剖视图除了画出断面形状以外，还要画出机件剖切断面之后的所有可见部分的投影。

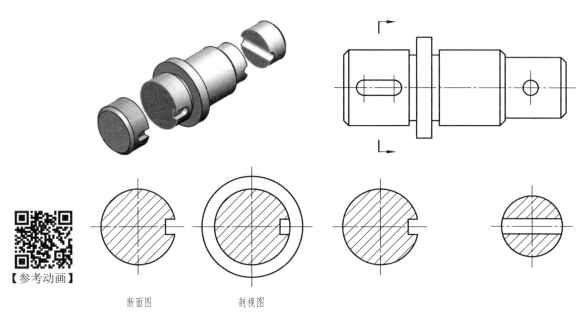

断面图　　　　剖视图

图 7.21　断面图与剖视图

7.3.2　断面图的种类

根据断面图绘制时所配置的位置不同，断面图可分为移出断面图和重合断面图。

1. 移出断面图

画在视图轮廓线之外的断面图称为移出断面图。

1) 移出断面图的画法

移出断面图的画法如图 7.22 所示。移出断面的轮廓线按规定用粗实线绘制，并尽可能配置在剖切符号的延长线上，必要时也可画在其他位置。当移出断面的图形对称时，也可画在视图的中断处，如图 7.22(a)所示。

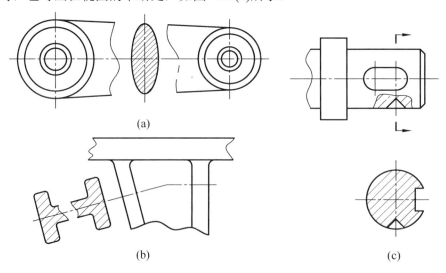

图 7.22　移出断面图的画法

剖切平面应与被剖切部分的主要轮廓线垂直，如果用一个剖切面不能满足垂直时，可以用相交的两个或多个剖切面分别垂直于机件的轮廓线剖切，其断面图中间应用波浪线断开，如图 7.22(b)所示。

当剖切平面通过由回转面组成的孔或凹坑的轴线时，这些结构按剖视绘制，如图 7.21 所示的小孔及图 7.22(c)中的回转凹坑。当剖切平面通过非回转面，会导致出现完全分离的两部分断面时，这样的结构也按剖视绘制。

2) 移出断面的标注

移出断面的标注与剖视图基本相同，一般也用剖切符号表示剖切位置，箭头表示剖切后的投射方向，并注上字母，在相应的断面图上方正中位置用同样字母标注出其名称"×—×"。移出断面可根据其配置情况省略标注。

(1) 省略字母。配置在剖切符号的延长线上的不对称移出断面，可省略字母。

(2) 省略箭头。按投影关系配置的不对称移出断面及不配置在剖切符号延长线上的对称移出断面可省略箭头。

(3) 省略标注。配置在剖切符号(此时也可由剖切线画出)延长线上的对称移出断面和配置在视图中断处的对称移出断面，以及按投影关系配置的对称移出断面，可省略标注。

2. 重合断面图

画在视图之内的断面图称为重合断面图。

1) 重合断面图的画法

重合断面的轮廓线用细实线绘制，当视图中的轮廓线与重合断面的图形重叠时，视图中的轮廓线仍需完整、连续地画出，不可中断，如图 7.23 所示。

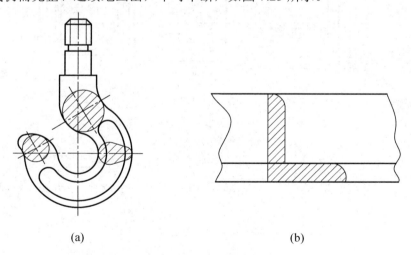

图 7.23　重合断面图

2) 重合断面图的标注

重合断面直接画在视图内的剖切位置上，因此，标注时可省略字母。不对称的重合断面，仍要画出剖切符号和投射方向，若不致引起误解，也可省略标注。对称的重合断面，可不必标注。

7.4 常用的简化画法及其他规定画法

画图时，在不影响对零件表达完整和清晰的前提下，应力求简便，国家标准规定了一些简化画法和其他规定画法，现介绍一些常见画法。

7.4.1 局部放大图

为了清楚地表示机件上的某些细小结构，或为了方便标注尺寸，将机件的部分结构按比例用大于原图形的图画出，这种图称为局部放大图，如图 7.24 所示。

局部放大图的画法如下：

(1) 局部放大图可以画成视图、剖视图和断面图，与被放大部位原来的画法无关。

(2) 局部放大图应尽量配置在被放大部位的附近；局部放大图的投射方向应与被放大部位的投射方向一致；与整体联系的部分用波浪线画出。

(3) 画局部放大图时，应用细实线圆或长圆形圈出被放大的部分。

(4) 当机件上有几个被放大部位时，需用罗马数字和指引线(用细实线表示)依次标明被放大部位的顺序，并在局部放大图上方正中位置注出相应的罗马数字和采用的放大比例。仅有一处放大图时，只需标注比例。

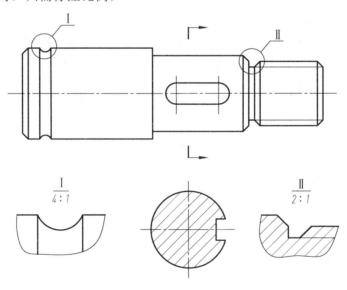

图 7.24　局部放大图

7.4.2 简化画法

1. 相同结构的简化画法

若干相同且成规律分布的孔、圆孔、螺纹孔和沉孔等，可以只画出一个或几个，其余用细点画线表示其中心位置，在零件图中注明孔的总数，如图 7.25(a)所示。

对于若干相同且成规律分布的齿、槽等结构，只需画出几个完整结构，其余用细点画线连接，在零件图中注明该结构的总数，如图 7.25(b)所示。

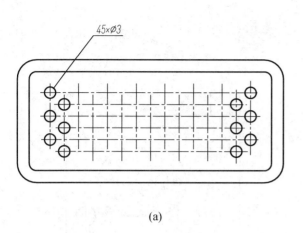
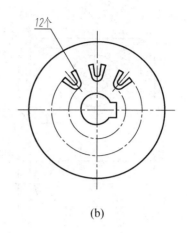

(a)　　　　　　　　　　　　　　　(b)

图 7.25　相同结构要素的简化画法

2. 肋、轮辐及薄壁的简化画法

对于机件上的肋、轮辐及薄壁等，如按纵向剖切，这些结构都不画剖面符号，而用粗实线将它与其邻接部分分开。

当回转体上均匀分布的肋、轮辐、孔等结构不处于剖切平面上时，可将这些结构旋转到剖切平面上画出，如图 7.26 所示。

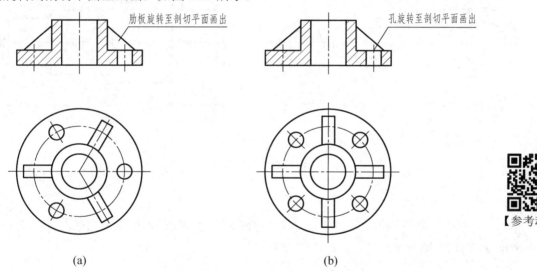

(a)　　　　　　　　　　　　　　　(b)

图 7.26　均布的肋、孔的简化画法

3. 较小结构的简化画法

(1) 机件上的较小结构如在一个图形中已表示清楚，其他图形可简化或省略不画，如图 7.27 中俯视图中相贯线的简化和主视图中圆的省略。

(2) 与投影面倾斜角度小于或等于 30° 的圆或圆弧，其投影可用圆或圆弧代替，如图 7.28 所示。

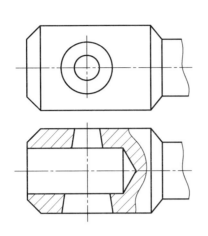

图 7.27 较小结构的省略画法

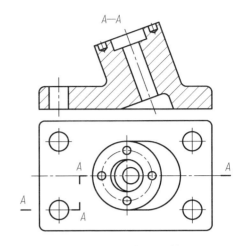

图 7.28 较小倾斜角度的简化画法

4. 长机件的简化画法

较长的机件，如轴、杆、型材、连杆等，沿长度方向形状一致或按一定规律变化时，可断开后缩短画出，但要按实际长度标注尺寸，如图 7.29 所示。

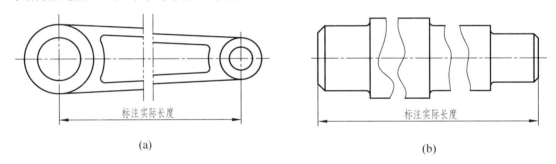

(a)　　　　　　　　　　　　　　　　　(b)

图 7.29 断开画法

5. 其他简化画法

(1) 对称机件的视图可只画 1/2 或 1/4，并在对称中心线的两端画出两条与其垂直的细实线，如图 7.30 所示。

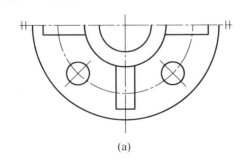 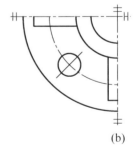

(a)　　　　　　　　　　　　　　　(b)

图 7.30 对称图形的画法

(2) 当图形不能充分表达平面时，可用平面符号，两相交细实线表示，如图 7.31 所示。机件上的滚花部分，可在轮廓线附近用粗实线示意画出，如图 7.32 所示。

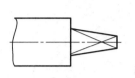

图 7.31　用符号表示平面

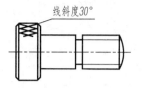

图 7.32　滚花的简化画法

(3) 对于机件上对称结构的局部视图可按图 7.33 所示画法绘制。
(4) 圆柱形法兰和类似零件上均匀分布的孔可按图 7.34 所示画法绘制。

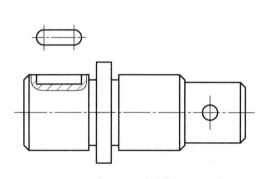

图 7.33　对称结构局部视图的简化画法

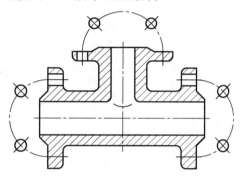

图 7.34　法兰盘均布孔的简化画法

7.5　第三角投影

中国、俄罗斯、德国及东欧的一些国家主要用第一角投影，而美国、日本、法国、英国、加拿大等国主要用第三角投影。我国国家标准规定，第三角投影和第一角投影同等有效，第三角需在标题栏加上投影符号，投影符号如图 7.35 所示。

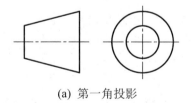　　　　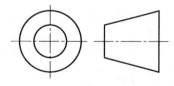

　　　　(a) 第一角投影　　　　　　　　　　　(b) 第三角投影

图 7.35　投影符号

7.5.1　第三角投影与第一角投影的区别

空间由正平面 V、水平面 H、侧平面 W 分成了八个区域，即第一分角至第八分角，如图 7.36 所示。

第一角投影是将物体放在第一分角内，按人—物—面的方式得到图形，如图 7.37(a)所示；第三角投影是将物体放在第三分角内，假想投影面是透明的，按人—面—物的方式得到图形,如图 7.37(b)所示。第三角投影和第一角投影相同,都采用正投影法,同样满足"长对正、高平齐、宽相等"的投影关系。

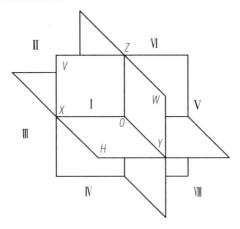

图 7.36　八个分角

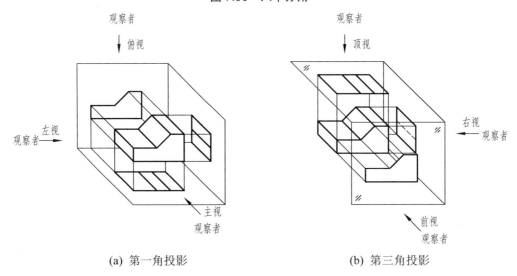

(a) 第一角投影　　　　　　　　　　(b) 第三角投影

图 7.37　第一角投影与第三角投影投影方式比较

第三角投影与第一角投影的主要区别如下。

1. 视图配置的位置不同

第三角投影的顶视图(俯视图),放在前视图(主视图)的上方,与底视图(仰视图)位置对换;而左视图放在前视图的左边,与右视图位置对换,如图 7.38 所示。

2. 方位关系不同

在第一角投影中,除后视图外,离主视图越近的一侧是后面,而第三角投影刚好相反,离前视图越近的位置越前,如图 7.39 所示。

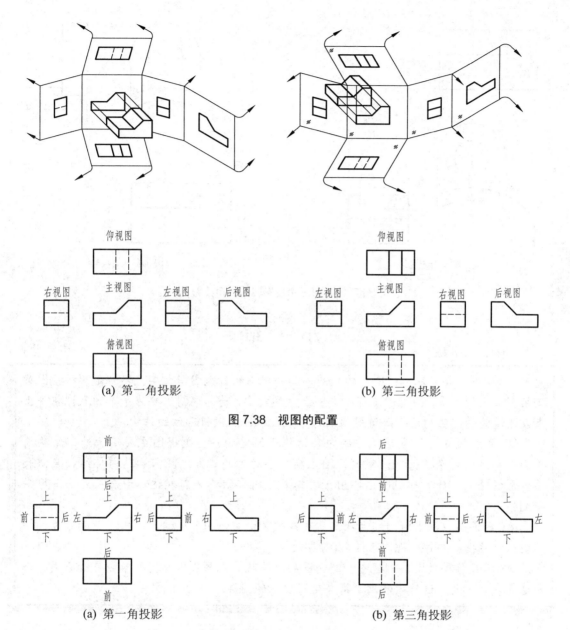

图 7.38 视图的配置

图 7.39 方位关系

7.5.2 第三角视图与第一角视图的转换

识读第三角投影的视图方法与第一角投影完全相同,将位置调换很容易得到第一角投影视图。

【例 7-1】 在 AutoCAD 中将图 7.40(a)所示第三角投影的三视图转为第一角投影的三视图。

在第三角投影中,优先选用前视图、顶视图、右视图;在第一角投影中,优先选用主视图、俯视图、左视图。在将上述图形改成第一角投影时,只需将顶视图移到前视图的下方,将右视图镜像一下,然后修改部分图线的线型即可,完成后如图 7.40(b)所示。

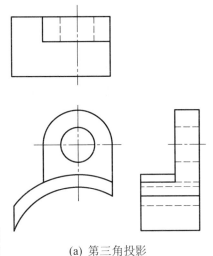
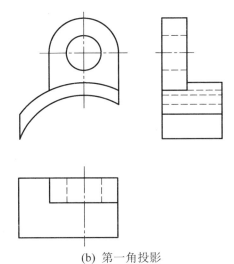

(a) 第三角投影　　　　　　　　　　　　(b) 第一角投影

图 7.40　第三角投影转第一角投影

【参考视频】

小　　结

(1) 视图主要有基本视图、向视图、局部视图和斜视图四大类。不管是哪种视图都必须满足投影关系。向视图是可以自由配置的视图，局部视图主要为了单独表达机件上未表达清楚的部位的结构，斜视图则为了表达机件上倾斜部位的结构。

(2) 剖视图是为了表达机件的内部结构而配置的。全剖视图主要用于外部结构简单而内部结构复杂的情况；半剖视图主要用于对称的机件，既需表达内部结构又需表达外形的情况；局部剖视图主要用于既需表达内部结构又需表达外形而又无法采用半剖的情况。

(3) 断面图仅画出断面的形状，当孔或坑是由回转面形成的，或出现剖面分离的情况时，这些结构要按剖视图来绘制(需要封口)。

(4) 掌握各种视图、剖视图、断面图的画法及简化画法后，还要学会灵活运用，合理选择表达方案，这样才能画出符合生产要求的图样。

第 8 章

标准件和常用件

▶ 学习目标

(1) 了解螺纹的五大要素,会画内外螺纹及螺纹连接图,能看懂螺纹代号。
(2) 会画螺栓连接、螺柱连接、螺钉连接图。
(3) 理解模数的概念,会计算齿轮各部分的尺寸,会画齿轮及齿轮啮合图。
(4) 会画键连接图,会查表确定键槽的尺寸;会画销连接图。
(5) 了解弹簧有关名词,会画弹簧。
(6) 能识读滚动轴承的代号,会用简化画法画滚动轴承。

标准件就是国家标准将其型式、结构、材料、尺寸、精度及画法等均予以标准化的零件,如螺栓、双头螺柱、螺钉、螺母、垫圈,以及键、销、轴承等。常用件是国家标准对其部分结构及尺寸参数进行了标准化的零件,如齿轮、弹簧等。本章主要介绍螺纹、螺纹紧固件、键、销、滚动轴承等标准件和齿轮等常用件。

8.1 螺纹及螺纹紧固件

【参考动画】

8.1.1 螺纹

1. 螺纹的形成

在圆柱(或圆锥)表面上,沿着螺旋线所形成的具有规定牙型的连续凸起和沟槽称为螺纹,螺纹的凸起部分称为牙顶,沟槽部分称为牙底,制在零件外表面上的螺纹称为外螺纹,制在内表面上的螺纹称为内螺纹。

2. 螺纹的基本要素

(1) 牙型。在通过螺纹轴线的断面上,螺纹的轮廓形状称为螺纹牙型,相邻两牙侧间的夹角为牙型角,常见的螺纹牙型有三角形、梯形、锯齿形和矩形等多种。图8.1所示为普通螺纹的牙型。

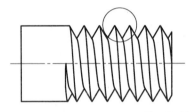

图 8.1 普通螺纹的牙型

【参考动画】

(2) 直径。螺纹的直径有大径、小径和中径之分,如图8.2所示。与外螺纹牙顶或内螺纹牙底相切的假想圆柱或圆锥直径称为大径,用d(外螺纹)或D(内螺纹)表示。与外螺纹牙底或内螺纹牙顶相切的假想圆柱或圆锥直径称为小径,用d_1(外螺纹)或D_1(内螺纹)表示。代表螺纹规格尺寸的直径称为公称直径,一般指螺纹大径的基本尺寸,在大径与小径之间有一假想圆柱或圆锥,在其母线上牙型的沟槽和凸起宽度相等,此假想圆柱或圆锥的直径称为中径,用d_2(外螺纹)或D_2(内螺纹)表示。

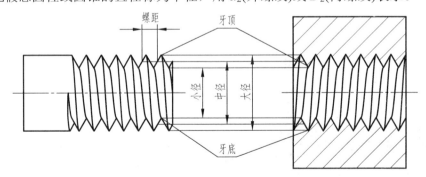

图 8.2 螺纹各部分名称

(3) 线数。形成螺纹的螺旋线条数称为线数。螺纹有单线和多线之分，沿一条螺旋线形成的螺纹称为单线螺纹，如图8.3(a)所示；沿两条或两条以上在轴向等距分布的螺旋线所形成的螺纹称为多线螺纹，如图8.3(b)所示，线数用 n 表示。

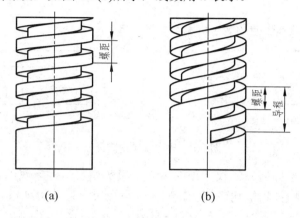

图8.3 单线和双线螺纹

(4) 螺距和导程。螺纹相邻两牙在中径线上对应两点间的轴向距离称为螺距，用 p 表示。同一条螺旋线上的相邻两牙在中径线上对应两点间的轴向距离称为导程，用 p_h 表示。如图8.3所示，对于单线螺纹，导程与螺距相等，即 $p_h = p$；对于多线螺纹 $p_h = n \times p$。

(5) 旋向。螺纹的旋向有左旋和右旋之分，沿轴线方向看，顺时针旋转时旋入的螺纹是右旋螺纹，逆时针旋转时旋入的螺纹是左旋螺纹。判断螺纹旋向较简单的方法是将外螺纹竖直放置，左旋螺纹[图8.4(a)]的连续可见的螺旋线左高右低，右旋螺纹[图8.4(b)]的连续可见的螺旋线左底右高。工程上常用右旋螺纹。

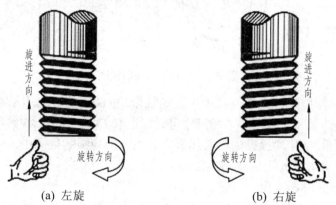

图8.4 螺纹的旋向

内、外螺纹连接时，以上要素须全部相同，才可旋合在一起。

3. 螺纹的分类

国家标准对上述5项要素中的牙型、公称直径和螺距做了规定，三要素均符合规定的螺纹称为标准螺纹，只有牙型符合标准的螺纹称为特殊螺纹，其他的称为非标准螺纹，如方牙螺纹。

螺纹按用途不同又可分为连接螺纹和传动螺纹两类。普通螺纹为常用的连接螺纹，梯形螺纹为常见的传动螺纹。

4. 螺纹的规定画法

(1) 外螺纹的规定画法如图 8.5 所示。

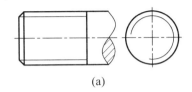
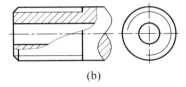

图 8.5　外螺纹的规定画法

外螺纹不论其牙型如何，螺纹牙顶的投影用粗实线表示，牙底的投影用细实线表示，牙底的细实线应画入螺杆的倒角或倒圆，画图时小径尺寸可近似地取 $d_1 \approx 0.85d$。螺尾部分一般不必画出，当需要表示时，该部分用与轴线成 30° 的细实线画出。有效螺纹的终止界线，简称螺纹终止线，在视图中用粗实线表示。在剖视图中则按图 8.5(b)的画法画出(即终止线只画螺纹牙型高度的一小段)，剖面线必须画到表示牙顶投影的粗实线为止。在垂直于螺纹轴线的投影面的视图，即投影为圆的视图中，表示牙底圆的细实线只画约 3/4 圈，空出约 1/4 圈的位置不作规定，此时螺杆上的倒角投影不应画出。

(2) 内螺纹的规定画法如图 8.6 所示。

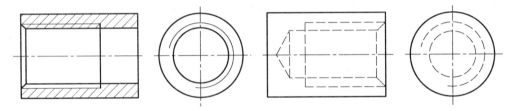

图 8.6　内螺纹的规定画法

内螺纹不论其牙型如何，在剖视图中，螺纹牙顶(小径)的投影用粗实线表示，牙底的投影(大径)用细实线表示。画图时小径尺寸可近似地取 $D_1 = 0.85D$，螺纹终止线用粗实线表示，剖面线应画到表示牙顶投影的粗实线为止。在投影为圆的视图中，表示牙底圆的细实线只画约 3/4 圈，此时螺孔上的倒角投影不应画出。

绘制不通的螺孔时，一般应将钻孔深度与螺纹部分的深度分别画出。

螺孔与螺孔、螺孔与光孔相交时，只在牙顶圆投影处画一条相贯线。

当螺纹不可见时，其所有的图线用虚线绘制。

(3) 内、外螺纹连接的画法。内、外螺纹连接一般用剖视图表示。此时，它们的旋合部分应按外螺纹的画法绘制，其余部分仍按各自的画法表示，如图 8.7 所示。

画图时必须注意，表示外螺纹牙顶投影的粗实线，牙底投影的细实线必须分别与表示内螺纹牙底投影的细实线，牙顶投影的粗实线对齐，这与倒角大小无关，它表明内外螺纹具有相同的大径和相同的小径。

按规定，当实心螺杆通过轴线剖切时按不剖处理，如图 8.7 中的非圆视图所示。

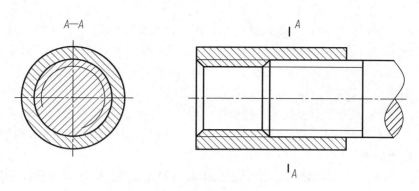

图 8.7　内、外螺纹连接的规定画法

(4) 螺纹牙型的表示方法。螺纹牙型一般情况下不在图中表示出来，当特别需要时，可进行剖切或放大画法，如图 8.8 所示。

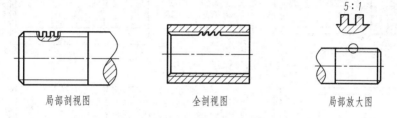

图 8.8　螺纹牙型的表示方法

5. 螺纹的标注

标准的螺纹应注出相应标准所规定的螺纹标记。完整的标记由螺纹代号、螺纹公差带代号和螺纹旋合长度代号三部分组成，三者之间用短横"-"隔开，即

螺纹代号 - 公差带代号 - 旋合长度代号

(1) 普通螺纹标记。

① 螺纹代号。粗牙普通螺纹用特征代号"M"和"公称直径"表示。细牙普通螺纹用特征代号"M"和"公称直径×螺距"表示。

若为左旋螺纹,则在螺纹代号尾部加注字母"LH"。

② 螺纹公差带代号。螺纹公差带代号包括中径公差带代号和顶径公差带代号，如果中径和顶径的公差带代号相同，则只注一个(大写字母表示内螺纹，小写字母表示外螺纹)内外螺纹旋合在一起时，标注的内、外螺纹公差带代号用斜线分开。

③ 螺纹旋合长度代号。螺纹旋合长度代号分为短、中、长 3 种。代号分别用 S、N、L 表示。中等旋合长度应用较广泛，所以标注时省略不注，特殊需要时，也可注出旋合长度的具体数值。

如"M10×1.5-5g6g-S"表示的是外螺纹，公称直径为 10mm，螺距为 1.5mm，中径的公差带代号为 5g，顶径的公差带代号为 6g，短旋合长度。"M10-6H"表示的是公称直径为 10mm 的粗牙普通内螺纹，中径和顶径的公差带代号均为 6H。

关于螺纹公差带的详细情况请查阅有关手册。

(2) 梯形螺纹标记。

① 螺纹代号。梯形螺纹代号用特征代号 Tr 和"公称直径×导程(螺距)"表示。因为标

准规定的同一公称直径对应几个螺距供选用,所以必须标注螺距。

对于多线螺纹,则应同时标注导程和螺距,如螺纹代号"Tr16×4(p2)"表示该螺纹导程为 4mm,螺距为 2mm,导程是螺距的 2 倍,所以该螺纹是双线螺纹。

若为左旋螺纹,则在螺纹代号尾部加注字母 LH。

② 公差带代号和旋合长度代号。梯形螺纹常用于传动,其公差带代号只表示中径的螺纹公差等级和基本偏差代号,为确保传动的平稳性,旋合长度不宜太短,和普通螺纹一样,中等旋合长度可省略不注。

③ 标注。普通螺纹和梯形螺纹标记标注在大径的尺寸线上,按尺寸标注的形式进行标注,如图 8.9 所示。

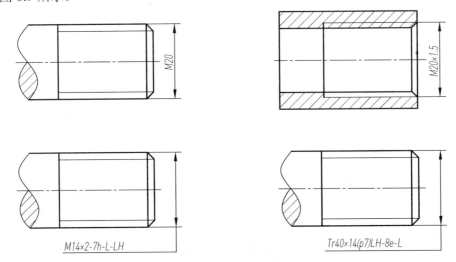

图 8.9　螺纹尺寸的标注

(3) 管螺纹标记。

管螺纹是位于管壁上用于连接的螺纹,有 55°非密封管螺纹和 55°密封管螺纹。管螺纹主要用来进行管道的连接,使其内外螺纹的配合紧密,有直管和锥管两种。

管螺纹的标注由螺纹特征代号、尺寸代号、公差等级代号和旋向代号组成。管螺纹一般用指引线的形式进行标注。

55°密封管螺纹特征代号:R_p 表示圆柱内螺纹,R_1 表示与圆柱内螺纹相配合的圆锥外螺纹;R_c 表示圆锥内螺纹,R_2 表示与圆锥内螺纹相配合的圆锥外螺纹。55°非密封管螺纹特征代号为 G。

8.1.2　螺纹紧固件

在可拆卸连接中,螺纹连接是工程上应用最广泛的连接方式,螺纹连接的形式通常有螺栓连接、螺柱连接和螺钉连接 3 类。螺纹连接件的种类很多,其中最常见的如图 8.10 所示,这类零件一般都是标准件,它们的结构尺寸和标记均可从相应的标准中查出,见附录。

| 开槽盘头螺钉 | 内六角圆柱头螺钉 | 十字槽沉头螺钉 | 开槽锥端紧定螺钉 | 六角头螺钉 |

双头螺柱　六角螺母　开槽六角螺母　平垫圈　弹簧垫圈

图 8.10　常见的螺纹连接件

1. 螺栓连接

螺栓连接常用于当被连接的两零件厚度不大、容易钻出通孔的情况。螺栓连接的紧固件有螺栓、螺母和垫圈，紧固件的画法一般采用比例画法绘制，即以螺栓上螺纹的公称直径(大径)为基准，其余各部分的结构尺寸均按与公称直径成一定比例关系绘制，螺栓、螺母和垫圈的比例画法如图 8.11 所示，螺栓连接的画图步骤如图 8.12 所示，其中螺栓的长度 l 可按下式估算。

$$l=t_1+t_2+0.15d+0.8d+(0.2\sim 0.3)d$$

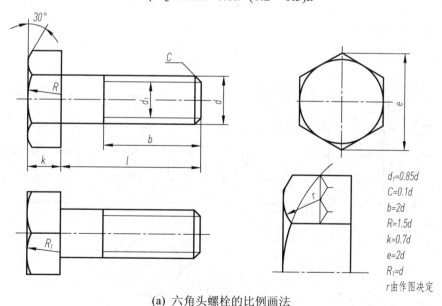

$d_1=0.85d$
$C=0.1d$
$b=2d$
$R=1.5d$
$k=0.7d$
$e=2d$
$R_1=d$
r 由作图决定

(a) 六角头螺栓的比例画法

图 8.11　螺栓、螺母和垫圈的比例画法

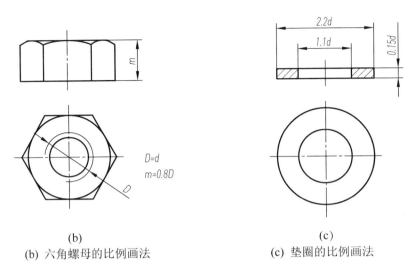

(b) 六角螺母的比例画法   (c) 垫圈的比例画法

图 8.11 螺栓、螺母和垫圈的比例画法(续)

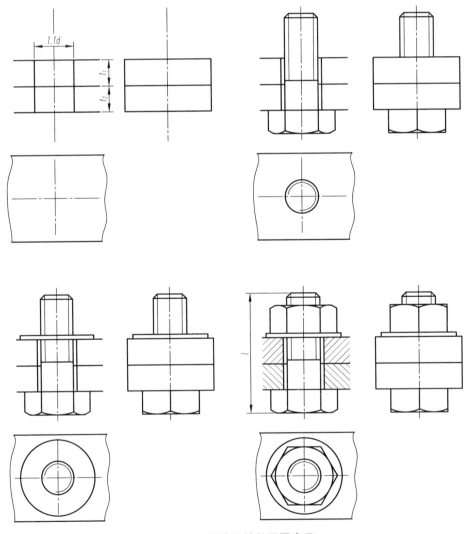

图 8.12 螺栓连接的画图步骤

根据估算的数值，查表(参见附录)选取相近的标准数值作为 l 值。

在装配图中，螺栓、螺母和垫圈可采用比例画法绘制，也允许采用简化画法，如图 8.13 所示。

在画螺栓连接的装配图时应注意以下几点：

(1) 两零件的接触表面只画一条线，不应画成两条线或特意加粗，凡不接触的相邻表面，或两相邻表面基本尺寸不同，不论其间隙大小，如螺杆与通孔之间，需画两条轮廓线，间隙过小可夸大画出。

(2) 装配图中，当剖切平面通过螺栓、螺母、垫圈的轴线时，螺栓、螺母、垫圈一般均按未剖切绘制。

(3) 剖视图中，相邻零件的剖面线的倾斜方向应相反，或方向一致而间隔不等。

2. 螺柱连接

双头螺柱的两端均加工有螺纹，一端和被连接零件旋合，另一端和螺母旋合，常用于被连接件之一厚度较大，不便钻成通孔，或由于其他原因不便使用螺栓连接的场合。双头螺柱连接的比例画法和螺栓连接基本相同，如图 8.14 所示。

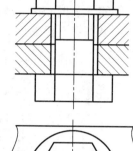
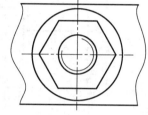

图 8.13　螺栓连接的简化画法

双头螺柱旋入端长度 b_m 要根据被连接件的材料而定，为保证连接牢固，双头螺柱旋入端的长度，随旋入零件材料的不同有 3 种不同的计算方法。

对于钢和青铜　　　　　　　　　$b_m = d$
对于铸铁　　　　　　　　　　　$b_m = 1.25d$ 或 $b_m = 1.5d$
对于铝　　　　　　　　　　　　$b_m = 2d$

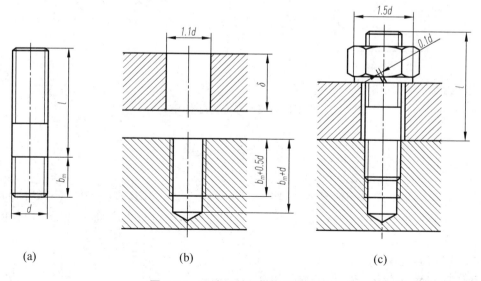

图 8.14　双头螺柱连接的比例画法

然后根据估算出的数值查表(参见附录)中双头螺柱的有效长度 l 的系列值，选取一个相近的标准数值。

$$l = \delta + 0.15d + 0.8d + (0.2 \sim 0.3)d$$

3. 螺钉连接

螺钉连接的比例画法中，其旋入端与螺柱连接相似，穿过通孔端与螺栓连接相似，螺钉头部的一字槽，在主视图中放正画在中间位置，俯视图中规定画成与水平线成45°。

常见螺钉连接的比例画法如图 8.15 所示。

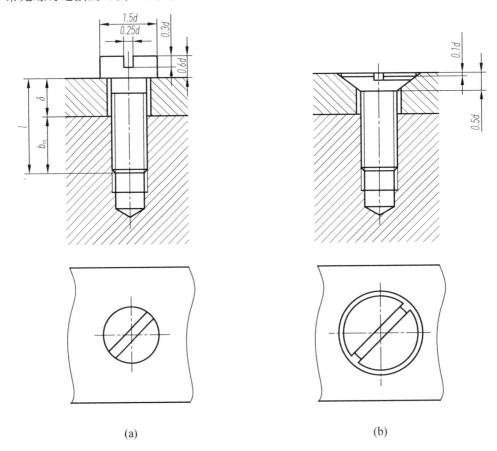

图 8.15　螺钉连接的比例画法

8.2　齿　轮

齿轮是应用非常广泛的传动件，用以传递动力和运动，并具有改变转速和转向的作用。依据两齿轮轴线在空间的相对位置不同，常见的齿轮传动可分为下列 3 种形式，如图 8.16 所示。

(1) 圆柱齿轮：用于两平行轴之间的传动。

(2) 锥齿轮：用于两相交轴之间的传动。

(3) 蜗轮蜗杆：用于两垂直交叉轴之间的传动。

下面主要介绍具有渐开线齿形的标准齿轮的有关知识与规定画法。

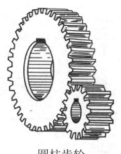
圆柱齿轮

锥齿轮

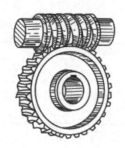
涡轮蜗杆

图 8.16　齿轮传动

8.2.1　直齿圆柱齿轮主要参数

直齿圆柱齿轮各部分的名称及代号如图 8.17 所示。

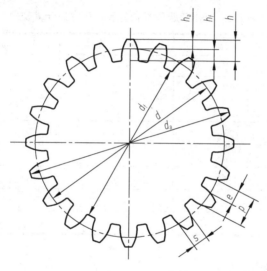

图 8.17　直齿圆柱齿轮各部分的名称及代号

(1) 齿数 z：齿轮上轮齿的个数。
(2) 齿顶圆直径 d_a：轮齿顶部的圆周直径。
(3) 齿根圆直径 d_f：轮齿根部的圆周直径。
(4) 分度圆直径 d：标准齿轮的齿槽宽和齿厚相等处的圆周直径。
(5) 齿高 h：齿顶圆和齿根圆之间的径向距离。
(6) 齿顶高 h_a：齿顶圆和分度圆之间的径向距离。
(7) 齿根高 h_f：齿根圆和分度圆之间的径向距离。
(8) 齿距 p：分度圆上相邻两齿廓对应点之间的弧长。
(9) 齿厚 e：分度圆上轮齿的弧长。
(10) 模数 m：由于分度圆周长 $pz=\pi d$，所以 $d=(p/\pi)z$，定义 (p/π) 为模数。模数的单位是 mm，根据 $d=mz$ 可知，当齿数一定时，模数越大，分度圆直径越大，承载能力越大，模数的值已经标准化，见表 8-1。

表 8-1　渐开线圆柱齿轮的模数(摘自 GB／T 1357—2008)　　　(单位：mm)

第一系列	1　1.25　1.5　2　2.5　3　4　5　6　8　10　12　16　20　25　32　40　50
第二系列	1.125　1.375　1.75　2.25　2.75　3.5　4.5　5.5　(6.5)　7　9　11　14　18　22　28　36　45

注：优先选用第一系列，其次选用第二系列，括号内的数值尽可能不用。

(11) 齿形角 α：一对齿轮啮合时，在分度圆上啮合点的法线方向与切线方向所夹的锐角称为齿形角，用 α 表示，标准的齿形角 $\alpha = 20°$。

(12) 中心距 a：两齿轮轴线之间的距离。

一对相互啮合的标准直齿圆柱齿轮，模数和齿形角必须相等。若已知它们的模数和齿数，则齿轮轮齿的其他参数均可以根据公式计算出来，计算公式见表 8-2。

表 8-2　标准直齿圆柱齿轮基本尺寸的计算公式

基本参数	名　称	符　号	计算公式
模数 m 齿数 z	齿顶圆直径	d_a	$d_a = (z+2)m$
	齿根圆直径	d_f	$d_f = (z-2.5)m$
	分度圆直径	d	$d = mz$
	齿距	p	$p = \pi m$
	齿顶高	h_a	$h_a = m$
	齿根高	h_f	$h_f = 1.25m$
	齿高	h	$h = 2.25m$
	中心距	a	$a = m(z_1 + z_2)/2$

8.2.2　直齿圆柱齿轮的画法

1. 单个齿轮的画法

单个直齿圆柱齿轮的画法如图 8.18 所示。齿顶圆和齿顶线用粗实线表示，分度圆和分度线用细点画线表示；不作剖视时，齿根圆和齿根线用细实线表示，也可以省略不画，但作剖视时，齿根线应画成粗实线。

2. 直齿圆柱齿轮的零件图

在零件图中，轮齿部分的径向尺寸仅标注出分度圆直径和齿顶圆直径即可。轮齿部分的轴向尺寸仅标注齿宽和倒角。其他参数，如模数、齿数等，可在位于图纸右上角的参数表中给出，如图 8.19 所示。

3. 齿轮啮合画法

一对齿轮啮合的画法如图 8.20 所示。在不反映圆的视图上，若作剖视，啮合区的齿顶线应画粗实线，另一齿被遮挡应画虚线，如图 8.20(a)所示；若不作剖视，在啮合区仅用粗实线画出分度线，如图 8.20(b)所示。

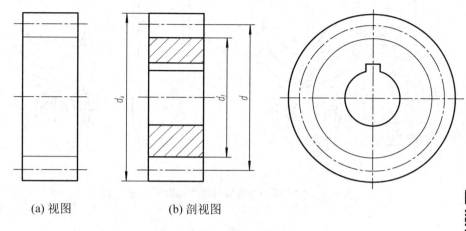

(a) 视图 (b) 剖视图

图 8.18 单个直齿圆柱齿轮的画法

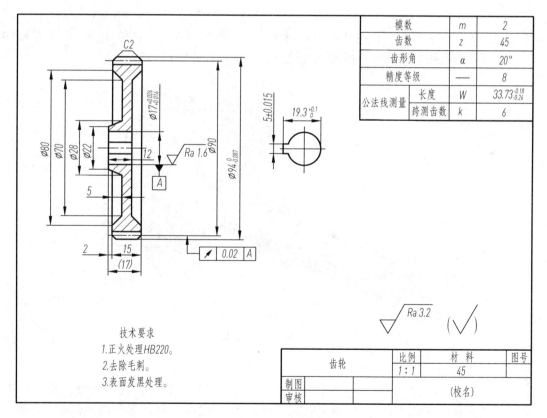

图 8.19 直齿圆柱齿轮的零件图

在反映圆的视图上，齿顶圆用粗实线绘制，两齿轮的分度圆相切，齿根圆省略不画。

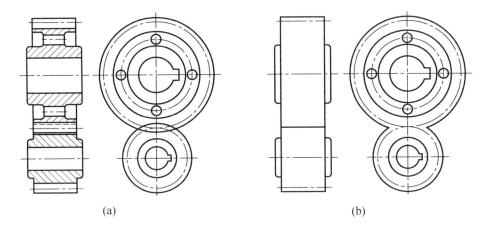

(a)　　　　　　　　　　　(b)

图 8.20　直齿圆柱齿轮啮合的画法

8.3　键 与 销

8.3.1　键

键主要用于轴和轴上零件(如齿轮、带轮)间的连接，以传递扭矩，如图 8.21 所示。在被连接的轴上和轮毂孔中制出键槽，先将键嵌入轴上的键槽内，再将带键的轴装入轮毂孔中，这种连接称为键连接。

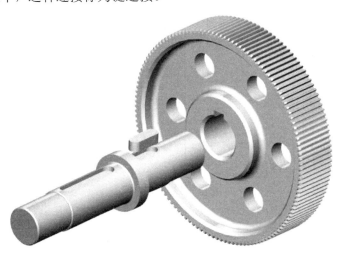

图 8.21　键连接

1. 键的形式及标记

键是标准件，常用的键有普通平键、半圆键和钩头楔键，其中普通平键最常用。普通平键又有 A 型(圆头)、B 型(方头)和 C 型(单圆头)3 种，各种键的标准号、形式及标记示例见表 8-3。

表 8-3 常用键的形式与标记

名　称	图　例	标记示例及含义
普通平键 GB/T 1096—2003		例：键 16×100 GB/T 1096—2003 普通平键(A 型)b=16mm，h=10mm， L=100mm
半圆键 GB/T 1099.1—2003		例：键 6×25 GB/T 1099—2003 半圆键 b=6mm，h=10mm，直径 D=25mm
钩头楔键 GB/T 1565—2003		例：键 18×100 GB/T 1565—2003 钩头楔键 b=18mm，h=11mm，l=100mm

2. 普通平键连接的画法

在设计或测绘中，键槽的宽度、深度和键的宽度、高度尺寸可根据被连接的轴径在标准中查得，键长和轴上的键槽长应根据轮宽，在键的长度标准系列中选用，键槽的尺寸如图 8.22(a)和图 8.22(b)所示。

普通平键的两侧面为工作面，因此连接时，平键的两侧面与轴和轮毂键槽侧面之间相互接触，没有间隙，只画一条线，而键的顶面与轮毂的键槽顶面之是非工作面，不接触，应留有间隙，画两条线，如图 8.22(c)所示。

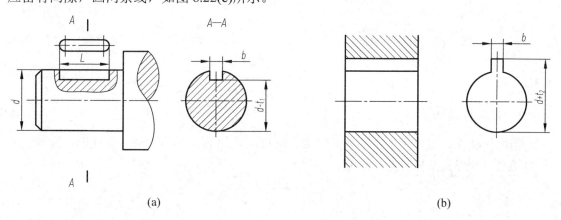

图 8.22 普通平键连接

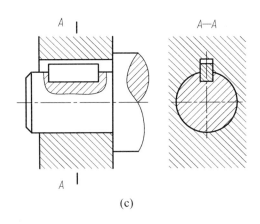

图 8.22 普通平键连接(续)

3. 半圆键连接的画法

半圆键一般用在载荷不大的传动轴上,它的连接情况与普通平键相似,如图 8.23 所示。

4. 钩头楔键连接的画法

钩头楔键的上底面有 1∶100 的斜度,装配时,将键沿轴向嵌入键槽内,靠上、下底面在轴和轮毂键槽之间接触挤压的摩擦力进行连接,故键的上、下底面是工作面,其装配图的画法如图 8.24 所示。

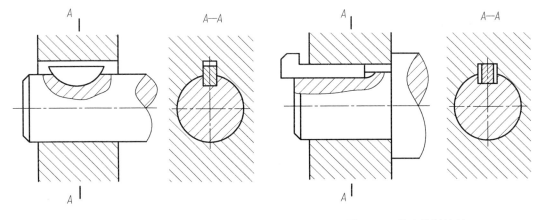

图 8.23 半圆键连接　　　　　　图 8.24 钩头楔键连接

8.3.2 销

1. 销及其标记

销是标准件,主要用于零件间的连接、定位或防松等,常用的销有圆柱销、圆锥销和开口销等,其形式及标记见表 8-4。

表 8-4　常见销的形式及标记

名　称	图　　例	标记示例及含义
圆柱销		例：销 GB/T 119.1—2000　8×30 圆柱销，公称直径 d=8mm，公称长度 l=30mm
圆锥销		例：销 GB/T 117—2000　5×60 圆锥销，公称直径 d=5mm，公称长度 l=60mm
开口销		例：销 GB/T 91—2000 5×50 开口销，公称规格 d=5mm，公称长度 l=50mm

2．销连接的画法

圆柱销和圆锥销的连接画法分别如图 8.25 及图 8.26 所示。

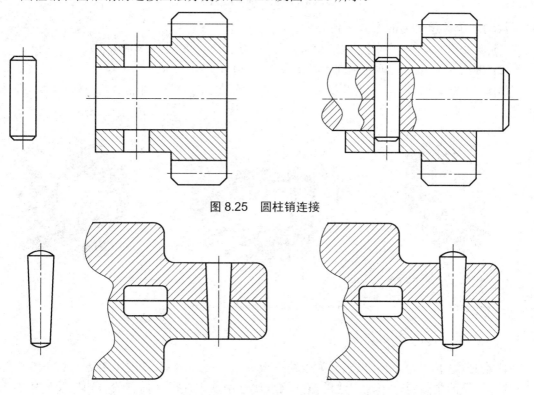

图 8.25　圆柱销连接

图 8.26　圆锥销连接

注意，用销连接(或定位)的两零件上的孔一般是在被连接零件装配后同时加工的，因此在零件图上标注销孔尺寸时，应注明"配作"字样。

8.4 滚动轴承

滚动轴承是一种标准部件，其作用是支承旋转轴及轴上的机件，具有结构紧凑、摩擦力小等特点，在机械中被广泛应用。

滚动轴承的规格、型式很多，可根据使用要求，查阅有关标准选用。

8.4.1 滚动轴承的结构和分类

滚动轴承一般由外圈、内圈、滚动体和保持架四部分组成，如图8.27所示。

图 8.27 滚动轴承的结构

滚动轴承按承受力的方向主要分为3类。

(1) 向心轴承。它主要承受径向力，如深沟球轴承，如图8.28(a)所示。
(2) 推力轴承。它只承受轴向力，如图8.28(b)所示。
(3) 向心推力轴承。它既可承受径向力，又可承受轴向力，如圆锥滚子轴承，如图8.28(c)所示。

(a) 深沟球轴承　　　　　(b) 推力球轴承　　　　　(c) 圆锥滚子轴承

图 8.28 滚动轴承的结构和类型

8.4.2 滚动轴承的代号及标记

滚动轴承的类型和尺寸很多，为了便于设计、生产和选用，GB/T 272—1993《滚动轴承 代号方法》中规定，一般用途的滚动轴承代号由基本代号、前置代号和后置代号构成，见表8-5。

表 8-5 滚动轴承的代号

前 置 代 号	基 本 代 号				后 置 代 号
□ 成套轴承 分布件代号	× (□) 类型 代号	×× 尺寸系列代号		×× 内径代号	□或者× 内部结构改变、公 差等级及其他
		宽(高)度 系列代号	直径系列 代号		

注：□表示字母，×表示数字。

1. 基本代号

基本代号表示轴承的基本类型、结构和尺寸，是轴承代号的基础。除滚针轴承外，基本代号由轴承类型代号、尺寸系列代号及内径代号构成，如：

6 2 0 8
  08：内径代号，$d = 8 \times 5 = 40$mm
  2：尺寸系列代号(02)
  6：轴承类型代号(深沟球轴承)

(1) 类型代号。滚动轴承的类型代号用数字或大写拉丁字表示，见表 8-6。

表 8-6 滚动轴承的类型代号(摘自 GB/T 272—1993)

代 号	轴 承 类 型	代 号	轴 承 类 型
0	双列角接触球轴承	7	角接触球轴承
1	调心球轴承	8	推力圆柱滚子轴承
2	调心滚子轴承和推力调心滚子轴承	N	圆柱滚子轴承
3	圆锥滚子轴承	NN	双列或多列圆柱滚子轴承
4	双列深沟球轴承	U	外球面球轴承
5	推力球轴承	QJ	四点接触球轴承
6	深沟球轴承		

(2) 尺寸系列代号。轴承的尺寸系列代号由轴承宽(高)度系列代号和直径系列代号组合而成，组合排列时，宽度系列在前，直径系列在后。它的主要作用是区别内径相同而宽度和外径不同的轴承。具体代号需查阅相关标准。

(3) 内径代号。内径代号表示轴承公称内径的大小，常见的轴承内径见表 8-7。

表 8-7 滚动轴承的内径代号

轴承公称内径/mm	内 径 代 号	示 例
0.6～10 非整数	用公称内径直接表示(与尺寸系列代号之间用"/"分开)	618/2.5 $d=2.5$mm
1～9 整数	用公称内径毫米数直接表示，对深沟球轴承及角接触球轴承 7、8、9 直径系列，内径与尺寸系列代号之间用"/"分开	深沟球轴承 625 618/5 $d=5$mm

续表

轴承公称内径/mm		内 径 代 号	示 例
10~17	10	00	深沟球轴承 6200
	12	01	d=10mm
	15	02	
	17	03	
20~480 (22、28、32 除外)		公称内径除以 5 的商数,商数为个位数时,需在商数左边加 0	调心滚子轴承 23208 d=40mm
大于和等于480,以及22、28、32		用公称内径毫米数直接表示,内径与尺寸系列代号之间用"/"分开	调心滚子轴承 230/500 d=500mm

2. 前置和后置代号

前置和后置代号是轴承在结构形状、尺寸、公差、技术要求等有改变时,在其基本代号左右添加的补充代号,具体内容可参照有关国家标准。

8.4.3 滚动轴承的画法

滚动轴承是标准件,由专业工厂生产,需要时可根据轴承的型号选配。当需要表示滚动轴承时,可按不同场合分别采用通用画法、特征画法(均属简化画法)及规定画法。

1. 通用画法

当不需要确切地表示滚动轴承的外形轮廓、载荷特征、结构特征时,可用矩形线框及位于线框中央正立的十字形符号表示滚动轴承,各种符号、矩形线框和轮廓线均用粗实线绘制,如图 8.29 滚动轴承的通用画法所示。

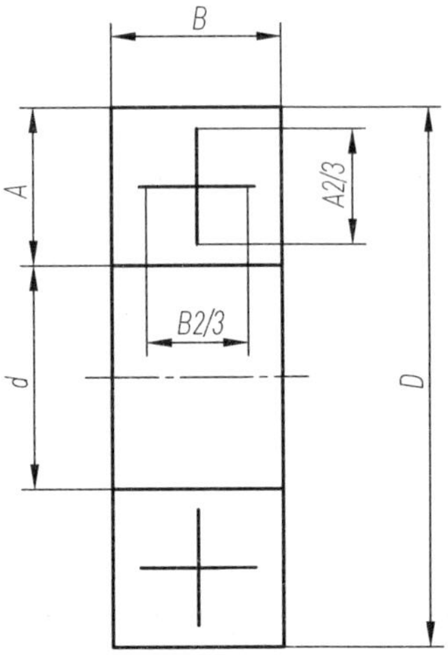

2. 特征画法

如需较形象地表示滚动轴承的结构特征和载荷特性,可采用特征画法,此时可在矩形线框内画出其结构和载荷特性要素的符号,见表 8-8 中特征画法一栏,矩形线框和轮廓线均用粗实线绘制。

3. 规定画法

在滚动轴承的产品图样、样本、标准、用户手册和使用说明书中,必要时可采用表 8-8 右侧所列的规定画法。图中滚动体不画剖面线,其内外座圈等可画成方向和间隔相同的剖面线,在不致引起误解时允许省略不画。图形的另一侧按通用画法绘制。

图 8.29 滚动轴承的通用画法

在装配图中,滚动轴承的画法示例如图 8.30 所示。

表 8-8 滚动轴承的特征画法和规定画法

轴承类型	特征画法	规定画法
深沟球轴承 GB/T 276—2013		
圆锥滚子轴承 GB/T 297—2015		
推力球轴承 GB/T 301—2015		

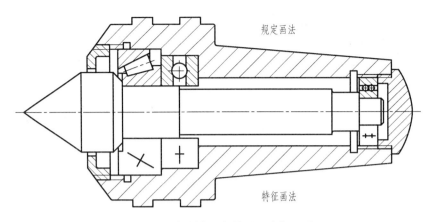

图 8.30　滚动轴承在装配图中的画法

8.5　弹　簧

弹簧是一种用于减振、夹紧、测力和储能的零件，主要有圆柱螺旋弹簧、蜗卷弹簧、板弹簧等，如图 8.31 所示。本节仅简单介绍圆柱螺旋压缩弹簧的尺寸计算和规定画法。

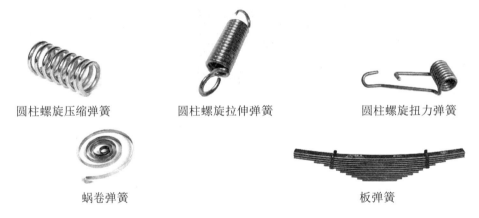

图 8.31　弹簧的种类

8.5.1　圆柱螺旋压缩弹簧各部分名称及尺寸计算

圆柱螺旋压缩弹簧的结构及尺寸介绍如下，如图 8.32 所示。

(1) 簧丝的直径 d：制造弹簧时所用钢丝的直径。

(2) 弹簧的外径 D：弹簧的最大直径。

(3) 弹簧的内径 D_1：弹簧的最小直径。

(4) 弹簧的中径 D_2：过簧丝中心假想圆柱面的直径，$D_2=D-d$。

(5) 节距 t：相邻两有效圈上对应点间的轴向距离。

(6) 有效圈数 n：保持相等节距且参与工作的圈数。

(7) 支承圈数 n_2：为使弹簧平衡端面受力均匀，制造时将弹簧两端磨平并紧，磨平并紧部分的圈数称为支承圈数，有 1.5、2 和 2.5 圈三种。

(8) 总圈数 n_1：有效圈数与支承圈数的总和，即 $n_1 = n + n_2$。

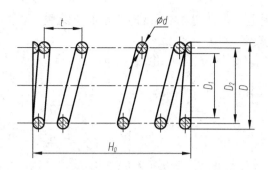

图 8.32　弹簧各部分的名称

(9) 自由高度 H_0：在弹簧不受力的情况下，弹簧的高度，$H_0=nt+(n_2-0.5)d$。

(10) 弹簧展开长度 L：制造弹簧时用的簧丝长度，$L\approx\pi Dn_1$。

(11) 旋向：与螺旋线的旋向意义相同，分为左旋和右旋两种。

8.5.2　圆柱螺旋压缩弹簧的规定画法

GB/T 4459.4—2003《机械制图　弹簧表示法》中对弹簧的画法做出了如下规定。

(1) 在平行于弹簧轴线的视图中，各圈的螺旋轮廓线画成直线。

(2) 有效圈数在四圈以上的螺旋弹簧，允许每端只画出 1~2 圈(不包括支承圈)，其余可省略不画。

(3) 螺旋弹簧均可画成右旋，但左旋弹簧要在技术要求中说明。

(4) 螺旋压缩弹簧如要求两端并紧且磨平时，不论支承圈多少均按支承圈 2.5、磨平圈 1.5 画出。

(5) 在装配图中，被弹簧挡住的结构一般不画出，可见部分应从弹簧的外轮廓线或从弹簧丝剖面的中心线画起，如图 8.33(a)所示。

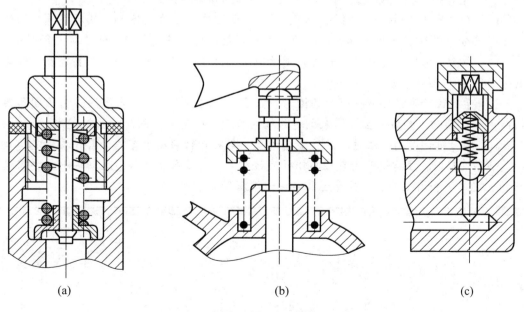

图 8.33　装配图中螺旋弹簧的规定画法

(6) 当簧丝直径在图上小于或等于 2mm 时，断面可涂黑，如图 8.33(b)所示；也可采用示意画法，如图 8.33(c)所示。

圆柱螺旋压缩弹簧的具体绘制步骤如图 8.34 所示。

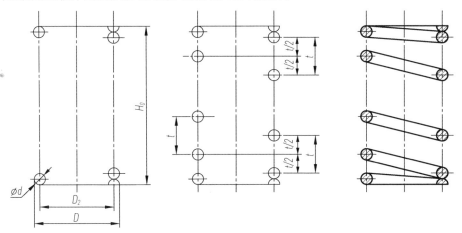

图 8.34　螺旋压缩弹簧的具体绘制步骤

【参考动画】

小　　结

(1) 标准件国家标准对其型式及规格尺寸进行了统一的规定，除了掌握它们的规定画法外，还要学会查阅相关的国家标准手册及识读各标准件的标记。

(2) 在螺纹的规定画法中，不管是外螺纹还是内螺纹，都是牙顶用粗实线表示(用手摸得着的直径)，牙底用细实线表示(用手摸不着的直径)，螺纹终止线用粗实线表示。螺纹连接时重合部分按外螺纹绘制，剖面线始终画到粗实线为止。

(3) 不管是哪种螺纹，大径按公称直径画，小径按大径的 0.85 画，然后用螺纹的标记进行区分。螺纹标注时需标注螺纹的类型和参数，尺寸界线或指引线要从大径引出。

(4) 螺栓、螺柱、螺钉连接采用的是近似比例画法，在选用它们时需要查表来确定其公称尺寸(大径和长度)。

(5) 学习齿轮时，要理解模数的概念，注意齿轮轮齿部位的规定画法：齿顶圆画粗实线，分度圆画点画线，齿根圆未剖时画细实线或省略不画，剖开时画粗实线。

(6) 学习键连接的画法时，注意键槽的尺寸与孔和轴的尺寸有关，需查表确定其大小；画销连接时，注意销孔的直径与销的直径相等不需要画出间隙；滚动轴承主要掌握它的规定画法和简化画法，另外还要学会识读滚动轴承代号。

第 9 章

零 件 图

▶ 学习目标

(1) 能根据零件的形状合理地选择表达方案。
(2) 能读懂较难零件的零件图,能想象出零件的形状,并看懂图中的尺寸及技术要求。
(3) 掌握零件尺寸的测量方法,能徒手绘制零件的草图,并能参照同类零件的工作要求合理地标注尺寸和技术要求。

任何机器都是由若干个零件按照一定的装配关系和技术要求装配而成的。零件图是机械图样的一种，能识读和绘制零件图是每个工程技术人员必备的工程素质。

9.1 零件图的作用和内容

9.1.1 零件图的作用

零件图是表达单个零件结构形状、大小及技术要求的图样，是直接指导制造和检验零件的重要技术文件，如图 9.1 所示。

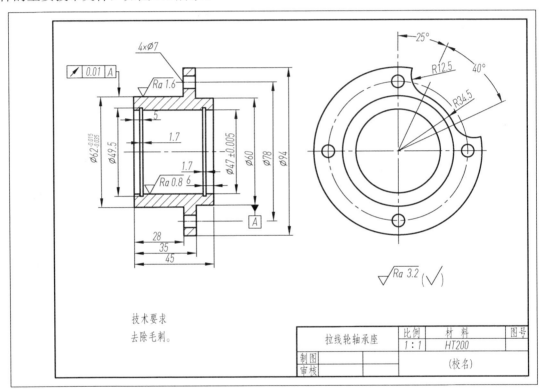

图 9.1 拉线轮轴承座的零件图

9.1.2 零件图的内容

图 9.1 所示为绞线机中拉线轮轴承座的零件图，从图中可以看出，一张完整的零件图一般包含以下内容。

(1) 一组视图：用以完整、清晰地表达零件的结构和形状。

(2) 完整的尺寸：用以正确、完整、清晰、合理地标注出能满足制造、检验、装配所需的尺寸。

(3) 技术要求：用以表示或说明零件在加工、检验过程中所需的要求，如尺寸公差、形状和位置公差、表面粗糙度、热处理、硬度及其他要求。技术要求常用符号或文字来表示。

(4) 标题栏：填写零件的名称、材料、数量、比例、图样代号、单位名称，以及设计、制图、审核等人员的签名和日期等内容。

9.2 零件上常见的结构及尺寸注法

零件的结构形状应满足设计要求和工艺要求。零件的结构设计既要考虑工业美学，又要考虑工艺可能性，否则会使制造工艺复杂化，甚至无法制造。

9.2.1 机械加工工艺结构

1. 倒角和圆角

为了去掉切削零件时产生的毛刺、锐边，使操作安全，便于装配，常在轴或孔的端部等处加工倒角。倒角多为 45°，也可制成 30°或 60°，倒角宽度 C 可根据轴径或孔径查阅有关标准确定，如图 9.2 所示。

为避免在零件的台肩等转折处由于应力集中而产生裂纹，常加工出圆角，如图 9.2(c) 所示。圆角半径数值可根据轴径或孔径查阅有关标准确定。

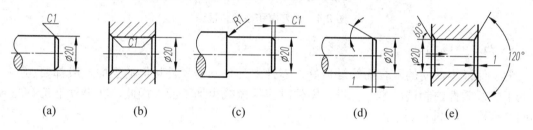

图 9.2 倒角和圆角

零件上小的倒角、圆角可省略不画，但必须进行标注，如图 9.3(a)和图 9.3(c)所示；当零件倒角尺寸无一定要求时，则可在技术要求中注明"锐边倒钝"，如图 9.3(b)所示；零件上的倒角、圆角尺寸全部相同，则可在技术要求中注明，如"未注倒角 C2"及"未注圆角 R2"等。

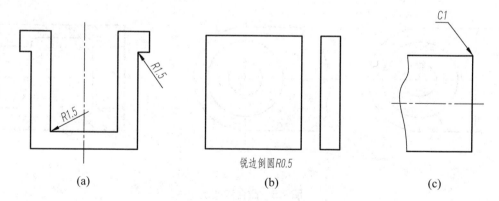

图 9.3 倒角和圆角的简化画法

2. 退刀槽和砂轮越程槽

在切削螺纹或磨削圆柱面和端面时，为了设计要求，又便于退刀，常在加工表面的台肩处预先加工出退刀槽和砂轮越程槽。退刀槽和砂轮越程槽的尺寸可由相关的标准查出，一般可按"槽宽×直径"或"槽宽×槽深"标注,如图 9.4 所示。必要时可用局部放大图将它们画出。

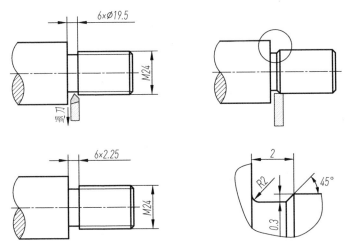

图 9.4 退刀槽和砂轮越程槽

3. 凸台和凹坑

为了保证零件间的配合面接触良好,零件上凡与其他零件接触的表面一般都要加工。但为了降低零件的制造成本,在设计零件时应尽量减少加工面,因此,在零件上常有凸台和凹坑结构,如图 9.5 所示。

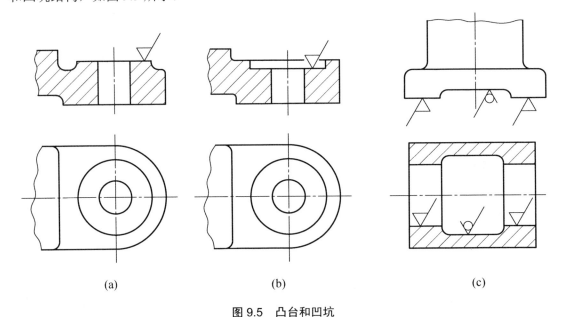

图 9.5 凸台和凹坑

4. 钻孔结构

用钻头钻孔时,要求钻头尽量垂直于被钻孔零件的表面,以保证钻孔准确并避免钻头折断,如图 9.6 所示。

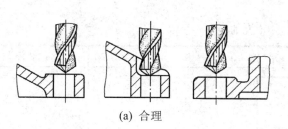

(a) 合理 (b) 不合理

图 9.6 钻孔结构

5. 滚花

在某些用手转动的手柄捏手、圆柱头调整螺钉头部等表面上常做出滚花,以防操作时打滑。滚花可在车床上加工。滚花有直纹、网纹两种形式,其结构尺寸可从有关标准中查出。滚花的画法和尺寸注法如图 9.7 所示。

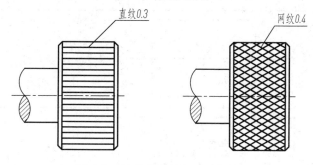

图 9.7 滚花的画法和尺寸标注

6. 方形结构(铣方)

轴、轩或孔上的方形结构(铣方),通常用于两传动件间的配合接触面。铣方平面可用两条对角线(细实线)表示,其结构尺寸可在边长尺寸前注"□"符号。铣方的画法和尺寸标注如图 9.8 所示。

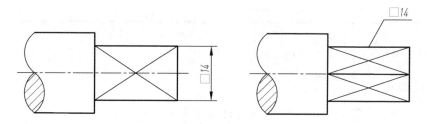

图 9.8 铣方的画法和尺寸标注

7. 中心孔

加工较长的轴类零件时,为了便于定位和装夹,常在轴的一端或两端加工出中心孔。中心孔的结构形式、尺寸数值可查有关标准。

标准中心孔在零件图中可不画出,只需用规定符号标注其代号,见表 9-1。

表 9-1 中心孔的标注

要 求	标 注 示 例	解 释
在完工的零件上保留中心孔	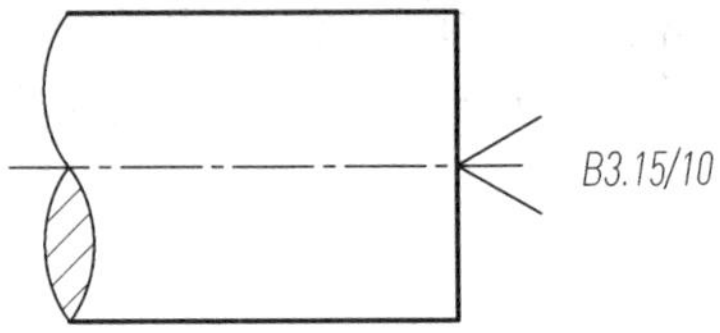 B3.15/10	B 型中心孔 d=3.15mm D_{max}=10mm
在完工的零件上可以保留中心孔	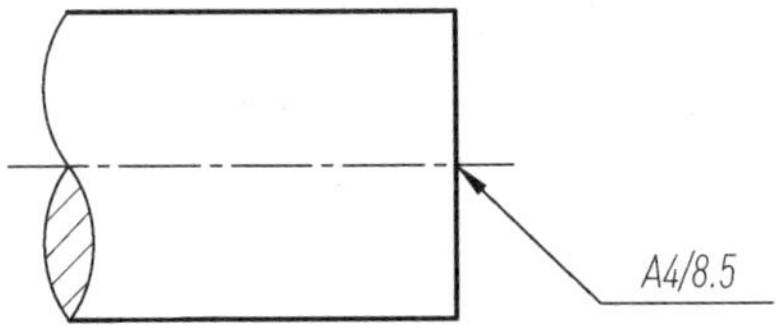 A4/8.5	A 型中心孔 d=4mm D_{max}=8.5mm
在完工的零件上不允许保留中心孔	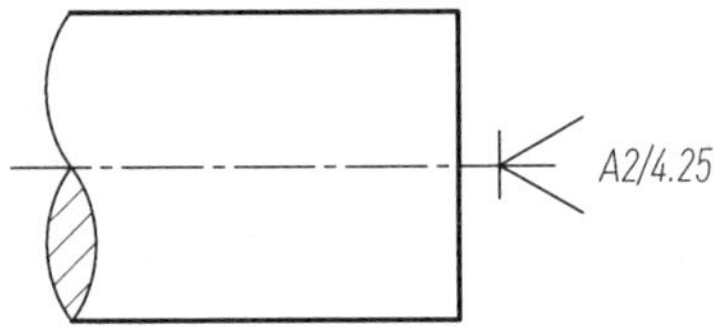 A2/4.25	A 型中心孔 d=2mm D_{max}=4.25mm
两端都用同样的中心孔	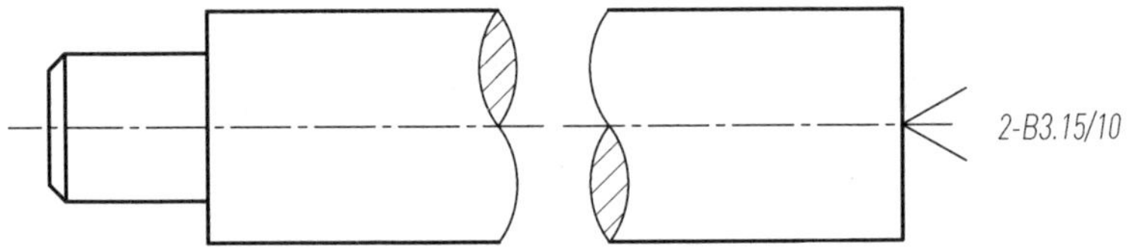 2-B3.15/10	两端中心孔相同 B 型中心孔 d=3.15mm D_{max}=10mm
需指明中心孔的标准代号	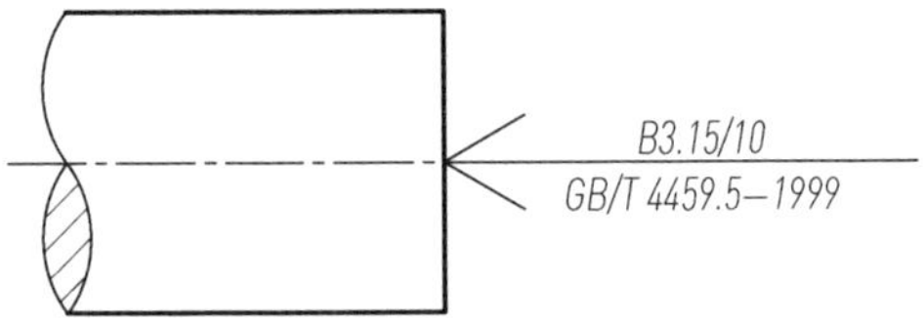 B3.15/10 GB/T 4459.5—1999	B 型中心孔 d=3.15mm D_{max}=10mm

9.2.2 铸造工艺结构

1. 铸造圆角

为防止砂型尖角脱落和避免铸件冷却收缩时在尖角处开裂或产生缩孔，铸件各表面转角处应做成圆角过渡。这种因铸造要求而做成的圆角称为铸造圆角，如图 9.9 所示。

铸造圆角半径一般取 3~5mm，或取壁厚的 0.2~0.4，也可从有关手册中查得。同一铸件的铸造圆角尽量相同或接近。铸件经机械加工后，铸造圆角被切除，零件图上两表面相交处便不再有圆角，只有两个不加工的表面相交处才画铸造圆角。

2. 拔模斜度

为便于将木模(或金属模)从砂型中取出，铸件的内外壁沿拔模方向应设计成一定的斜度，称为拔模斜度，如图 9.10 所示。拔模斜度的大小可从有关手册中查得。

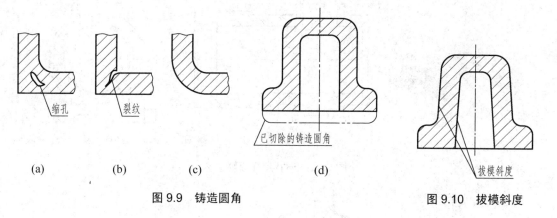

(a)　　　　　(b)　　　　　(c)　　　　　　　(d)

图 9.9　铸造圆角　　　　　　　　　图 9.10　拔模斜度

3. 壁厚均匀

如果铸件的壁厚设计得不均匀，则会因冷却凝固的速度不同而使壁厚突变的地方产生裂纹或使肥厚处产生缩孔。设计零件时，应使铸件的壁厚尽可能均匀或逐渐过渡，防止局部肥大现象，如图 9.11 所示。

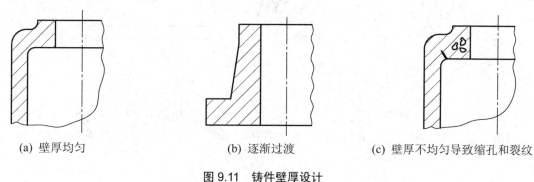

(a) 壁厚均匀　　　　　　(b) 逐渐过渡　　　　　(c) 壁厚不均匀导致缩孔和裂纹

图 9.11　铸件壁厚设计

9.3　零件图的视图选择

绘制零件图时首先应合理地选择一组视图，完整、正确、清晰地表达零件的全部结构形状，并力求便于画图、看图。

1. 主视图的选择

主视图是一组视图中最主要的视图，直接影响其他视图的选择及看图是否方便，主视图应从以下三个方面考虑。

1) 形状特征原则

一般应将最能反映零件结构形状特征的一面作为主视图的投影方向。在主视图上尽可能多地展现零件的内外结构形状及各组成形体之间的相对位置关系。如图 9.12 所示，A 向最能反映该零件的形状特征，所以采用 A 向作为主视图的投影方向比 B 向好。

2) 工作位置原则

对于一些在工作中位置相对不变的零件，主视图应尽量表示零件在机器或部件中的实际安装位置，便于想象零件的作用和组装，如图 9.13 所示。

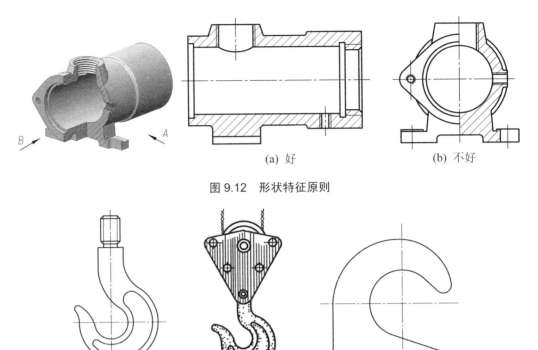

(a) 好　　(b) 不好

图 9.12　形状特征原则

图 9.13　工作位置原则

3) 加工位置原则

对于一些加工位置相对固定的零件，主视图要尽量表示零件在机床上加工所处的位置，便于看图、加工和检测尺寸。例如，轴承座主要是在车床上加工的，因而视图的选择如图 9.14 所示。

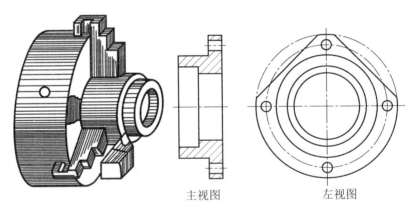

主视图　　左视图

图 9.14　加工位置原则

2. 其他视图的选择

主视图确定后，对其他未表达清楚的部分，再选择其他视图予以完善表达，配置其他视图要注意以下几点：

(1) 零件的主要结构应优先选用基本视图，并在基本视图上作适当的剖视来表达。

(2) 零件的次要结构和局部形状用局部视图、向视图、斜视图或斜剖视图表达，表达时应尽量按投影关系配置在有关视图附近。

(3) 一些局部结构表达不清楚或不便于标注尺寸时，应采用局部放大图表达。

(4) 对于倾斜结构尽量使用斜视图或斜剖视图来表达。

(5) 所选的每一个视图都有其表达的重点内容，具有独立存在的意义，视图数量尽可能少而清晰。

零件视图的表达方案并不是唯一的，选择时应该考虑几种表达方案，并加以比较，选出最佳方案，符合生产实际的要求。

【例 9-1】 选择图 9.15 所示气门摇臂轴支座的表达方案。

分析：

(1) 进行形体分析。由图 9.15 可知，气门摇臂轴支座由底板、连接板、肋板及三个圆筒组成。

(2) 选择主视图。按形状特征原则，选取 A 方向作为主视图的投影方向。

(3) 选择主视图的表达方案，主视图有一个圆筒及润滑小孔不可见，最好采用局部剖将主视图中不可见的部分剖开。

(4) 选择其他视图。采用局部剖的主视图

图 9.15　气门摇臂轴支座

后，还有两个水平放置的圆筒长度不确定，底板的形状不清楚，连接板的形状不确定。圆筒长度可用俯视图或左视图表达，俯视图最能反映各部分之间的位置关系，综合考虑选用俯视图；仰视图最能反映底板的形状；连接板的形状可用断面图表达。

综上所述，确定气门摇臂轴支座的表达方案，如图 9.16 所示。表达方案不是唯一的，选择时可多考虑几种方案，从中选优。

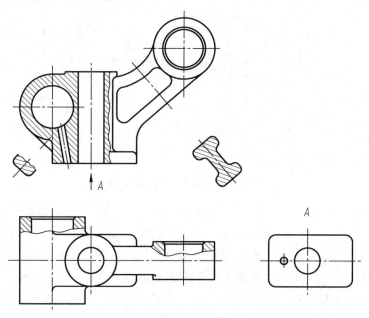

图 9.16　气门摇臂轴支座的表达方案

9.4 零件图的尺寸标注

零件的大小完全由图上所注的尺寸来确定，零件图的尺寸除了应正确、完整、清晰之外，还必须合理，在此主要介绍如何合理地标注尺寸。

所谓尺寸标注合理，是指所注尺寸既要满足设计要求，又要满足加工、测量和检验等制造工艺要求。要做到尺寸标注合理，必须对零件进行结构分析和工艺分析，选好合理的尺寸基准，结合零件的具体情况标注尺寸。

1. 尺寸基准的选择

尺寸基准是标注和测量尺寸的起点。通常选择零件上的几何元素如底面、对称面、端面、轴线等作为尺寸基准。

根据基准的作用不同，一般将基准分为设计基准和工艺基准。

1) 设计基准

根据机器的结构和零件的设计要求所选定的基准，称为设计基准。如图 9.17 所示，依据该轴在机器中的位置，确定轴线和轴肩端平面分别为该轴的径向和轴向的设计基准。

2) 工艺基准

根据零件的加工制造、测量和检验等工艺要求所选定的基准，称为工艺基准。如图 9.17 所示，加工时都是以轴的右端面来定位的，因而右端面为该零件的工艺基准。

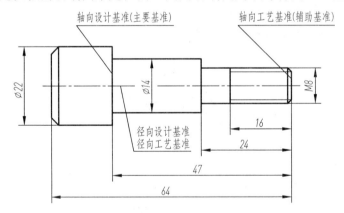

图 9.17 设计基准与工艺基准

从设计基准出发标注尺寸，其优点是在标注尺寸时反映了设计要求，能保证所设计的零件在机器中的性能。而从工艺基准标注尺寸，则便于加工和测量。因此标注尺寸时尽可能将设计基准与工艺基准统一起来，即基准重合原则。当两者不能重合时，主要尺寸应从设计基准出发标注，一般尺寸则应从工艺基准出发标注。

此外，根据尺寸基准的重要性不同，还可将基准分为主要基准和辅助基准。辅助基准与主要基准之间应有尺寸联系，如图 9.17 中的尺寸 47。

2. 标注尺寸的注意事项

1) 重要尺寸必须从基准出发直接标注

如图 9.18(a)所示,底面为轴承座高度方向的主要尺寸基准,轴承座孔的位置为一重要尺寸,所以从底面直接标注该尺寸。如以图 9.18(b)所示进行标注,由于底板高度的加工精度要求不高,其底板高度的加工误差会影响轴承座孔到底面的距离。

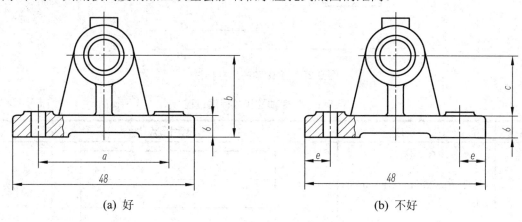

(a) 好　　　　　　　　　　　　　(b) 不好

图 9.18　重要尺寸从基准出发标注

2) 避免封闭的尺寸链

如图 9.19(a)所示,尺寸 a、b、c 互相衔接,构成了一个封闭的尺寸链,这种情形应尽量避免。因为 $c=a+b$,如果尺寸 c 的加工误差为±0.2mm,则尺寸 a、b 的误差就只能定得很小(如 a 的误差为±0.015mm,b 的误差只能为±0.005mm),这将给加工带来困难。所以,当几个尺寸构成一个封闭的尺寸链时,应在其中挑选一个最不重要的尺寸空出不注,如图 9.19(b)所示。

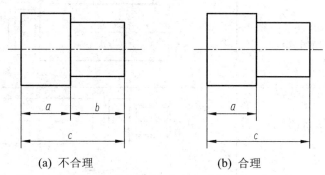

(a) 不合理　　　　　　　(b) 合理

图 9.19　尺寸标注

3) 按加工顺序标注尺寸

按加工顺序标注尺寸,符合加工过程,便于加工和测量。图 9.20 所示为一阶梯轴,其尺寸标注过程见表 9-2。

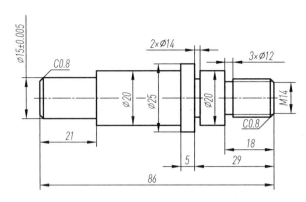

图 9.20 阶梯轴的尺寸标注

表 9-2 阶梯轴的尺寸标注过程

序号	工　序	尺寸标注
1	下料，车 ϕ25mm 长 86mm 的外圆	
2	车 ϕ20mm 长 29mm 的外圆，切槽 2mm×ϕ14mm	
3	切槽 3mm×ϕ12mm，倒角 C0.8mm，车 M14 螺纹	
4	调头，车 ϕ20mm 的外圆，留下 5mm	
5	车 ϕ15mm±0.005mm 长 21mm 的外圆，倒角 C0.8mm	

4) 不同工种尺寸分开标注

为使不同工种的工人看图方便，应将零件上不同加工方法的尺寸尽量分别注在图形的两边，如图9.21所示。对于同一工种的加工尺寸，要适当集中，以便于加工时查找。内外结构的尺寸也宜分开标注，如图9.22所示。

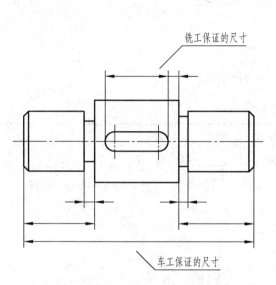

图 9.21　不同工种加工尺寸分别标注

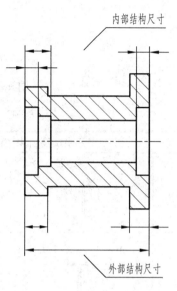

图 9.22　内外结构的尺寸分别标注

5) 应考虑加工和测量方便

对所注尺寸，要考虑零件在加工过程中测量方便，按图9.23(a)、图9.24(a)所示，孔深和键槽深度的测量很方便。而图9.23(b)和图9.24(b)所示的尺寸注法不方便测量，因而不合理。

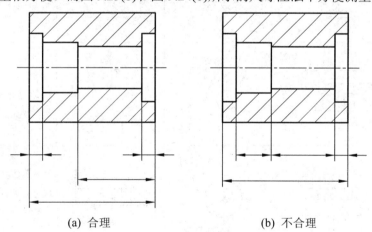

(a) 合理　　　　　　　　　(b) 不合理

图 9.23　孔深的尺寸标注

3. 零件上常见孔的尺寸标注

零件上常见孔的尺寸注法见表9-3。

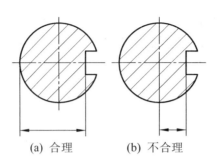

(a) 合理 (b) 不合理

图 9.24 键槽深度的尺寸标注

表 9-3 零件上常见孔的尺寸注法

类型		旁注法及简化注法	普通注法	说 明
螺孔	通孔	3×M6-7H	3×M6-7H	3×M6 表示直径为 6mm 并均匀分布的 3 个螺孔，3 种标注法可任选一种
	不通孔	3×M6▼10	3×M6	只注螺孔深度时，可以与孔直径连注
	不通孔	3×M6-7H▼10 孔▼12	3×M6-7H	需要注出光孔深度时，应明确标注深度尺寸
沉孔	锥形沉孔	4×⌀7 ⌵⌀10×90°	90° ⌀10 4×⌀7	4×⌀7 表示直径为 7mm 且均匀分布的 4 个孔，沉孔尺寸为锥形部分的尺寸
	柱形沉孔	4×⌀7 ⌴⌀10▼4	⌀10 4×⌀7	4×⌀7 表示直径小的柱形尺寸，沉孔⌀10 深 4 表示直径大的柱形尺寸
	锪平孔	4×⌀7 ⌴⌀15	⌀15锪平 4×⌀7	4×⌀7 表示直径小的柱形尺寸。锪平部分的深度不注，一般锪到不出现毛面为止(画图一般画 2mm 左右)

续表

类型		旁注法及简化注法	普通注法	说　明
光孔	光孔	3×φ6▽12	3×φ6，12	3×φ6 表示直径为 6mm 的 3 个均匀分布的光孔，孔深为 12mm
	精加工孔	3×φ6H7▽12 孔▽14	3×φ6H7▽12 孔▽14	3×φ6 表示直径为 6mm 的 3 个均匀分布的孔，精加工深度为 12mm，光孔深为 14mm
	锥销孔	锥销孔φ5 配作	锥销孔φ5 配作	锥销孔的小端直径为 5mm，并与其相连接的另一零件一起配钻铰

9.5　零件图的技术要求

9.5.1　表面结构表示法

1. 基本概念

表面结构是表面粗糙度、表面波纹度、表面缺陷、表面纹理和表面几何形状的总称。表面结构参数分为三类，即三种轮廓(R、W、P)，R 轮廓采用的是粗糙度参数。W 轮廓采用的是波纹度参数。P 轮廓采用的是原始轮廓参数。其中，评价零件的表面质量最常用的是 R 轮廓，即表面粗糙度。

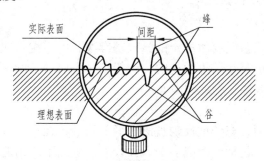

图 9.25　表面粗糙度的概念

零件表面无论加工得多么光滑，在放大镜或显微镜下观察时，总会看到高低不平的状况，凸起的部分称为峰，低凹的部分称为谷。加工表面上具有的较小间距的峰谷所组成的微观几何形状特征称为表面粗糙度。

表面粗糙度的高度评定参数主要有轮廓算术平均偏差 Ra 和轮廓的最大高度 Rz。Ra 应用最广泛。它是在取样长度 l 范围内，轮廓偏距(表面轮廓上的点至基准线的距离)绝对值的算术平均值，可用下式表示。Ra 可用电动轮廓仪直接测量。

$$Ra = \frac{1}{n}\sum_{i=1}^{n}|Y_i|$$

轮廓的最大高度 Rz 是指在一个取样长度内最大轮廓峰高 Rp 和峰谷 Rm 之和的高度(即轮廓峰顶线与轮廓谷底线之间的距离)，如图 9.26 所示。

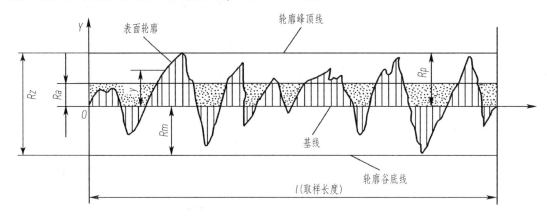

图 9.26　轮廓的算术平均偏差和最大高度

表面粗糙度对零件的配合性质、耐磨程度、抗疲劳强度、抗腐蚀性及外观等都有影响，因此要合理选择表面粗糙度值。表 9-4 为国家标准推荐的优先选用的表面粗糙度值。

表 9-4　轮廓算术平均偏差 Ra 值　　　　　　　　　　　　　　　(单位：μm)

0.012	0.025	0.05	0.1	0.2	**0.4**	**0.8**	**1.6**	**3.2**	**6.3**	**12.5**	**25**	50	100

注：图中的加黑的表面粗糙度值为最常用的参数值。

Ra 数值越小，零件表面越平整光滑；Ra 数值越大，零件表面越粗糙。

2. 表面结构轮廓参数检验规范

1) 取样长度

取样长度是评定表面粗糙度所规定的一段基准线长度。规定取样长度是为了限制和减弱表面波纹度对表面粗糙测量结果的影响，一般在一个取样长度内应包含五个以上的波峰和波谷。表面越粗糙，取样长度就越大。

2) 评定长度

评定长度是为了全面、充分地反映被测表面的特性，在评定或测量表面轮廓时所必需的一段长度。评定长度可包括一个或多个取样长度。表面不均匀的表面，宜选用较长的评定长度。通常评定长度一般按五个取样长度来确定。

3) 极限值判断规则

(1) 16%规则。运用本规则时，当被检表面测得的全部参数值中，超过极限值的个数不多于总个数的 16%时，该表面是合格的。16%规则是默认规则，无需说明。

(2) 最大规则。运用本规则时，被检测的整个表面上测得的参数值一个也不应超过给定的极限值。采用此规则时需在参数代号后注写"max"字样。

3. 表面结构符号及代号

表面结构代号由表面结构图形符号、表面结构参数值及补充要求组成。

1) 表面结构的图形符号

表面结构的图形符号及其含义见表 9-5。表面结构图形符号的画法如图 9.27 所示。图形符号的尺寸见表 9-6，补充要求的注写位置如图 9.28 所示。

表 9-5　表面结构的图形符号及其含义

符号名称	符　号	含　义
基本符号	∨	未指定工艺方法的表面，没有补充说明不能单独使用
扩展符号	▽ ／ ▽○	用去除材料方法获得的表面，如通过机械加工(车、铣、钻、磨、剪切、抛光、腐蚀、电火花加工、气割等)的表面；表面用不去除材料的方法获得，如铸、锻、冲压变形、冷轧、热轧等，或者是保持原供应状况的表面
完整图形符号	∨ ▽ ▽○	用于对表面结构有补充要求的标注

表 9-6　图形符号和附加标注的尺寸　　　　　　　　　　(单位：mm)

数字和字母高度 h	2.5	3.5	5	7	10	14	20
符号线宽	0.25	0.35	0.5	0.7	1	1.4	2
字母线宽							
高度 H_1	3.5	5	7	10	14	20	28
高度 H_2	7.5	10.5	15	21	30	42	60

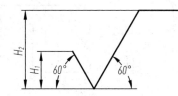

图 9.27　表面结构基本图形符号的画法

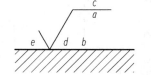

a—第一个表面粗糙度要求
b—第二个表面粗糙度要求
c—加工方法
d—表面纹理和方向
e—加工余量(mm)

图 9.28　补充要求的注写位置

2) 表面结构的图形代号

表 9-7 列出了几种表面结构代号及其含义。

表 9-7　表面结构代号及其含义

序号	代　号	含　义
1	▽ Ra 1.6	表示去除材料，单向上限值，默认传输带，R 轮廓，算术平均偏差 1.6μm，评定长度为五个取样长度(默认)，"16%规则"(默认)

续表

序号	代 号	含 义
2	Rz max 3.2	表示去除材料，单向上限值，默认传输带，R 轮廓，粗糙度最大高度的最大值 3.2μm，评定长度为五个取样长度(默认)，"最大规则"
3	U Ra max 3.2 L Ra 0.8	表示不允许去除材料，双向极限值，两极限值均使用默认传输带，R 轮廓，上限值：算术平均偏差 3.2μm，评定长度为五个取样长度(默认)、"最大规则"，下限值：算术平均偏差 0.8μm、评定长度为五个取样长度(默认)、"16%规则"(默认)
4	0.8-25/Wz3 10	表示去除材料，单向上限值，传输带 0.8～25mm，W 轮廓，波纹度最大高度 10μm，评定长度包含三个取样长度，"16%规则"(默认)

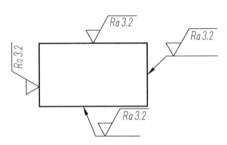

图 9.29 表面结构的注写与标注方向

4. 表面结构在图样上的标注

表面结构要求对每一表面只标注一次，并尽可能注在相应的尺寸及其公差的同一视图上。除非另有说明，所标注的表面结构要求是对完工零件表面的要求。表面结构的注写和读取方向与尺寸注写和读取方向一致，其符号应从材料外部指向零件表面，如图 9.29 所示。表面结构代号的标注位置与方向见表 9-8，表面结构的简化注法见表 9-9。

表 9-8 表面结构代号的标注位置与方向

标注位置	图 例
标注在轮廓线或指引线上	
标注在特征尺寸的尺寸线上	

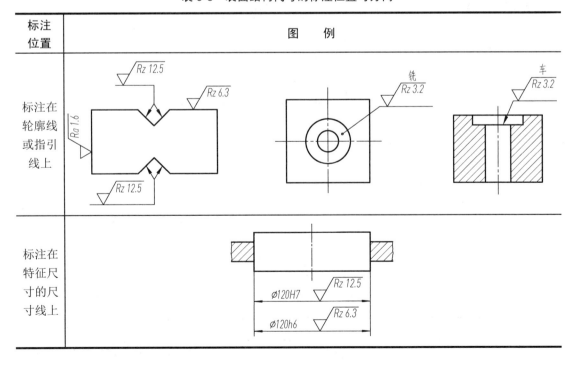

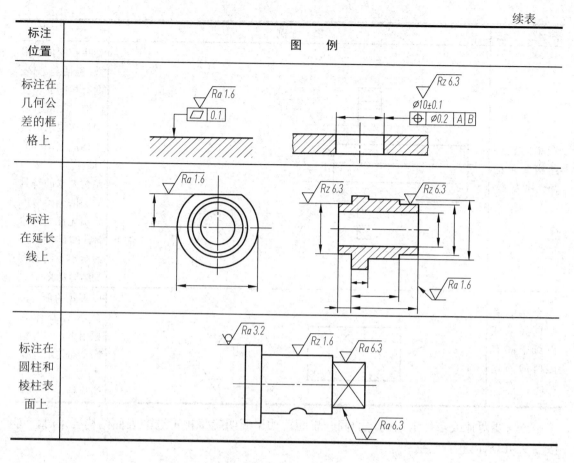

表 9-9 表面结构的简化注法

续表

简化注法	图 例	说 明
有相同表面结构要求的简化注法		如果在工件的多数(包括全部)表面有相同的表面结构要求,则其表面结构要求可统一标注在图样的标题栏附近。表面结构要求的符号后面的圆括号内给出无任何其他标注的基本符号,或给出不同的表面结构要求
多个表面有共同要求或图纸空间有限时的简化注法		以等式的形式,在图形或标题栏附近,对有相同表面结构要求的表面进行简化标注

当需要两种或多种工艺获得的同一表面,如果要明确每种工艺的表面结构要求时,可按图 9.30 所示进行标注。

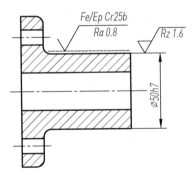

图 9.30 同时给出镀覆前后的表面结构要求的注法

9.5.2 极限与配合

1. 互换性的概念

在一批相同规格的零件或部件中,在装配时任取一件,不需修配或其他加工,就能顺利装配,并能够达到预期的性能和使用要求,把这批零件或部件所具有的这种性质称为互换性。零件具有互换性后,大大简化了零件、部件的制造和维修工作,使产品的生产周期缩短,生产率提高,成本降低,也保证了产品质量的稳定性,为成批、大量生产创造了条件。

2. 极限的有关术语

由于加工和测量总是不可避免地存在着误差，加工出来的同一批零件的尺寸不可能完全相同，因此，只能对零件的尺寸规定一个允许的变动范围，来保证零件具有互换性。与极限有关的术语如图 9.31(a)所示。

(1) 基本尺寸：设计给定的尺寸。

(2) 实际尺寸：测量得到的尺寸。

(3) 极限尺寸：允许尺寸变动的两个界限值，以基本尺寸为基数，两个界限值中较大的一个称为最大极限尺寸，较小的一个称为最小极限尺寸。

(4) 极限偏差：极限尺寸减去基本尺寸所得的代数差。极限偏差有上偏差和下偏差。

$$上偏差 = 最大极限尺寸 - 基本尺寸$$
$$下偏差 = 最小极限尺寸 - 基本尺寸$$

上、下偏差可以是正值、负值和零。

国家标准规定：孔的上偏差代号为 ES、孔的下偏差代号为 EI；轴的上偏差代号 es，轴的下偏差代号为 ei。

(5) 尺寸公差(简称公差)：允许尺寸的变动量。

(6) 公差带图：用零线表示基本尺寸，上方为正，下方为负。用矩形的高表示公差，矩形的上边代表上偏差，下边代表下偏差，距零件近的偏差为基本偏差。矩形的长度根据需要任意确定，无实际意义。这样的图形叫公差带图，如图 9.31(c)所示。一般用斜线表示孔的公差带，加点表示轴的公差带。

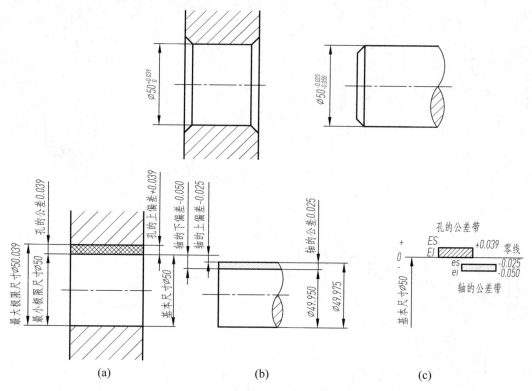

图 9.31 公差术语及公差带图

3. 标准公差和基本偏差

标准公差是由国家标准规定的公差值，其大小由两个因素决定的，一个是公差等级，另一个是基本尺寸。国家标准将公差等级为 20 个等级，分别为 IT01、IT0、IT1~IT18，IT01 最高，IT18 最低。对于一定的基本尺寸，标准公差等级越高，标准公差值越小，尺寸准确程度越高。

基本偏差是指用以确定公差带相对于零线位置的上偏差或下偏差，一般是指靠近零线的那个偏差。国家标准分别对孔和轴各规定了 28 个不同的基本偏差，孔用大写字母表示，轴用小写字母表示，如图 9.32 所示。基本偏差决定了公差带的位置，标准公差决定公差带的高度。

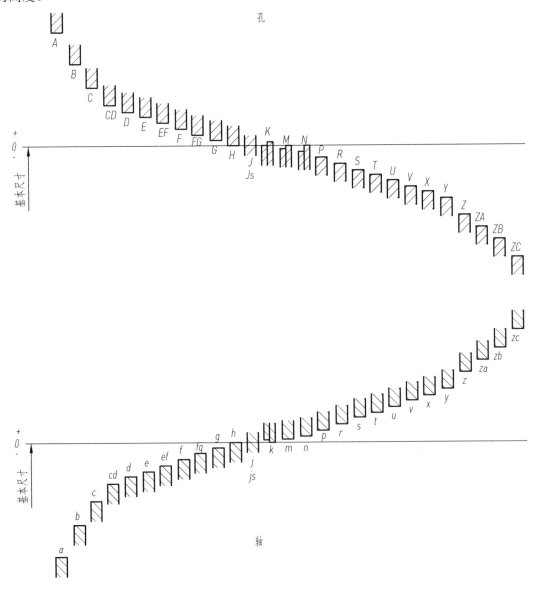

图 9.32 基本偏差系列

4. 配合的种类

机器装配中，将基本尺寸相同的、相互结合的孔和轴公差带之间的关系称为配合。根据机器的设计要求、工艺要求和生产实际的需要，国家标准将配合分为三大类。

(1) 间隙配合。孔比轴大，孔与轴之间具有间隙(包括最小间隙等于零)的配合称为间隙配合。此时，孔公差带在轴公差带之上，如图9.33(a)所示。

(2) 过盈配合。轴比孔大，孔与轴之间具有过盈(包括最小过盈等于零)的配合称为过盈配合。此时，孔的公差带在轴的公差带之下，如图9.33(b)所示。

(3) 过渡配合。可能具有间隙或过盈的配合称为过渡配合。此时，孔的公差带与轴的公差带相互交叠，如图9.33(c)所示。

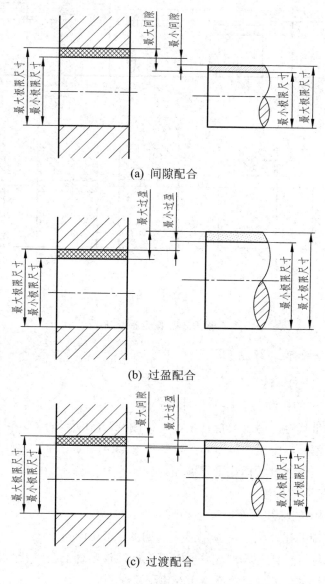

(a) 间隙配合

(b) 过盈配合

(c) 过渡配合

图 9.33　配合种类

5. 配合基准制

国家标准规定了两种基准制，基孔制和基轴制，如图9.34所示。

(1) 基孔制。基本偏差为一定的孔的公差带，与不同基本偏差的轴的公差带形成各种配合(间隙、过渡或过盈)的一种制度称为基孔制。基孔制配合中孔为基准孔，其基本偏差代号为H。

(2) 基轴制。基本偏差为一定的轴的公差带，与不同基本偏差的孔的公差带形成各种配合(间隙、过渡或过盈)的一种制度称为基轴制。基轴制配合中轴为基准轴，其基本偏差代号为h。

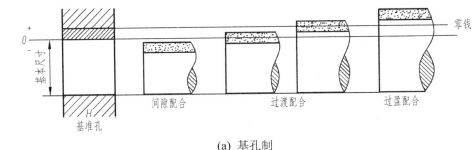

(a) 基孔制

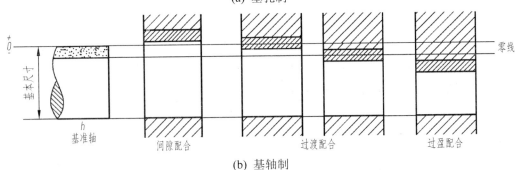

(b) 基轴制

图 9.34 配合基准制

6. 极限与配合的标注

1) 极限在零件图的标注

极限在零件图中的标注共有以下三种形式：

(1) 标注公差带代号，用于大批量生产，如图9.35(a)所示。

(2) 标注上下偏差，用于小批量生产，如图9.35(b)所示。

(3) 既标注公差带代号又标注上下偏差，如图9.35(c)所示。

2) 配合在装配图的标注

极限在零件图中的标注共有以下三种形式：

(1) 标注孔和轴的配合代号，应用最多，如图9.36(a)所示。

(2) 当零件与标准件或外购件配合时，可仅标注该零件的公差代号，如图9.36(b)所示。

(3) 标注孔和轴的偏差值，如图9.36(c)所示。

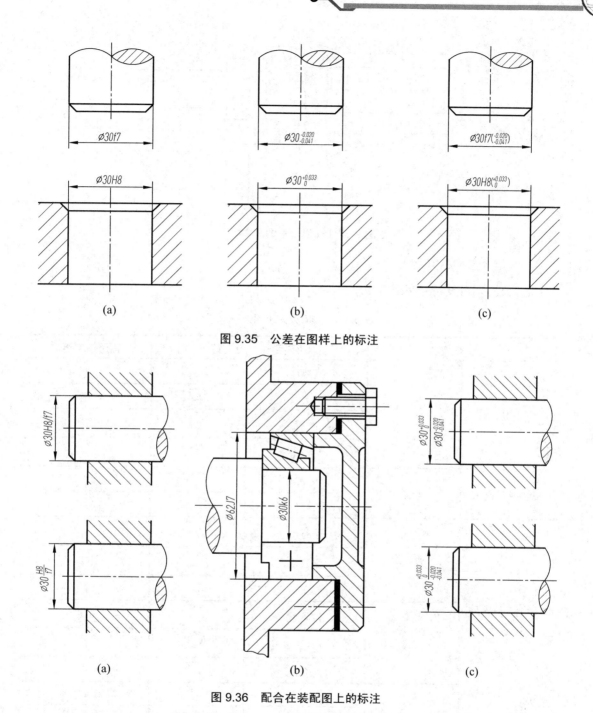

图 9.35 公差在图样上的标注

图 9.36 配合在装配图上的标注

9.5.3 几何公差

1. 几何公差的基本概念

零件在加工后,不仅产生尺寸误差和表面粗糙度,而且零件上各要素的实际形状、方向和位置相对于理想形状、方向和位置会有偏离,会产生几何误差,如图 9.37 所示。几何误差的允许变动量称为几何公差(旧标准称为形位公差)。

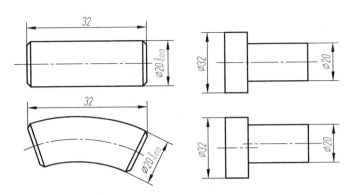

图 9.37 几何公差的基本概念

2. 几何公差的项目和符号

几何公差项目及符号见表 9-10。

表 9-10 几何公差项目及符号

公差类型		特征项目	符号	有无基准要求
形状	形状	直线度	—	无
		平面度	▱	无
		圆度	○	无
		圆柱度	⌭	无
形状或位置	轮廓	线轮廓度	⌒	有或无
		面轮廓度	⌓	有或无
位置	定向	平行度	∥	有
		垂直度	⊥	有
		倾斜度	∠	有
	定位	位置度	⌖	有
		同轴(同心)度	◎	有
		对称度	⌯	有
	跳动	圆跳动	↗	有
		全跳动	⌰	有

3. 几何公差的代号

几何公差采用代号标注在图纸上，代号由框格和带箭头的指引线组成，框格由两格或多格组成，如图 9.38 所示。

相对于被测要素的基准用基准代号表示，基准代号的画法如图 9.39 所示。

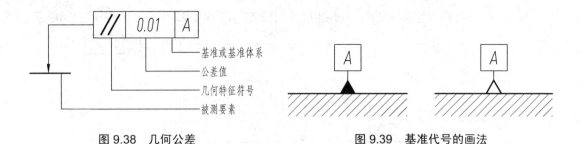

图 9.38　几何公差　　　　　　　　　图 9.39　基准代号的画法

4. 几何公差在图样上的标注

(1) 被测要素的标注。

① 被测要素为轮廓线或表面时，将箭头置于要素的轮廓线或轮廓线的延长线上，但必须与尺寸线明显地分开，如图 9.40(a)和图 9.40(b)所示。

② 当被测要素为实际表面时，箭头可置于带点的参考线上，该点指向实际表面，如图 9.40(c)所示。

③ 当被测要素为轴线、中心平面时，则带箭头的指引线应与尺寸线的延长线重合，如图 9.41 所示。

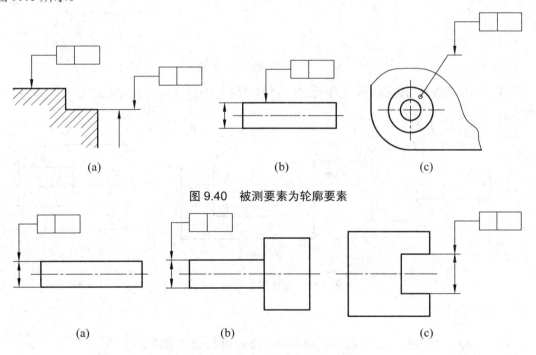

图 9.40　被测要素为轮廓要素

图 9.41　被测要素为中心要素

④ 不同要素有相同的几何公差要求时，可用一个框格表示，如图 9.42 所示。

(2) 基准的标注。

① 当基准要素为轮廓线或表面时，将基准符号置于要素的轮廓线或轮廓线的延长线上，但必须与尺寸线明显地分开，如图 9.43(a)所示。

② 当基准要素为实际表面时，基准符号置于实际表面的参考上，如图9.43(b)所示。

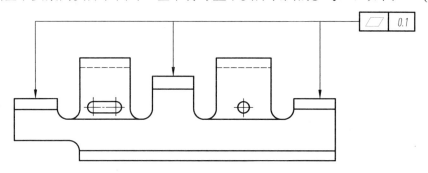

图 9.42　不同要素有相同几何公差

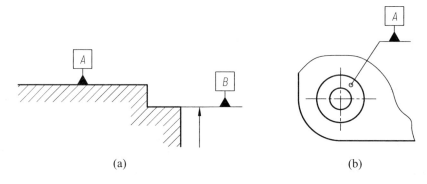

(a)　　　　　　　　　　　　　　　(b)

图 9.43　基准要素为轮廓要素

③ 当基准要素为轴线、中心平面时，则基准符号中的线应与尺寸线的延长线重合，如图 9.44 所示。

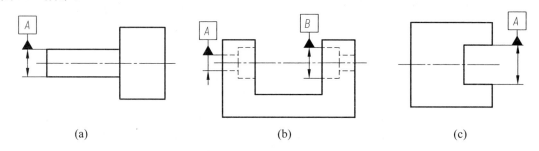

(a)　　　　　　　　　(b)　　　　　　　　　(c)

图 9.44　基准要素为中心要素

5. 几何公差的识读

【例 9-2】　识读图 9.45 所注的各项几何公差，并解释其含义。

○|0.004| 表示 ϕ100f6 圆柱表面的圆度公差值为 0.004mm；

↗|0.025|B| 表示 ϕ100f6 圆柱表面相对于 ϕ50H7 的孔的轴线的跳动公差值为 0.025mm；

//|0.01|A| 表示左右两个端面的平行度公差值为 0.01，左右两个端面互为基准。

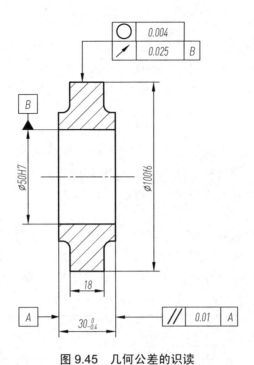

图 9.45 几何公差的识读

9.6 典型零件的图例分析

尽管零件的结构形状是千变万化的，其表达方案也会各异，但根据其结构和用途特点，一般将零件分为轴套类、轮盘类、叉架类和箱体类四种。每一种结构有相似之处，其表达方法也类似。

1. 轴套类零件

轴套类零件包括各种轴、杆、套筒和衬套等，如图 9.46 所示。

(a) 轴　　　　　　　　　　　　　　　(b) 滑套

图 9.46 轴套类零件

1) 结构特点分析

轴套类零件的基本形状是同轴回转体，并且长度较直径大。此类零件通常有孔、螺纹、键槽、锥度、退刀槽、倒角、倒圆和中心孔等结构，主要是在车床或磨床上加工。

2) 表达方法分析

轴套类零件的主要结构形状是回转体,一般只画一个主视图。对于零件上的键槽、孔等结构,一般可采用局部视图、局部剖视图、移出断面图和局部放大图等。图 9.47 所示的从动拉线轮轴采用主视图加一个断面图表示,其中主视图用了局部剖视图表示了右端螺纹孔的结构。

3) 尺寸标注分析

轴套类零件长度和宽度方向是以轴线作为尺寸基准的,长度方向以端面作为主要基准。一般会以定位端面作为主要尺寸基准,而以左、右端面作为辅助的尺寸基准。图 9.47 以 $\phi 25$ 圆柱的左端面作为长度方向的主要尺寸基准。

4) 技术要求

根据零件的工作情况来确定表面粗糙度、尺寸公差及几何公差。轴与滚动轴承、齿轮、带轮等配合的表面通常表面粗糙度值较低,尺寸精度也较高,有时还会有几何公差要求。图 9.47 中 $\phi 15$ 的轴是与滚动轴承配合的,所以表面粗糙度 Ra 的最大值为 $0.8\mu m$,尺寸精度也较高。

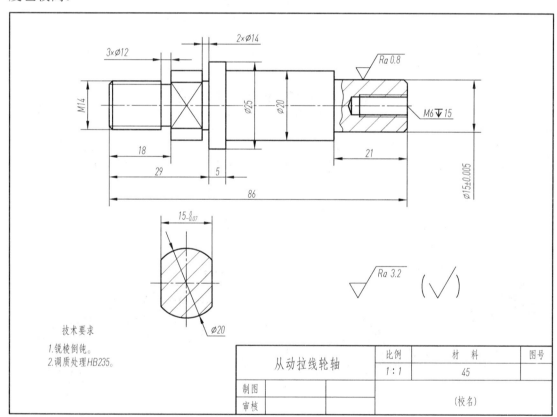

图 9.47 从动拉线轮轴的零件图

2. 轮盘类零件

轮盘类零件包括各种手轮、齿轮、带轮、端盖、压盖和法兰盘等,如图 9.48 所示。

(a) 绞盘　　　　　　　　(b) 压盖　　　　　　　　(c) 手轮

图 9.48　轮盘类零件

1) 结构特点分析

轮盘类零件一般通过键、销与轴连接来传递扭矩，盘类零件可起到支承、定位和密封等作用。这类零件的基本形体一般为回转体或其他几何形状的扁平的盘状体，通常还带有键槽、各种形状的凸缘、均布的圆孔和肋等局部结构。

2) 表达方法分析

轮盘类零件的毛坯为铸件或锻件，机械加工以车削为主，以加工或工作位置、反映轮盘厚度方向的一面作为画主视图的方向。为了表达零件的内部结构，主视图常取全剖视图。

轮盘类零件一般需要两个以上的基本视图表达，除主视图外，为了表示零件上均布的孔、槽、肋、轮辐等结构，还需选用一个左视图或右视图，有时还要用到断面图。此外，为了表达细小结构，有时还常采用局部放大图。如图 9.49 所示，绞线机的绞盘采用了主视图和左视图，再加一个断面图来表示，其中主视图采用了半剖，并对盘上的小孔进行了局部剖。

3) 尺寸标注分析

轮盘类零件宽度和高度方向的主要基准是回转轴线，长度方向的主要基准是经加工的主要端面。图 9.49 所示的绞盘装配到主轴上去时，靠左端面定位，因此以左端面作为长度方向的主要尺寸基准。

4) 技术要求分析

有配合要求的内、外表面的表面粗糙度参数值较小，起轴向定位的端面，其表面粗糙度参数值也较小，端面、轴线与轴线之间或端面与轴线之间一般有几何公差要求。如图 9.49 所示，$\phi 50$ 的孔是与主轴配合的，因此有配合要求，需标注尺寸公差；左端面是定位用的，所以要标注几何公差；$\phi 310$ 的外圆面标注了圆跳动公差要求。

3. 叉架类零件

叉架类零件包括拨叉、连杆、杠杆和各种支架等，如图 9.50 所示。

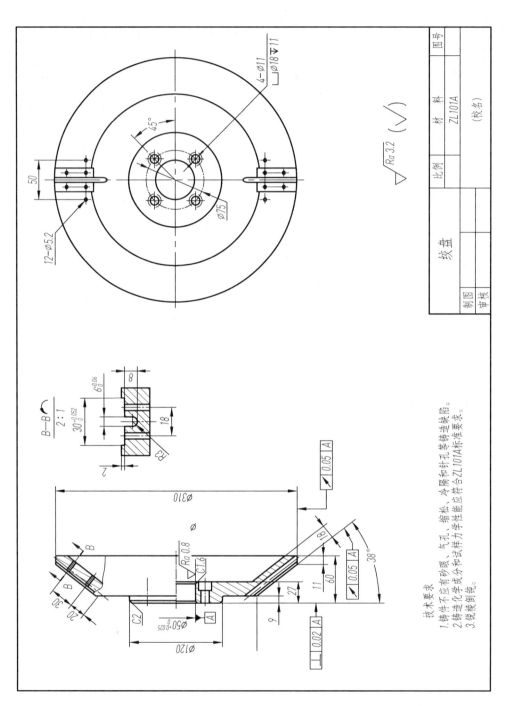

图 9.49 绞盘的零件图

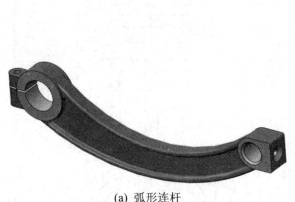

(a) 弧形连杆　　　　　　　　　　　(b) 支架

图 9.50　叉架类零件

1) 结构特点分析

叉架类零件通常有轴座或拨叉等几个主体部分，用不同截面形状的肋板或实心杆件支撑连接起来，形式多样，结构复杂，一般铸造或锻造成毛坯，经必要的机械加工而成，具有圆孔、螺孔、铸(锻)造圆角、拔模斜度、凹坑和凸台等常见结构。

2) 表达方法分析

叉架类零件加工位置多变，因而选择主视图时，主要考虑零件的形状特征和工作位置。为了表达零件上的弯曲或倾斜结构，常采用斜视图、局剖视图、斜剖视图、断面图等表达方案。如图 9.51 所示的支架，采用了主视图和左视图，再加上一个局部视图和断面图来表达该支架的形状。

3) 尺寸标注分析

叉架类零件常以主要轴线、对称平面、安装平面或较大的平面作为长、宽、高三个方向的尺寸基准。如图 9.51 所示的支架，以有几何公差要求的面作为长度方向的主要尺寸基准，以基准 A 平面作为高度方向的主要尺寸基准，由于该零件前后对称，宽度方向的尺寸基准为该方向的对称平面。

4) 技术要求分析

叉架类零件应根据具体使用要求确定各加工表面的表面粗糙度、尺寸精度及各组成形体的几何公差。如图 9.51 所示，图中 $\phi 20$ 的圆孔有配合要求，因而需要标注尺寸公差；零件的加工表面表面粗糙度均采用了 $Ra12.5$，有定位要求的表面及有配合要求的表面表面粗糙度为 $Ra3.2$，由于该零件的毛坯是铸造成型的，因而不进行机械加工表面均为不去除材料的加工方法得到的表面。

4. 箱体类零件

箱体类零件包括各种泵体、箱体、阀体和壳体等，如图 9.52 所示。这类零件主要用于支承、包容和保护体内的零件，也起定位和密封作用。

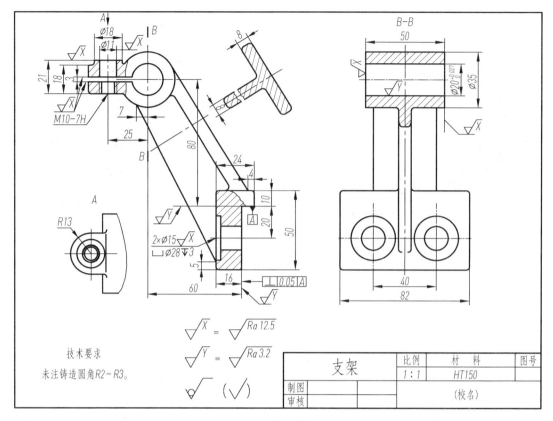

图 9.51 支架的零件图

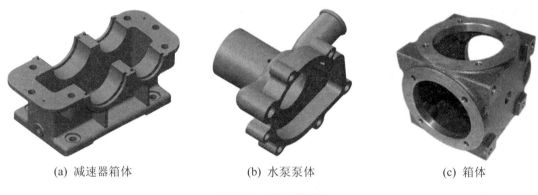

(a) 减速器箱体　　　　　(b) 水泵泵体　　　　　(c) 箱体

图 9.52 箱体类零件

1) 结构特点分析

箱体类零件是由薄壁围成不同形状的空腔，以容纳运动零件及油、气等介质。箱体类零件的毛坯多数为铸造而成，具有加强肋、凹坑、凸台、铸造圆角、拔模斜度、销孔和倒角等结构，形状较前三类复杂。

2) 表达方法分析

由于结构、形状比较复杂，加工位置变化较多，通常以工作位置、最能反映形状特征及相对位置的一面作为主视图的投影方向。表达箱体类零件，一般需要三个以上的基本视图和其他视图,并常常取剖视图。细小结构常用局部视图、局部剖视图、断面图来表达。由于铸件上圆角较多,应注意过渡线的画法。

如图 9.53 所示,蜗轮箱用了三个视图来表达,其中主视图半剖、左视图全剖。

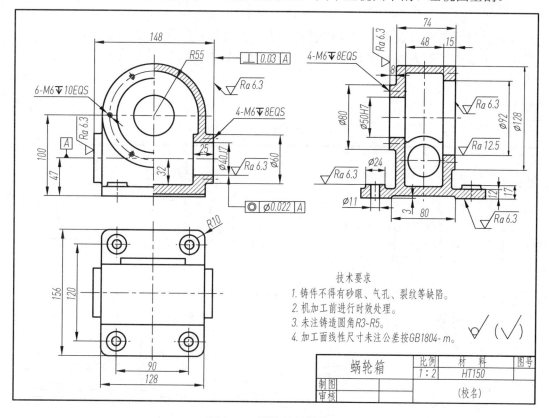

图 9.53 蜗轮箱的零件图

3) 尺寸标注分析

常采用对称平面、底面、较重要的面或较大的面作为长宽高三个方向的尺寸基准。蜗轮箱左右对称,因而长度方向以对称平面为尺寸基准;箱体类零件高度方向一般以底面为尺寸基准,因而蜗轮箱高度方向的尺寸基准就是底面;宽度方向,蜗轮箱基本对称,因而也以中间的对称平面为尺寸基准。

4) 技术要求分析

与其他零件有配合要求的孔和重要的接触表面,其表面粗糙度参数值要求较小,也会有几何公差要求。在蜗轮箱中,用来安装蜗杆或蜗轮的孔精度要求较高,表面最光滑,为了保证蜗轮蜗杆传动的平稳性,还有几何公差要求;带圆角表面为不加工的表面,表面最粗糙;底面下方的槽和底面上的凸台都是为了减少加工面积而设计的。

9.7 零件测绘

零件测绘是根据已有的零件画出零件图的过程,这一过程包含绘制零件草图、测量零件的尺寸、确定零件的技术要求及绘制零件图。在生产中,当维修机器中的某个零件或对现有机器进行仿制时，常需要对零件进行测绘。测绘能力是从事机械设计人员必备的工程素质。

9.7.1 测量工具及测量方法

常用的测绘工具有直尺、内卡钳、外卡钳、游标卡尺、内径千分尺、外径千分尺、高度尺、螺纹规、圆弧规、量角器等。对于精度要求不高的尺寸，一般用直尺、内外卡钳等即可；对于精确度要求较高的尺寸，一般用游标卡尺、千分尺等。测量零件的方法见表 9-11。

表 9-11 测量零件尺寸的方法

测量项目	测量方法
长度	
直径	
壁厚和深度	

续表

测量项目	测量方法
孔距	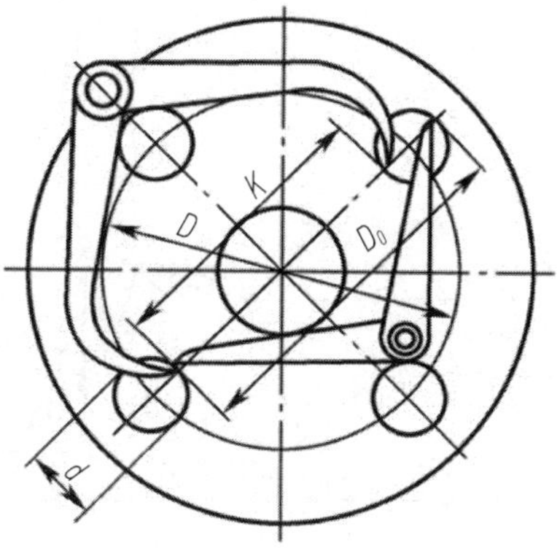 $D=D_0=K+d$ 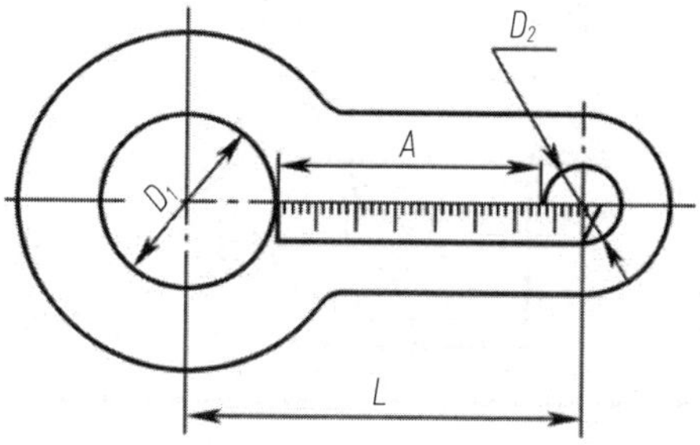 $L=A+D_1/2+D_2/2$
中心高	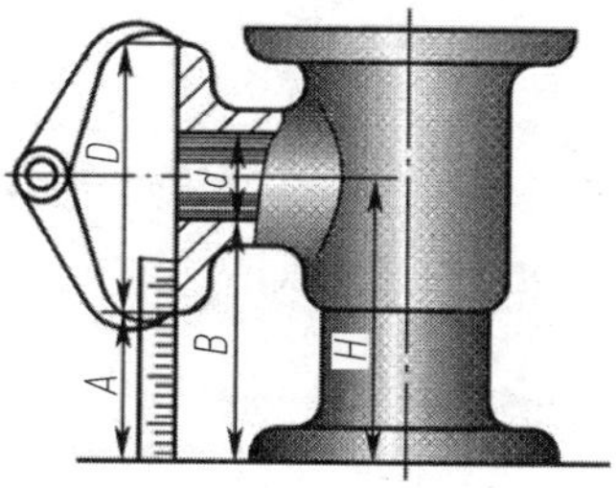 $H=A+D/2=B+d/2$ 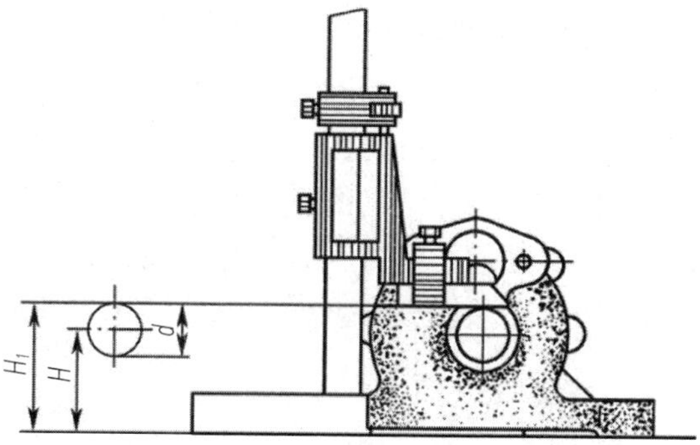 $H=H_1-d/2$
圆角	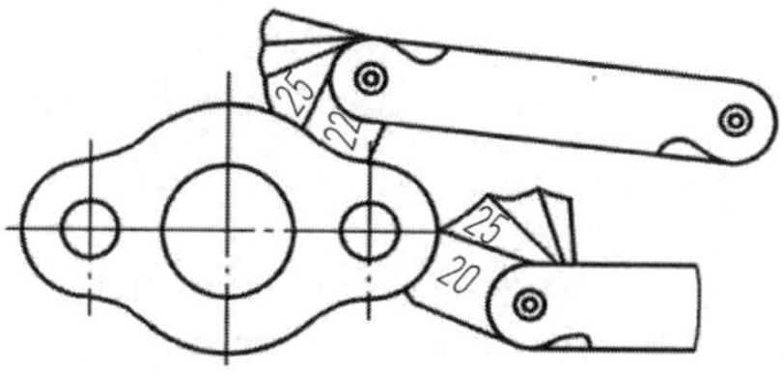
螺距	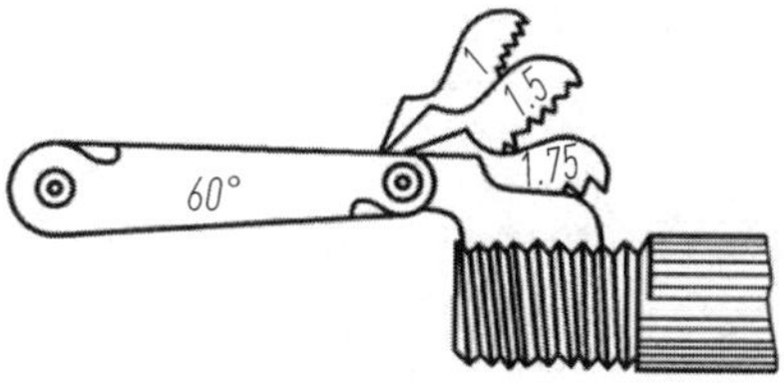 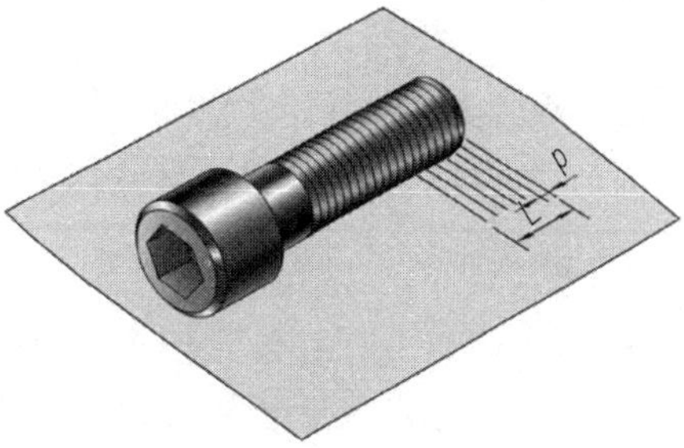

续表

测量项目	测量方法
曲面	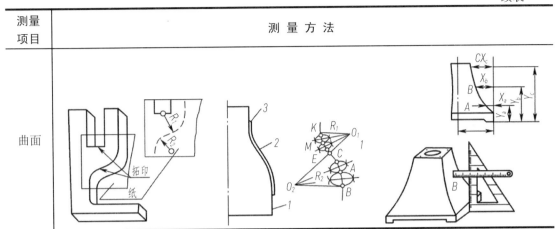

9.7.2 测绘的方法与步骤

1. 分析零件并确定表达方案

首先对零件进行详细分析，了解被测零件的名称、零件的材料及制造方法，以及零件在机器或部件中的位置、作用及与相邻零件的关系，然后用形体分析法分析零件结构，并了解零件上各部分结构的作用特点。

根据零件的形体特征、工作位置或加工位置确定主视图，然后根据零件的内外结构特点选用必要的其他视图。视图表达方案要求正确、完整、清晰、简练。

2. 绘制零件的草图

草图必须具有正规零件图所包含的全部内容。

(1) 先确定草图的绘图比例，然后目测尺寸绘制草图，目测尺寸要准。

(2) 先选择尺寸基准，画好尺寸线，再测量尺寸逐一标注。

(3) 根据零件的作用和使用要求，参照同类零件，确定零件的技术要求。

绘制草图时的注意事项如下：

(1) 零件上的制造缺陷(如磨损部分、表面缺陷和铸造缩孔等)不应画出，而零件上的细小结构(如圆角、倒角、退刀槽等)，应画出或按规定标注。

(2) 已标准化的结构尺寸(如螺纹、键槽、倒角和圆角等)，应以测量尺寸查标准手册，取相应的标准尺寸。

(3) 零件上的非配合尺寸应尽量圆整为整数。

(4) 零件上有些尺寸要根据已知条件计算得出，如齿轮的分度圆等。

3. 由零件草图画零件工作图

对零件草图进行复检，检查零件的表达是否完整，尺寸有无遗漏、重复，相关尺寸是否恰当、合理等，然后选择合适的比例和图幅，按草图所注尺寸完成零件工作图的绘制。

【例 9-3】 测绘图 9.54 所示的带轮。

具体测绘步骤如下：

(1) 选择恰当的表达方案及绘图比例，目测带轮的尺寸，画带轮的草图，如图 9.55(a)

所示。

(2) 选择尺寸基准，画好尺寸线，如图 9.55(b)所示。

(3) 测量并标注尺寸，对于与标准件配合的部位的尺寸需查取相关的手册确定，键槽的尺寸、带轮槽的尺寸均需查表确定。如图 9.55(c)所示。带轮只需测量外径尺寸、内孔尺寸、槽口尺寸和槽口数。

(4) 根据零件的使用要求，确定零件的技术要求，如图 9.55(d)所示。

带轮的使用要求如下：

① 梯形外沟槽与孔轴心线同轴，否则带轮传动时，V 带必然产生时松时紧现象，会产生噪声和造成动力传递不均匀等现象。

图 9.54　带轮

② 相同的几条梯形沟槽要求宽度一致，否则在 V 带传动时，会出现一条带松，一条带紧的现象，容易损坏 V 带和造成传递动力不足。

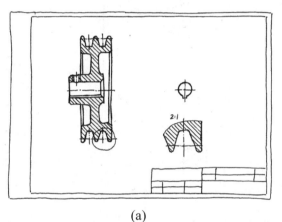

(a)

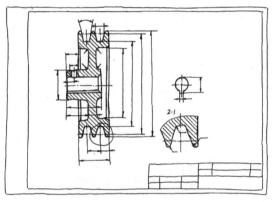

(b)

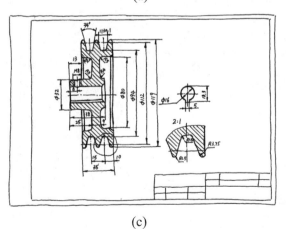

(c)

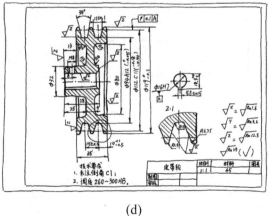

(d)

图 9.55　带轮的草图绘制步骤

(5) 绘制零件工作图，如图 9.56 所示。

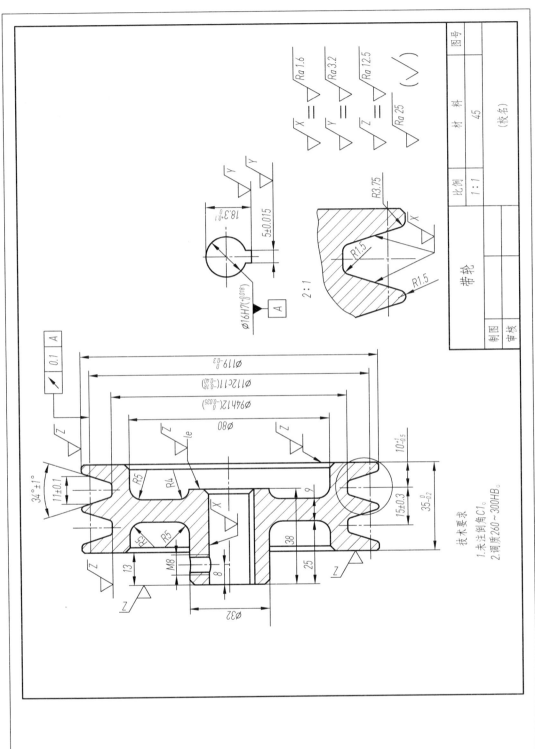

图 9.56 带轮的工作图

9.8 读零件图

识读零件图是技术人员必须具备的基本功。

1. 读零件图的方法与步骤

(1) 概括了解。从标题栏入手了解零件的名称、材料、比例等基本信息，了解零件属于哪类零件，还可根据装配图或相关的其他零件图等，了解该零件与其他零件的相对位置、在机器中的作用、结构特点和工艺要求等。

(2) 分析视图，想象零件的形状。先找出主视图，确定各视图之间的关系，再找出剖视图、断面图的剖切位置，研究各视图的表达重点。利用各视图的投影关系，想象零件的形状，并结合零件的加工要求，了解零件的工艺结构。

(3) 分析尺寸。先找出长、宽、高三个方向的尺寸基准，了解各部分的定形尺寸和定位尺寸。

(4) 分析技术要求。了解零件图中的表面粗糙度、尺寸公差、几何公差及热处理标注，从而对零件各表面的加工方法进行粗略的了解。

(5) 综合分析。综合前面的分析，把图形、尺寸和技术要求系统地联系起来思考，得出零件的整体结构、尺寸大小和技术要求及零件的作用等完整的概念。

2. 读图举例

【例9-4】 识读托架的零件图，如图 9.57 所示。

(1) 读标题栏：该零件名称为托架，属于叉架类零件，材料为 HT150，比例为 1∶1，毛坯是铸造成型的。

(2) 分析视图：零件用了一个主视图和一个左视图，再加一个重合断面图来表达。主视图最能反映该零件的形状特征，是全剖视图，是沿零件的对称平面剖切得到的，用于表达零件左右两个安装孔及肋板的形状；另外主视图还表达了零件各组成部分之间的相对位置关系，主视图下方的肋板在主视图中按不剖处理；左视图也采用了全剖视图，主要表达了中间连接板和肋板的断面形状，以及右侧固定板的形状，右侧固定板有四个固定托架用的小孔。

(3) 分析尺寸：由于该零件右侧会固定到其他零件上，因而在长度方向的主要尺寸基准为右端面；由于 $\phi 30mm$ 及 $\phi 45mm$ 这两个孔用于安装其他零件，它们的轴线是高度方向的主要尺寸基准；该零件前后对称，因而宽度方向的主要尺寸基准为对称平面。

(4) 分析技术要求：该零件 $\phi 30mm$ 及 $\phi 45mm$ 这两个孔用于安装其他零件，因而有尺寸公差要求，而且两孔轴线之间有同轴度要求，这两个孔表面粗糙度为 $Ra1.6\mu m$，是最光滑的表面；其他加工表面的表面粗糙度为 $Ra6.3\mu m$，不加工表面都是直接铸造成型的。

(5) 综合分析。该零件是托架，有两个孔用于支撑其他零件，右侧面有四个小孔，用于固定托架。托架的立体图如图 9.58 所示。

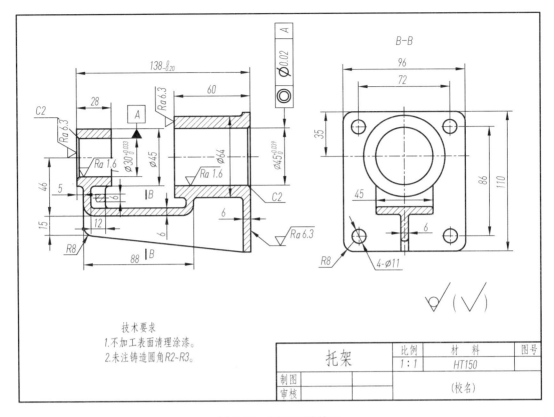

图 9.57 托架的零件图

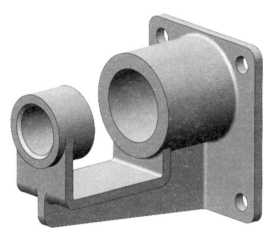

图 9.58 托架的立体图

【例 9-5】 识读图 9.60 所示的阀体零件图。

(1) 读标题栏：该零件的名称是阀体，属于箱体类零件，材料为 HT150，比例为 1∶2，该零件为铸件。

(2) 分析视图：零件图共用七个图形，即主视图和左视图，再加上三个局部视图和两个移出断面图来表达阀体的形状。主视图是全剖视图，是沿零件的对称平面剖切得到的，用于表达零件的内部结构，零件左右方向、上下方向各有一个孔与其他零件相通；另外主视图还表达了各连接部分之间的相对位置关系。左视图主要表示零件的外形及零件左侧与其他零件的连接部位的形状；左视图进行了局部剖主要为了表达零件上下连接部位的螺栓孔的形状。三个局部视图分别表示该零件与其他零件连接部位的形状。两个断面图主要表达了肋板的形状。

(3) 分析尺寸：长度方向的主要尺寸基准为右端面，左端面为长度方向的辅助基准，高度方向的尺寸基准为零件水平方向的轴线，宽度方向由于该零件前后对称，因而以对称平面为基准。

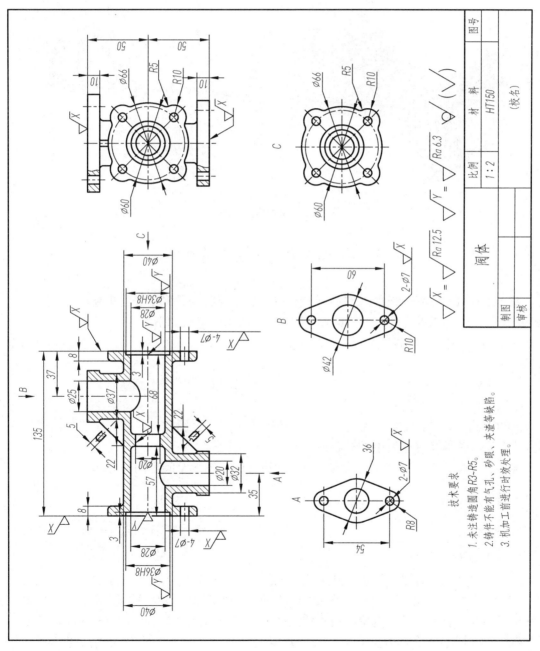

图 9.59 阀体的零件图

(4) 分析技术要求：零件左右两端有配合要求的孔及端面的表面粗糙度值最小，为 $Ra6.3\mu m$，其他加工表面为 $Ra12.5\mu m$，其余不加工表面均为铸造成型的。

(5) 综合分析：该零件为阀体，内部有较多互相连通的孔。零件上与外界相通的孔都有一个端面与其他零件相接触，并用螺栓进行连接。阀体的立体图如图 9.60 所示。

在看零件图的过程中，不能把上述步骤机械地分开，有些步骤往往交叉进行的。另外对于较复杂的零件图，还需参考有关技术资料，如装配图、相关的零件图及说明书等。

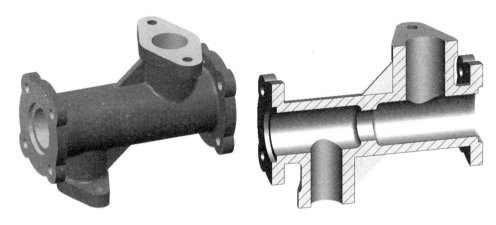

图 9.60 阀体的立体图

9.9 用 AutoCAD 绘制零件图

用 AutoCAD 绘制零件图与绘制其他图形相比，主要区别是多了表面粗糙度、尺寸公差、几何公差等技术要求的标注，用 AutoCAD 绘制零件图的步骤如下：

(1) 打开自定义的样板文件(已定义好图层、线型、文字样式、尺寸标注样式等)，画作图基准线。

(2) 不管零件的尺寸多大，用 1∶1 的比例绘制零件图，不需要绘制标题栏。

(3) 标注尺寸及技术要求。

(4) 根据零件大小及复杂程度选取合适的图纸幅面及绘图比例，用已定义好的样板文件生成布局，并填写好布局中的标题栏。

本节主要介绍零件图尺寸及技术要求的标注方法和图纸空间出图的方法。

9.9.1 尺寸及技术要求的标注

1. 尺寸标注

1) 全局比例的设置

组合体尺寸标注时已介绍了尺寸标注样式的各参数设置，但在按 1∶1 去绘制不同尺寸的图样时，可能会出现尺寸数字、箭头等过大或过小的现象，这时不需要逐一去设置尺寸标注样式中的所有参数，只需修改尺寸标注样式中"全局比例"，如图 9.61 所示。比如样板文件中尺寸标注设置的文字高度为 3.5，如果文字高度需改为 7，相应的箭头也要变大，因此进入修改标注样式对话框，在"调整"选项卡中将全局比例改为 2 即可。

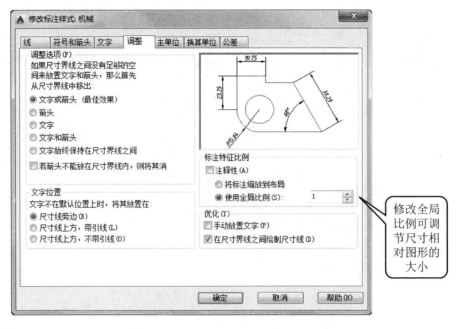

图 9.61　修改尺寸标注样式的全局比例

2) 特殊符号的标注

标注零件图尺寸时经常会遇到沉孔、深度、锥度、斜度等符号，AutoCAD 提供了 gdt.shx 字体，当需要输入这些符号时，直接输入相应字母就可以打出这些符号。

打开文字编辑器，选择字体"gdt.shx"，如图 9.62 所示，在此字体中输入字母 V 则显示柱型沉孔符号，输入字母 W 是 V 型沉孔符号，输入字母 X 是深度符号，输入字母 Y 是锥度符号，输入字母 A 是斜度符号，输入字母 O 是方形符号。

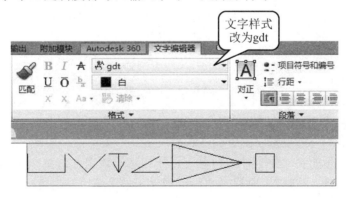

图 9.62　特殊符号的标注

2. 表面粗糙度的标注

AutoCAD 没有现成的符号来标注表面粗糙度，为了方便快捷地标注表面粗糙度，可以利用创建带有属性的块来标注表面粗糙度。

1) 绘制图形

绘制表面粗糙度的符号的大小见表 9-6。字高为 3.5 的表面粗糙度的绘制方法与步骤如下：

(1) 绘制三条平行线，尺寸如图 9.63(a)所示。

(2) 打开极轴设置成 30°增量角，绘制两条直线，如图 9.63(b)所示。

(3) 删除及修剪掉多余的线段，得到如图 9.63(c)所示表面粗糙度符号。

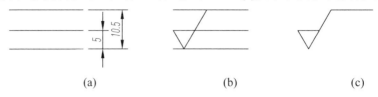

图 9.63　绘制表面粗糙度符号

2）创建带有属性的块

选择 命令，进入块的"属性定义"对话框，如图 9.64 所示。输入相应的参数，单击"确定"按钮，在已绘制的表面粗糙度符号横线下方单击得到如图 9.64 右下角所示的图形。

图 9.64　块的属性定义

3）插入带有属性的块

输入"B"或选择 命令，进入"块定义"对话框，如图 9.65 所示。单击拾取点，拾取符号的尖端作为插入定位点；单击选择对象，选择全部的图元；如果在对象选项中选择"删除"，块创建完毕后刚才所定义的块会消失。

4）插入带有属性的块

块定义完成后，只需要插入块就可以绘制出表面粗糙度符号了。输入"I"或选择 命令，在下拉列表中选择名为"RA"的块，在需要插入的位置单击即可。如需修改符号大小或旋转符号，选择列表下方的更多选项，进入"插入"对话框，勾选比例和旋转项的"在屏幕上指定"复选框，如图 9.66 所示。

第9章 零件图

图 9.65 创建块

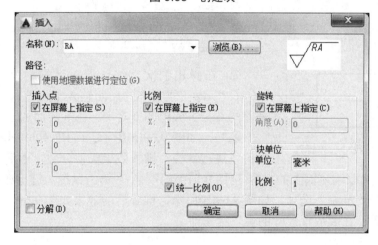

图 9.66 插入块

5) 创建外部的块

用上述方法创建的块是文件内部的块，如果在新的文件中，还需用到此块，必须要写块。输入"W"或者选择 ![写块] 命令，进入"写块"对话框，如图 9.67 所示。选择块名，修改块保存名及存盘路径，即可为块单独创建一个文件。插入外部块时，只需在插入对话框，选择浏览，选择相应的文件名即可插入块。

3．尺寸公差的标注

尺寸公差可以利用尺寸标注中的堆叠功能完成标注。

【例9-6】 标注出图 9.68 所示的尺寸及尺寸公差。

标注步骤如下：

(1) 选择"标注"工具栏中的尺寸标注工具，选取尺寸界线两个端点后，输入"M"，按 Enter 键。

215

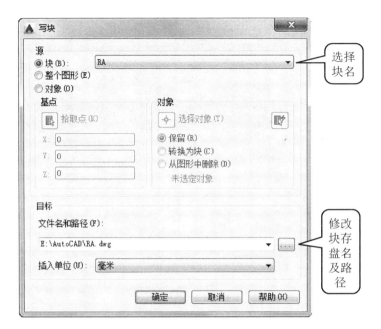

图 9.67　写块

图 9.68　尺寸公差标注

(2) 在弹出的文字编辑器对话框中，在原文前面加"%%C"，再在原文字的后面输入上偏差与下偏差(为使上偏差的 0 与下偏差的 0 对齐，在 0 前面加一空格)，中间用"^"隔开，如图 9.69(a)所示。(如果中间分隔符改为"/"，也可以进行堆叠，堆叠效果类似分数，中间有一横线。)

(3) 选取刚才输入的内容(包括 0 前面的空格)，单击鼠标右键，在弹出的快捷菜单中选择"堆叠"选项，如图 9.69(b)所示，堆叠后的效果如图 9.69(c)所示；关闭文字编辑器，在要放置尺寸的位置单击即可。

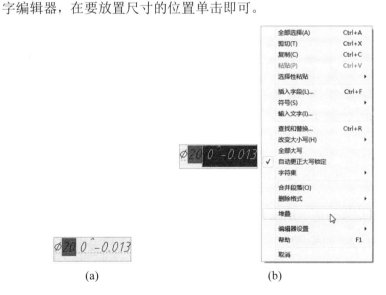

　　(a)　　　　　　　　　　(b)　　　　　　　　　　(c)

图 9.69　标注尺寸公差的方法

4. 几何公差的标注

1) 几何公差框格的标注

可以利用快速引线命令(QLEADER)标注几何公差，步骤如下：

(1) 输入"LE"(QLEADER 快捷键)，按 Enter 键进入"引线设置"对话框，将注释类型改为"公差"，如图 9.70(a)所示。

【参考视频】

图 9.70　绘制引线

(2) 确定退出设置对话框，用光标依次选取三个点，绘制出的指引线，如图 9.70(b)所示(图中 1、2、3 为三点选取的顺序)，然后弹出形位公差(旧称)对话框，将需要填写的内容填好或选择好，如图 9.71(a)所示，然后单击"确定"按钮，得到如图 9.71(b)所示图形。

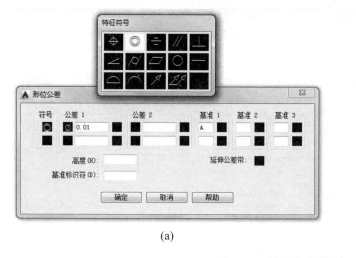

(a)

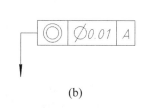

(b)

图 9.71　形位公差对话框

2) 基准代号的标注

基准代号的标注方法与表面粗糙度代号的标注方法类似，需要自行制作块。代号的绘制方法与步骤如下：

(1) 输入"LE"，按 Enter 键，进入"引线设置"对话框，将注释类型改为"无"。

(2) 在引线与箭头选项卡中将点数改为"2"，将箭头改为"实心基准三角形"，如

图 9.72(a)所示；然后拾取两点，绘制引线，再在引线上方绘制一个边长为 7 的正方形如图 9.72(b)所示。

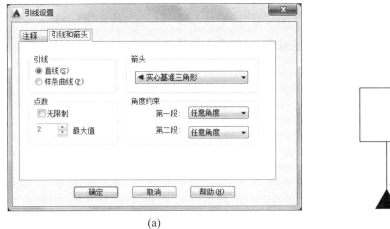
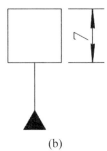

(a)　　　　　　　　　　　　　　(b)

图 9.72　引线和箭头的设置

9.9.2　图纸空间出图

AutoCAD 用户提供了一种打印输出图形更为方便的工作空间——布局，用户可以在布局中规划视图的大小和位置。因而在模型空间中绘制图形只需采用1∶1即可，布局中再设置图纸的大小及出图的比例。

1．从样板新建布局

在布局选项卡处单击鼠标右键，在弹出的快捷菜单中选择"从样板"选项，选择相应的样板文件，再选择适当的图纸幅面，可得到一张绘制好标题栏的图纸，如图 9.73 所示。

【参考视频】

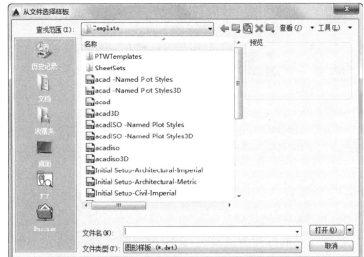

图 9.73　从样板创建布局

2. 出零件图

先切换到布局,再切换到 DEFPOINTS 图层(该图层上的线不会被打印),输入"MV",在图中拉建一个矩形框(也可以是多边形),如果图形没有画在图形界限范围内,可以拉动矩形框的四个角,保证整个零件图都在矩形框内,再移动矩形框至图纸上的合适位置,选中视口边框线,可以在右下角状态栏中比例选项 1:1 / 100% ▼ 调整出图比例。视口的位置及比例调整完毕,可以选择 命令锁定选项。如果不想显示视口边框线,可以将 DEFPOINTS 图层关闭。

【参考视频】

小　　结

(1) 零件的视图选择需考虑加工和装配时看图方便,视图的数量尽可能少而清晰。

(2) 读零件图时也需用到形体分析法,将复杂的零件拆成几个简单的部分,将每个部分的形状想象出来,综合想象零件的整体形状。分析零件图上标注的尺寸和极限偏差、几何公差、表面粗糙度、热处理及表面处理等技术要求,了解各项质量指标,为将来学习加工工艺知识打好基础。

(3) 在 AutoCAD 中可利用堆叠的方式标注尺寸公差,利用它自带的公差命令标注几何公差,创建带属性的块,用插入块的方式绘制表面结构符号。

(4) 零件测绘的重点在于是否能正确选择零件的表达方案,难点在于合理地标注零件的尺寸及技术要求。

第 10 章

装 配 图

> 学习目标

(1) 能读懂中等难度的装配图，能由装配图拆画零件图，并能正确选择表达方案。

(2) 掌握装配图的表达方法的选择、尺寸标注、明细表的编写，能由零件图拼画出装配图。

(3) 掌握装配体测绘的方法与步骤。

10.1 装配图的作用和内容

在产品制作过程中,除了要使用零件图以外,还要将零件组装到一起,因此还需另一种图样,即装配图。装配图是用来表达机器(或部件)的工作原理、装配关系、传动路线、连接方式及主要零件的基本结构的图样。在新产品设计、仿照或原产品改造时,一般先画出装配图,再由装配图拆画出零件图。在产品制造时,根据零件图制造零件,再由装配图装配成部件或机器。因此装配图是表达设计思想、指导生产及进行技术交流的重要技术文件。

如图 10.1 所示的滑动轴承座,在其设计与制造过程中,还需用到如图 10.2 所示的装配图,从这张装配图可以看出,一张完整的装配图应包括以下的内容。

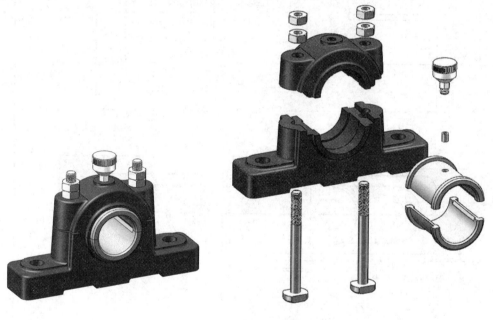

图 10.1 滑动轴承座

【参考动画】

1. 一组图形

一组图形用于表达机器(或部件)的工作原理、传动路线、各零件的主要形状结构及零件之间的装配、连接关系等。

2. 必要的尺寸

在装配图中应注出表示机器(或部件)的性能、规格、外形大小及装配、检验、安装时所需的尺寸。

3. 技术要求

用符号或文字注写机器(或部件)在装配、检验、调试和使用等方面的要求、规则和说明等。

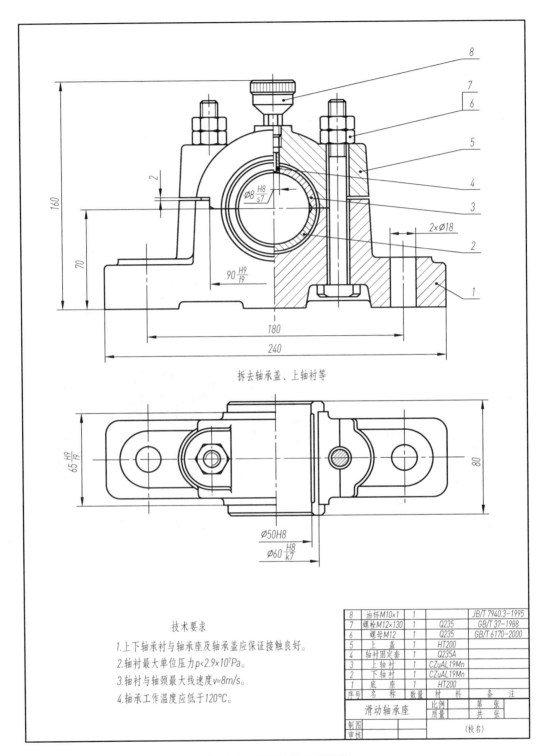

图 10.2 滑动轴承的装配图

4. 零件的序号和明细栏

组成机器(或部件)的每一种零件(形状结构、规格尺寸及材料完全相同的为一种零件)，在装配图上，必须按一定的顺序编上序号，并在标题栏上方编制出明细栏，明细栏中注明各种零件的序号、代号、名称、数量、材料、质量、标准规格和标准编号等内容，以便于读图、图样管理及进行生产准备、生产组织工作。

5. 标题栏

注明机器(或部件)的名称、图样代号、比例、质量及责任者的签名和日期等内容。

10.2 装配图的表达方法

零件图上的各种表达方法，如视图、剖视图、断面图等，在装配图中同样适用，但由于装配图表达的侧重点与零件图有所不同，因此装配图还有一些规定画法和特殊画法。

10.2.1 装配图的规定画法

(1) 相邻两个零件的接触表面和配合表面之间，规定只画一条轮廓线；相邻两个零件的不接触表面，不论间隙多小均应留有间隙，画两条轮廓线，如图 10.3 所示。

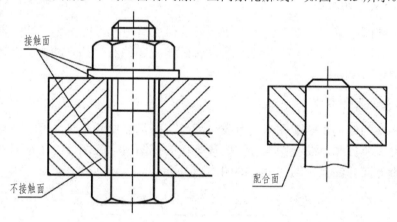

图 10.3 装配图的规定画法

(2) 相邻两个被剖切的金属零件，它们的剖面线倾斜方向应相反，或者方向一致、间隔不等。几个相邻零件被剖切，其剖面线可用间隙不等、倾斜方向错开等方法加以区别。

(3) 在装配图中，对于紧固件及轴、连杆、球、钩子、键、销等实心零件，若剖切平面沿纵向剖切并通过其对称平面时，这些零件均按不剖绘制。若需要特别表明零件的构造，如凹槽，键槽，销孔等，则可用局部剖视图表示，如图 10.4 所示。

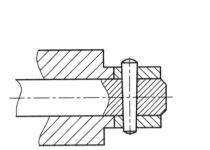
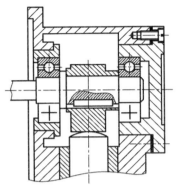

图 10.4 装配图的规定画法

10.2.2 装配图的特殊画法

1. 拆卸画法

在装配图中，当某些部件(或零件)的内部结构或装配关系被一个或几个其他零件遮住，而这些零件在其他视图中已经表达清楚，则可以假想将这些零件拆卸后绘制，这种方法称为拆卸画法。拆卸画法一般要标注"拆去××"等字样。如图 10.2 所示，滑动轴承的俯视图就是拆去了油杯、轴承盖、上轴衬等零件后绘制的。

2. 沿结合面剖切画法

为了把装配图中某部分零件的内部结构表达得更清楚，可以假想沿某些零件的结合面进行剖切，然后绘制。如图 10.2 所示，滑动轴承俯视图的右半部分，就是沿轴承座与轴承盖的结合面剖切后绘制的。

3. 单独表示某个零件

当某一零件的结构在装配图中没有表达清楚，而又需要表达时，可单独画出该零件的某一视图，并在单独画出的视图上方注明该零件的视图名称或编号，在相应视图的附近用箭头指明投影方向并注上相同字母，如图 10.5 所示。

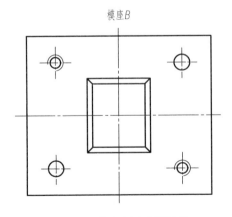

图 10.5 单独表达个别零件

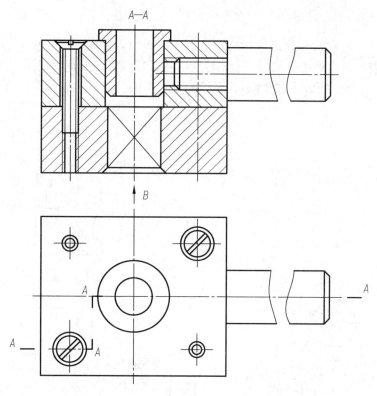

图 10.5　单独表达个别零件(续)

4. 假想画法

(1) 在装配图上为了表达某些运动零件的运动范围及极限位置，可用双点画线画出极限位置处的外形图，如图 10.6(a)所示的手柄。

(2) 对于与本部件有关但不属于本部件的相邻零、部件，可用双点画线画出相邻零件(或部件)的轮廓，如图 10.6(b)所示，钻具所夹持的工件用双点画线画出。

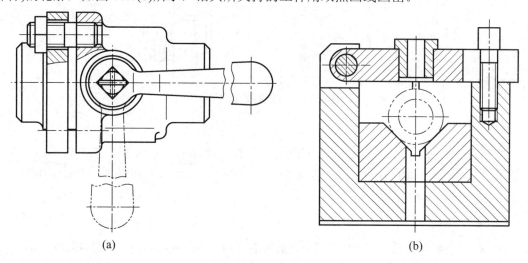

图 10.6　假想画法

5. 展开画法

为了表示传动机构的传动路线和装配关系,可假想将在图纸上互相重叠的空间轴系,按其传动顺序展开、摊平在一个平面上,然后沿各轴线剖开,得到剖视图,如图 10.7 所示。这种展开画法,在表达机床的主轴箱、进给箱及汽车的变速器等较复杂的变速装置时经常使用。

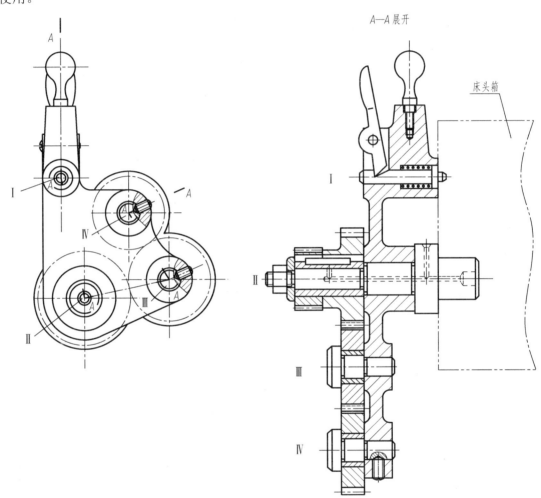

图 10.7　挂轮架的展开画法

6. 夸大画法

对于细小结构、薄片零件、微小间隙等,若按其实际尺寸在装配图上很难画出或难以明显表示时,允许不按比例而采用夸大画法,如小间隙、小斜度、小锥度的画法,如图 10.8 所示。

7. 简化画法

(1) 对于装配图中若干相同的零件组(如螺栓连接、螺钉连接等),可仅详细地画出一组或几组,其余只需用点画线表示其装配位置,如图 10.8 所示。

(2) 在装配图中,零件的工艺结构,如小圆角、倒角、退刀槽等允许不画。螺栓头部和螺母也允许按简化画法画出，如图 10.8 所示。

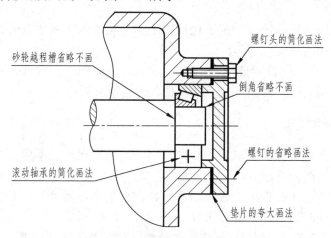

图 10.8　夸大画法和简化画法

10.3　装配图的尺寸标注及技术要求

10.3.1　装配图的尺寸标注

装配图只要求注出与机器(或部件)的装配、检验、安装或调试等有关的尺寸，一般有以下几种：

1. 性能(规格)尺寸

性能(规格)尺寸表示机器(或部件)的性能(规格)和特征的尺寸。它在设计时就已经确定，是设计、了解和选用零件(或部件)的依据。如图 10.2 所示的公称直径 $\phi 50$ 即为滑动轴承的性能(规格)尺寸。

2. 装配尺寸

装配尺寸是表示机器(或部件)各零件之间装配关系的尺寸，通常有配合尺寸和相对位置尺寸。

(1) 配合尺寸：零件间有公差配合要求的尺寸，如图 10.2 中的 $\phi 8H9/s8$、$90H9/f9$、$65H9/f9$ 和 $\phi 60H8/k7$ 等。

(2) 相对位置尺寸：零件在装配时，需要保证的相对位置尺寸，如图 10.2 中的尺寸 2。

3. 外形尺寸

机器(或部件)的外形轮廓尺寸，反映了机器(或部件)的总长、总宽、总高，这是机器(或部件)在包装、运输、安装、厂房设计时所需的依据。图 10.2 中的外形尺寸为总长 240、总宽 80、总高 160。

4. 安装尺寸

机器(或部件)安装在地基或其他机器上时所需的尺寸，如图 10.2 中的有关尺寸：180、70 和 $2\times\phi 18$。

5. 其他重要尺寸

在设计过程中经计算或选定，但不包括在上述几类中的一些重要尺寸。如运动零件的极限尺寸、主体零件的重要尺寸等。

上述五类尺寸，并非在每张装配图上都需注全，有时同一个尺寸，可能有几种含义，因此在装配图上到底应标注哪些尺寸，需根据具体情况分析而定。

10.3.2 装配图的技术要求

由于不同装配体的性能、要求各不相同，因此其技术要求也不同。拟订技术要求时，一般可从以下几个方面来考虑。

(1) 装配要求：机器(或部件)在装配过程中需注意的事项及装配后装配体所必须达到的要求，如准确度、装配间隙、润滑要求等。

(2) 检验要求：机器(或部件)基本性能的检验、试验及操作时的要求。

(3) 使用要求：对机器(或部件)的规格、参数及维护、保养、使用时的注意事项及要求。

装配图上的技术要求应根据装配体的具体情况而定，用文字注写在明细表上方或图纸下方的空白处，如图 10.2 所示。

10.4 装配图的零件序号及明细表

10.4.1 零件序号的编写

1. 基本编排方法

GB 4458.2—2003《机械制图 装配图中零、部件序号及其编排方法》中规定了装配图中零、部件序号的编排方法。

(1) 装配图中所有零、部件都必须编号。装配图中编写零、部件序号的通用表示方法有三种，如图 10.9 所示；同一装配图中编注序号的形式应一致。

① 在指引线的水平线上或圆内注写序号，序号字高比装配图中所注尺寸数字高度大一号，如图 10.9(a)所示。

② 在指引线的水平线上或圆内注写序号，字高比图中尺寸数字高度大两号，如图 10.9(b)所示。

③ 在指引线附近注写序号，序号字高比图中尺寸数字高度大两号，如图 10.9(c)所示。

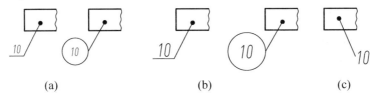

图 10.9 零件序号的编排方式

(2) 同一装配图中相同的零部件用一个序号。多处出现的相同的零、部件，必要时也可重复标注。

(3) 指引线应从所指部分的可见轮廓内引出,并在末端画一圆点。若所指部分内不便画圆点时(很薄的零件或涂黑的剖面),可在指引线的末端画出箭头,并指向该部分的轮廓,如图 10.10 中的序号 6。

(4) 指引线互相不能相交,当通过剖面线的区域时,指引线不应与剖面线平行。必要时可画成折线,但只可曲折一次。一组紧固件及装配关系清楚的零件组,可采用公共指引线,如图 10.10 中的序号 3、4、5。

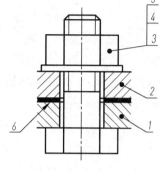

(5) 装配图中序号应按水平或垂直方向排列整齐,编排时按顺时针或逆时针方向顺序排列,如图 10.10 所示。在整个图上无法连续时,可只在每个水平或垂直方向顺次排列。

2. AutoCAD 零件序号的标注方法

图 10.10 零件序号的编写

在 AutoCAD 中利用多重引线可快速标注零件序号,下面以序号标注在横线上方的方式绘制零件序号为例,其标注方法与步骤如下:

(1) 定义多重引线的格式。打开多重引线样式管理器,新建一个"零件序号"的引线样式,修改"引线格式"选项卡中的箭头为小点,大小为"2";修改"引线结构"选项卡中的最大引线点数为"2",基线距离为"1";修改"内容"选项卡中的文字高度为"5"或"7",修改引线连接,将连接位置左、右均改为"最后一行加下划线",基线间隙改为"1",如图 10.11 所示。

【参考视频】

图 10.11 定义多重引线的格式

(2) 标注零件序号。选择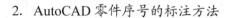多重引线命令,在需标注零件序号的位置及放置序号的位置拾取点,然后输入序号,即可标注零件序号。

(3) 对齐零件序号。选择 命令,选择需调整位置的零件序号后按 Enter 键,再选择需要对齐的零件序号(作为基准的零件序号),指定方向(指定零件序号沿水平或垂直方向对齐)。

10.4.2 明细栏的编制

明细栏一般应画在装配图标题栏的上方，应包含零件的序号、代号、名称、数量、材料、质量、标准规格和标准编号等内容。明细栏中序号应按零件序号，顺序自下而上填写，以便发现有漏编零件时，可继续向上补填，为此，明细栏最上面的边框线规定用细实线绘制，如位置不够，明细栏也可以分段移至标题栏左边。在特殊情况下，明细栏可单独列出，写在另一张纸上。图10.12所示为国家标准规定的明细栏格式，而图10.13所示为学校作业常用的明细栏格式。

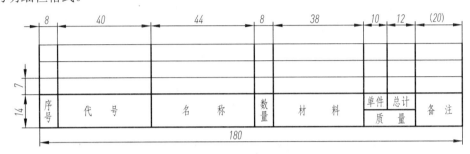

图 10.12 国家标准规定的明细栏格式

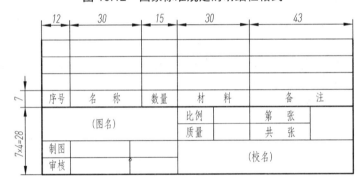

图 10.13 学校作业常用的明细栏格式

10.5 装配结构的合理性

为了保证机器(或部件)的性能、质量，并给加工制造和装拆带来方便，因此在设计机器(或部件)时，必须考虑到零件之间装配结构的合理性，并在装配图上把这些结构正确地反映出来。

10.5.1 配合面与接触面结构的合理性

(1) 两个相接触的零件，同一方向上只能有一对接触面，如图10.14所示。这样既保证装配工作能顺利地进行，又给加工带来很大的方便。

(2) 当轴与孔相配合，并且轴肩与孔端面接触时，为了保证良好的接触精度，应将孔加工成圆角、倒角或在轴上加工圆角、退刀槽等，如图10.15所示。

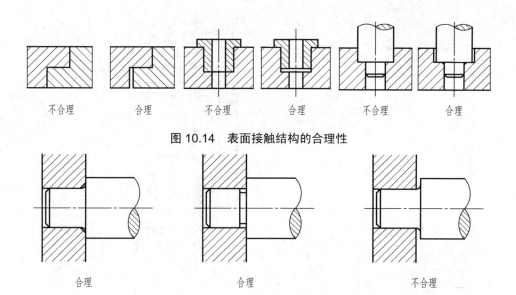

图 10.14　表面接触结构的合理性

图 10.15　孔、轴配合结构的合理性

10.5.2　防漏装置的合理性

为了防止机器(或部件)内部的液体外流，同时也避免外部的灰尘、杂质等侵入，必须采取防漏措施。图 10.16 所示为典型的防漏装置。

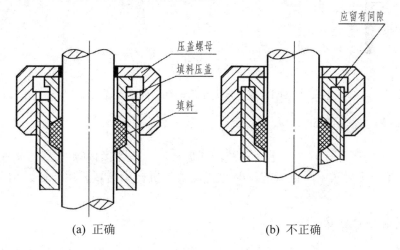

图 10.16　防漏装置

10.5.3　轴向固定装置的合理性

轴上的零件不允许轴向移动时，必须有并紧或定位结构来固定，以防止运动时轴上零件产生轴向移动而发生事故。常用合理的轴向固定装置如下：

(1) 用轴肩固定零件，如图 10.17(a)所示。

(2) 用弹簧挡圈固定零件，如图 10.17(b)所示。

(3) 用挡圈、螺钉固定零件，这种结构要求轴承内圈孔的长度尺寸大于与孔配合的轴的长度尺寸，才能并紧、固定，如图 10.17(c)所示。

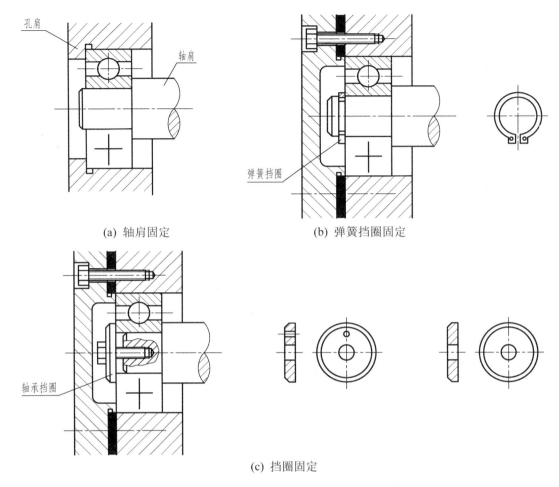

(a) 轴肩固定　　(b) 弹簧挡圈固定

(c) 挡圈固定

图 10.17　常见合理的轴向固定装置

10.5.4　防松结构的合理性

机器(或部件)在工作时，由于受到冲击或振动，一些连接件(如螺纹连接件)可能发生松动、脱落，有时甚至产生严重事故，因此，在某些机构中需要采用防松结构。常用的防松结构如下：

1. 利用双螺母锁紧

如图 10.18(a)所示，利用两螺母在拧紧后相互间所产生的轴向力将螺纹中的螺牙拉紧，使内螺纹与外螺纹之间的摩擦力增大，从而防止螺母自动松脱。

2. 利用弹簧垫圈锁紧

弹簧垫圈是一种开有斜口、形状扭曲的垫圈，具有较大的变形力。当螺母拧紧将它压平时，垫圈产生的反弹力会使螺纹中的螺牙拉紧，使内螺纹与外螺纹之间产生较大的摩擦力，以防止螺母自动松脱，如图 10.18(b)所示。

3. 用圆螺母和止动垫圈锁紧

如图 10.18(c)所示，这种锁紧防松装置常用来固定轴端零件。使用时轴端应加工一个槽，

把垫圈套在轴上,使垫圈内圆上凸起部分卡入轴上的槽中,然后拧紧螺母,再把垫圈外圆上某个凸起部分弯入螺母外圆槽中,从而起到锁紧防松作用。

4. 用开口销和六角槽螺母锁紧

如图 10.18(d)所示,这种锁紧防松装置也常用来固定轴端零件。使用时在拧紧螺母后,在轴端螺母上槽的位置钻一个小孔,穿入开口销,再把销的开口端分开。用六角槽螺母和开口销,可以绝对保证螺纹连接不致松动。

5. 止动垫片锁紧

止动垫片锁紧是将螺母拧紧后,用小锤将止动垫片的一边向上敲弯和螺母的一边贴紧,另一边向下敲弯和被连接件的某一侧面贴紧,从而防止螺母自动松脱。但这种结构的使用要受到环境(被连接件的结构)的限制,如图 10.18(e)所示。

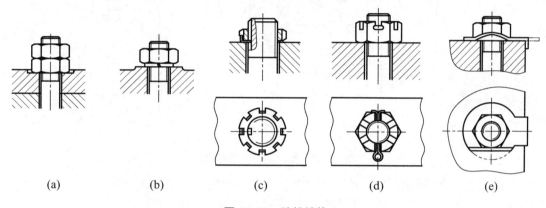

图 10.18　防松结构

10.5.5　便于拆装结构的合理性

(1) 如图 10.19 所示,对于采用销钉连接的结构,为了装拆方便,尽可能将销孔加工成通孔。

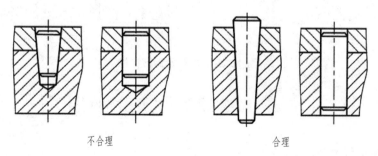

图 10.19　销连接的合理结构

(2) 如图 10.20 所示,当用螺纹连接件连接零件时,应考虑到拆装的可能性及拆装时的操作空间。

(3) 如图 10.21 所示,滚动轴承用轴肩或孔肩定位时,轴肩或孔肩的径向尺寸应小于轴承内圈或外圈的径向厚度尺寸,使维修时拆卸可行并方便。

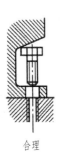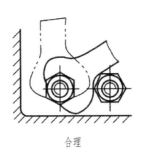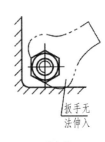

图 10.20　螺纹连接件装拆的合理结构

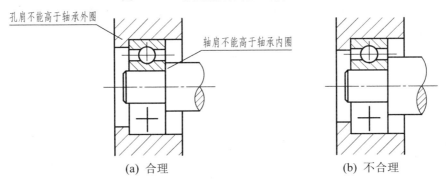

图 10.21　轴承拆装的合理结构

(4) 如图 10.22 所示，为了使盲孔中的衬套能方便拆下，在允许的情况下，箱体上应加工几个工艺螺孔，以便用螺钉将衬套顶出。否则应设计出其他便于拆卸的结构。

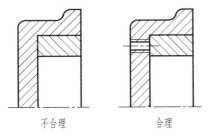

图 10.22　衬套的拆卸结构

10.6　读装配图及拆画零件图

1. 读装配图的要求

(1) 了解装配图的名称、用途、结构及工作原理。
(2) 了解装配体上各零件之间的位置关系、装配关系及连接关系。
(3) 弄清各零件的结构形状和作用，分析判断装配体上各零件的动作过程。
(4) 弄清装配体的拆装顺序。
(5) 能从装配体中拆画零件图。

2. 读图方法和步骤

(1) 概括了解。首先从标题栏入手，了解装配体的名称和绘图比例。从装配体的名称，往往可以知道装配体的大致用途。例如，阀一般用来控制流量起开关作用；减速器则在传动系统中起减速作用；泵是输送液体或使液体增压的机械；台虎钳是夹持工件的通用夹具等。由比例可大致确定装配体的大小。还可借助产品说明书及其他技术资料对装配体的用途作进一步了解。再从明细栏了解零件的名称和数量，大致了解装配体的复杂程度。

(2) 分析视图。首先了解视图、剖视图、断面图的数量，每个视图的表达意图和它们之间的相互关系，找出视图名称、剖切位置等。然后根据零件序号，对照视图，利用剖视图中剖面线的方向或间隔不同及零件间互相遮挡时可见性规律来区分零件，将零件逐一从复杂的装配体中分离出来，对照投影关系，找出该零件在其他视图中的投影，想出该零件的结构形状。

(3) 详细分析。

① 运动形式。运动形式一般可从图样上直接分析，当部件比较复杂时，需参考说明书。分析时，应从机器(或部件)的动力源入手，分析运动如何传递，哪些零件运动，哪些零件不动，运动形式如何(转动、移动、摆动、往复等)。

② 装配关系。分析清楚哪些零件之间是配合的，弄清配合基准制、配合性质，哪些是接触面，哪些是有间隙的。分析零件之间的装配关系，能够进一步了解为保证实现机器(或部件)的功能所采取的相应措施，以便更加深入地了解机器(或部件)。

③ 连接和定位方式。分析连接和定位方式即分析各零件之间是用什么方式连接和固定的，以及零件如何定位。

(4) 归纳总结。在上述分析的基础上，进一步分析装配体的工作原理、装配关系、零件结构形状和作用、拆装顺序、安装方法等。

3. 拆画零件图

在设计过程中，一般根据设计意图先画出装配图，确定其主要结构，为了生产的需要再由装配图拆画零件图，这一过程称为拆图。拆图是在读懂装配图的基础上进行的。拆画零件图的过程也是完成零件设计的过程。

(1) 零件视图的表达。

① 看懂装配图，分离零件。应先读懂装配图，然后根据投影关系、剖面线方向、序号等从装配图中把要拆画的零件分离出来。

② 确定零件的结构、形状。装配图主要表达的是零件间的相互位置和装配关系等，因此在装配图中零件的某些结构、形状并不一定完全表达清楚，这些结构形状在拆画时必须进行构形设计，即在已确定的结构、形状基础上，根据零件的功用、加工工艺的合理性、相邻零件间的形状和零件常用结构等进行综合考虑。在装配图中，某些工艺结构如圆角、倒角、退刀槽等允许采用简化画法，可不用画出，而在零件图中必须把它补画出来。

③ 确定零件视图的表达方案。因装配图和零件图的表达重点不同，所以从装配图中拆画零件图时不宜照搬装配图的视图方案。零件视图的表达方案必须结合该零件的类别、形状特征、工作位置或加工位置来统一考虑。

(2) 零件的尺寸标注。

① 在装配图上已注出的尺寸均为重要尺寸，在拆画零件图时不能随意更改，而要照抄下来。装配图上的配合尺寸在零件图上应标注上相应的公差。

② 对已标准化的尺寸，如键槽、螺纹连接件、工艺结构上的倒角、圆角、退刀槽等结构尺寸，应查阅制图国家标准来确定。

③ 装配图上未注出的尺寸，一般可根据图样比例从装配图上直接量取，并尽量取整数。

④ 各零件之间的相关尺寸应协调，可根据装配图中给出的参数，计算出零件的有关尺寸，如齿轮分度圆直径可用模数和齿数算出。

(3) 零件的技术要求。零件的技术要求是保证零件加工质量的重要内容。表面粗糙度、尺寸公差、形状公差、热处理等技术要求，要根据零件的功用和装配要求来确定。

(4) 填写零件图的标题栏，写明零件的名称、材料、画图比例、数量和图号等内容。

【例 10-1】 读图 10.23 所示换向阀的装配图，拆画阀体 1 和阀门 2 的零件图。

1) 看标题栏

由装配图的名称可知它是阀的一种，用于控制流体管路中流体的输出方向。从明细栏及零件序号可知：它是由 5 种非标准件再加 2 种标准件组成的。

2) 分析视图

主视图采用全剖视图，表达了主要零件之间的装配关系，同时也表达了主要零部件的外形及主要结构；左视图主要表达了阀体接头及手柄的外形，以及阀体接头处三个螺栓孔的分布情况；俯视图主要补充了换向阀的外形，并采用局部剖视图表达了阀体接头处的螺栓孔的结构；另外还有一个 A—A 的断面图用于表达阀门与手柄之间的连接关系。

3) 分析传动路线和工作原理

在图 10.23 所示情况下，流体由阀体右方的孔进入，因上出口不通，就从下出口流出。当转动手柄 5，使阀门 2 旋转 180°时，则下出口不通，就改从上出口流出。根据手柄转动角度不同，还可以调节出口处的流量。

4) 分析连接定位方式

阀体与阀门是靠锥面贴合在一起的；换向阀用的是填料密封，填料由锁紧螺母压紧，锁紧螺母与阀体是通过螺纹来连接的；阀门左端上部铣出了两个平面，上部成方形，下部成半圆形，与手柄同样形状的孔装在一起，以便手柄转动时，阀门能跟随转动；阀门最左端的螺纹与螺母连接在一起，用来固定手柄。

5) 分析装配体各零件的结构形状

由图 10.23 可知只需想象出阀体、阀门、手柄、锁紧螺母的形状，基本上就能确定装配体的形状。换向阀的立体图如图 10.24 所示。

6) 分析尺寸和技术要求

换向阀的规格尺寸为 G3/8，它表示的是 55°非螺纹密封型管螺纹；118、68、66 为总体尺寸，3×φ8、36、50、5 为安装尺寸，是固定换向阀所需的尺寸；M25×1.5 为阀体与锁紧螺母之间的装配尺寸，它们之间用螺纹连接在一起，螺纹大径为 25，螺距为 1.5。

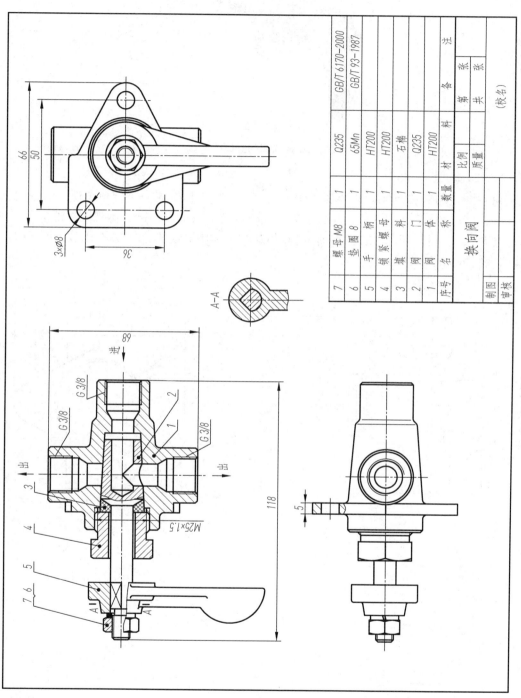

图 10.23 换向阀的装配图

【参考视频】

图 10.24 换向阀的立体图

7) 拆画阀体的零件图

(1) 确定阀体的表达方案。阀体属于箱体类零件，按工作位置原则选择主视图的方向，因此可以采用与装配图相同的表达方法，即主视图全剖、左视图不剖、俯视图局部剖。

(2) 分离阀体。利用剖面线的方向，将阀体从装配体中分离出来，如图 10.25 所示(属于阀体的尺寸可保留不删除)。

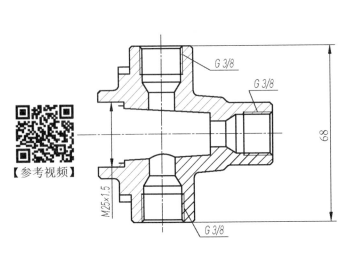

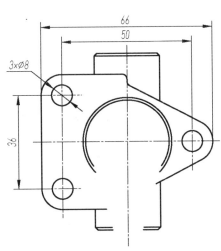

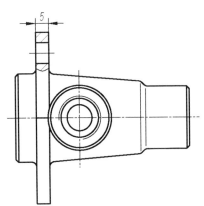

图 10.25 分离出来的阀体

(3) 想象阀体的形状并补全图线。先补全阀体被其他零件挡住的线，如图 10.26 所示。补全最左端被锁紧螺母挡住的线，最左端的 M25×1.5 螺纹孔，需补全它的大小径，并补全剖面线；补全左视图被手柄挡住的线，及被挡住的孔的投影；补全俯视图被锁紧螺母挡住的线。检查并调整图线，如修改上方锥形孔与圆柱孔的相贯线等。

(4) 补全工艺结构。补全装配图所简化的小倒角、圆角等工艺结构，如左端 M25×1.5 螺纹孔应增加倒角。

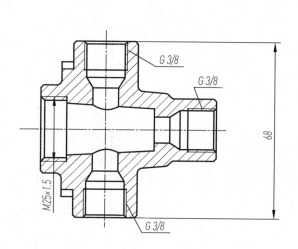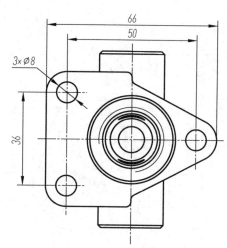

【参考视频】

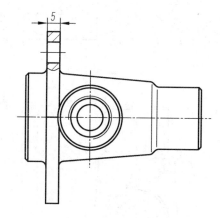

图 10.26 补全图线后的阀体

(5) 标注尺寸及技术要求。

① 抄注尺寸：装配图中除 118 尺寸外，其余均需抄注(原来已保留，可省略此步)。

② 按比例标注其余尺寸：选择好尺寸基准，根据该零件的特点，选择垂直方向孔的轴线作为长度和宽度方向的主要尺寸基准，以水平方向的孔的轴线作为高度方向的主要尺寸基准。

③ 表面粗糙度：阀体各加工表面的表面粗糙度等级，根据各个表面的作用、配合关系，类比同类产品从有关表面粗糙度的资料中选取。阀体内与阀门接触面的表面要求最高，上下左右四个孔的端面均需机加工，其余带圆角的外表面不需要机加工，由此标注出阀体的表面粗糙度。

④ 其他技术要求：根据换向阀的工作要求，结合阀体的作用，类比同类产品注出相应的几何公差及其他技术要求。

最后完成的阀体的零件图如图 10.27 所示。

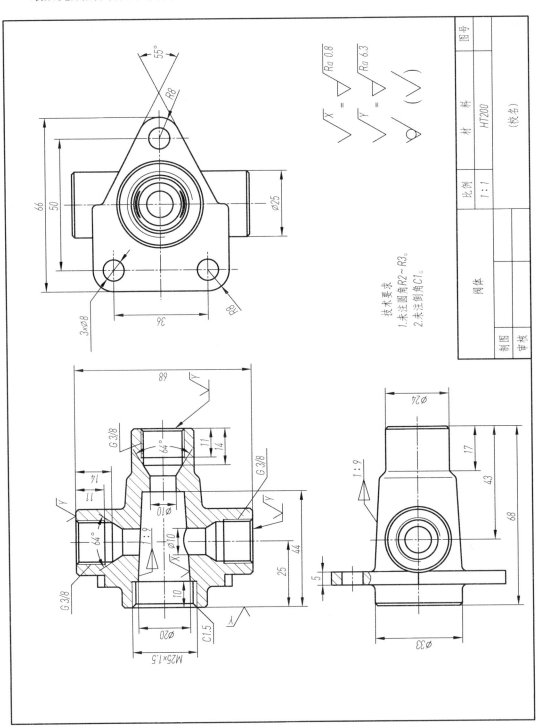

图 10.27 阀体的零件图

8) 拆画阀门的零件图

首先将阀门分离出来，可知阀门为轴类零件，只需一个基本视图，即主视图即可，并且轴线应水平放置；因阀门右端有孔，需进行局部剖；另外安装手柄的位置需用断面图来表达其形状。最后完成的阀门的零件图如图10.28所示。

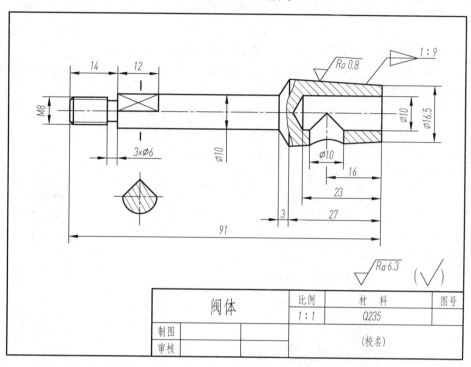

图 10.28　阀门的零件图

10.7　由零件图拼画装配图

若已绘制了机器或部件的所有零件图，当需要一张完整的装配图时，可考虑利用零件图来拼画装配图，提高工作效率。

1. 拟定视图的表达方案

1) 主视图的选择

装配图中常需以装配体的工作位置作为主视图的安放位置，然后选择最能反映装配体的结构特点、装配关系及工作原理的方向作为主视图的投影方向。主视图一般要画成剖视图的形式，以表达内部结构。

2) 其他视图的选择

主视图确定以后，用其他视图来补充主视图中尚未表达清楚或表达不充分的地方。

2. 用 AutoCAD 拼画装配图

用 AutoCAD 拼画装配图的具体步骤如下：

(1) 将各零件图去掉尺寸和技术要求(可关闭这两个图层)，复制到装配图中备用。为了方便区分零件，可以将把不同的零件修改成不同的颜色(将零件所有图线选中，将颜色改成自己设定的颜色)，这样当零件装配到一起更容易区分哪些线是被遮住的，需要删除或修剪。

(2) 按装配顺序，将零件一个个拼装好，在拼装过程中，去掉一些被遮住看不见的线，一般后装上去的零件会挡住先装上去的零件。

(3) 根据所选表达方案，补充绘制某些视图或图线。

(4) 将所有图线颜色改为"bylayer"，标注尺寸，技术要求，然后标注零件序号，填写明细栏和标题栏。

【参考视频】

【例 10-2】 根据弹性辅助支承的立体图及装配示意图(图 10.29)，以及各组成零件的零件图(图 10.30)，拼画出弹性辅助支承的装配图。

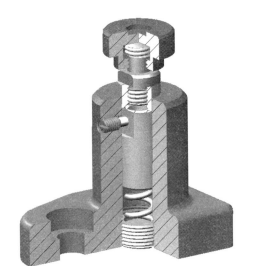
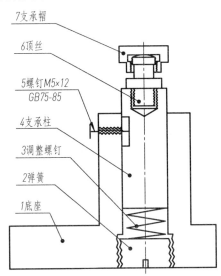

图 10.29 弹性辅助支承的立体图及装配示意图

1) 了解装配体，阅读零件图

弹性辅助支承是一种不起定位作用，不限制自由度，只增加工件或夹具刚度的装置。支承柱 4 由于弹簧 2 的作用能上下浮动，使支承帽能随支承物的变化而始终自位，从而起到辅助支承作用。

2) 确定表达方案

以箭头所示方向作为主视图的投射方向，并作全剖视图，可清楚表达各主要零件的结构、装配关系及工作原理。底座底板的形状必须要俯视图才能表达清楚，因此增加一个俯视图，用于表达外形。

具体绘图过程如下：

(1) 新建一个文件，插入底座的主视图和俯视图，如图 10.31(a)所示。

(2) 将支承柱的主视图镜像，并旋转-90°，然后装入底座ϕ18H9 的孔中，让支承柱的槽的中心与 M6 的螺纹孔的中心线对齐，并删除支承柱挡住底座的线，如图 10.31(b)所示。

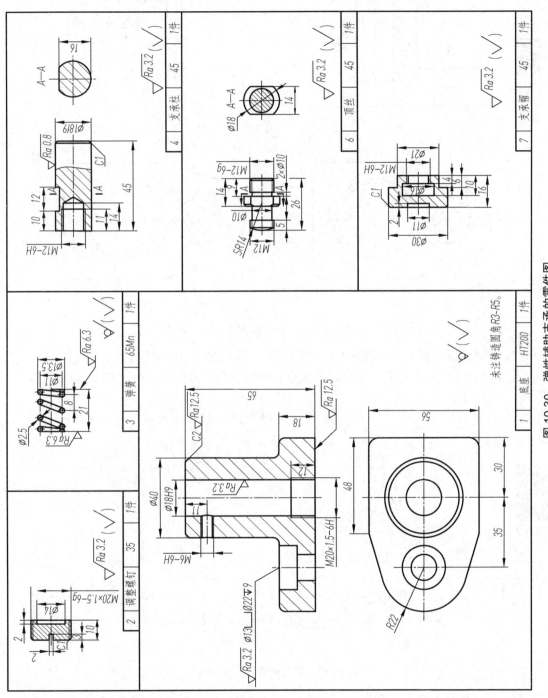

图 10.30 弹性辅助支承的零件图

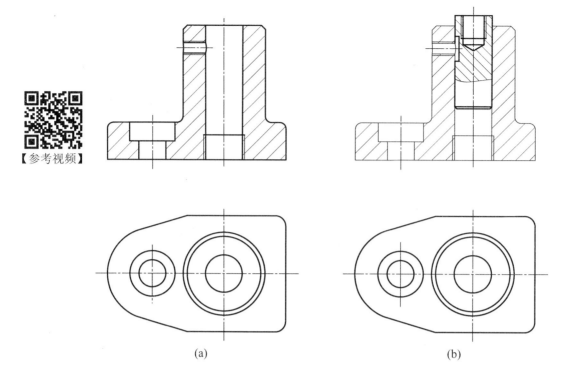

图 10.31 装入底座和支承柱

(3) 将调整螺钉插入,并旋转 90°,然后装入底座 M20×1.5-6H 的孔中,底部平齐,原螺纹孔与螺钉重叠部分需按外螺纹画,底座与螺钉重合部分的螺纹线及剖面线需修改,如图 10.32(a)所示。

(4) 将弹簧需调整一下节距,让其高度等于然后装入支承柱与调整螺钉之间,如图 10.32(b)所示。

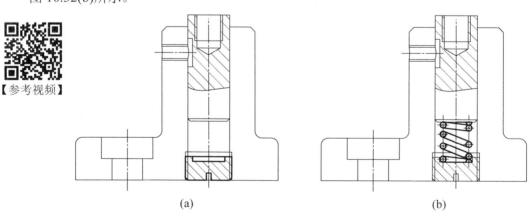

图 10.32 装入调整螺钉和弹簧

(5) 根据螺钉 M6×12 GB/T 75—1985 标记,按近似比例画法绘制螺钉,如图 10.33 所示;然后按投影关系,补全俯视图的投影。

(6) 检查,标注尺寸及技术要求,标注零件序号,绘制明细表,最后得到的装配图,如图 10.34 所示。

第10章 装配图

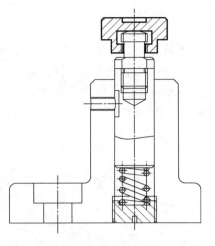

【参考视频】

图 10.33 装入螺钉

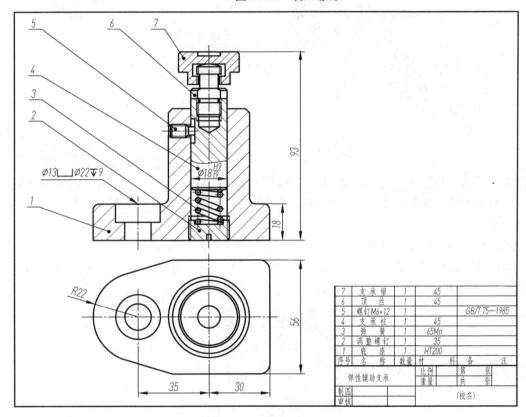

【参考视频】

图 10.34 弹性辅助支承的装配图

10.8 装配体测绘

对机器或部件实物，通过观察了解及拆卸测量，画出其装配示意图、零件草图、装配图和零件工作图的过程，称为装配体的测绘。在实际生产中，无论是仿制产品、技术革新，还是设备改造与修配，都离不开测绘工作。下面以齿轮油泵为例说明装配体测绘的方法与步骤。

1. 了解装配体

根据实物、产品说明书和使用者的意见等详细了解所要测绘的装配体的用途、工作原理、规格、性能、结构特点等，把它的基本情况研究清楚，为测绘和技术改进做好准备。

齿轮油泵是机器润滑、供油系统中的一个常用部件，主要由泵体、左右端盖、一对齿轮轴、密封零件和标准件等构成，图 10.35 所示为其组成的立体图。

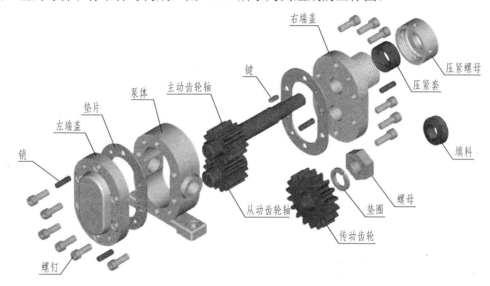

图 10.35　齿轮油泵的立体图

齿轮油泵的工作原理如图 10.36 所示。齿轮油泵的齿轮转动时，在啮合区后侧，齿轮轮齿脱出啮合，轮齿间的间隙增大，使啮合区后侧空间压力下降，油池内的油在大气压的作用下进入油泵低压区内的吸油口，再进入轮齿间隙，通过齿轮的转动又被带入啮合区前侧；同时，在啮合区前侧，齿轮轮齿进入啮合，轮齿间的间隙减小，啮合区前侧空间压力上升，使高压区的油从出油口压出。如此不断吸入、压出，油池内的油就被齿轮油泵源源不断送往各润滑管路中以供润滑。

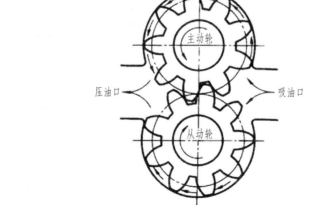

图 10.36　齿轮油泵的工作原理

【参考动画】

2. 拆卸装配体

先制订拆卸顺序，然后按正确的方法拆卸。拆卸时需注意以下几点：

(1) 不可拆卸的部分，如过盈配合的衬套、销、机壳上的螺柱，以及一些经过调整且拆开后不易调整复位的零件或配合精度高的零件，应尽量不拆或少拆，以免降低精度或损坏零件。

(2) 拆卸装配体之前，首先应测量一些必要的数据，如零件之间的相对位置、运动的极限位置尺寸等。

(3) 拆卸后要对零件进行编号、清洗，并妥善保管，以避免零件损坏、变形生锈或丢失，以便在再装配时仍能保证部件的性能要求。

3. 绘制装配示意图

装配示意图是用规定的符号和较形象的图线绘制的图样，是一种表意性的图示方法，用以表达装配体中每个零件的相互位置、连接关系及装配关系等，从中可以看出整个装配体的工作原理和传动路线，画装配示意图应注意以下几点：

(1) 除轴承、齿轮、弹簧等示意图应按国家标准(GB/T 4460—1984)中规定的符号绘制外，一般零件可用简单图形画出其大致轮廓，形状简单的零件，如螺钉、轴等可用线段表示。

(2) 按透明方法绘制(不存在遮盖问题)。各零件的表达，既画外形轮廓，又画内部结构，也不受其前后层次的限制，以使所有零件尽量集中在一个或两个视图上表达出来。

(3) 装配示意图一般按装拆顺序对零件进行编号，并以指引线方式说明零件的编号、名称和数量，最后对所有零件的编号、名称、数量、材料及标准件的标准代号列出明细表。

图 10.37 为齿轮油泵的装配示意图。

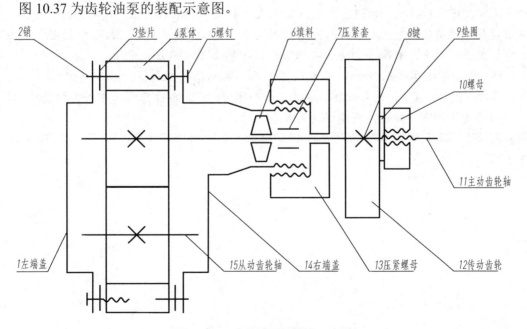

图 10.37　齿轮油泵的装配示意图

4. 绘制零件草图

除标准件外，每一个零件都应该画出草图。草图应具备零件图的所有内容。画零件草图时应注意到零件间尺寸的协调。标准件不用画零件草图，应测量出其规格尺寸，并与标准手册进行核对，写出它们的标记。

5. 画装配图

根据装配示意图和零件草图绘出装配图。绘制的装配图不仅要表达清楚装配体的工作原理、装配关系、连接方式和主要零件的结构形状，而且还要使零件草图上的相应尺寸合理并协调一致。

6. 绘制零件工作图

装配图完成后，再根据装配图和经过校对、改正的零件草图，详细绘制所有非标准件的零件图，得到此装配体的一整套图纸资料，测绘工作即完成。

小　　结

(1) 掌握装配图的规定画法和特殊画法，并能在读装配图及拼画装配图中灵活运用。

(2) 读装配图时应根据零件序号和明细表，利用剖面线的方向和间隔的不同将各零件从装配图中分离出来，再通过形体分析法想象出各零件的形状及相对位置，进而想象出装配体的结构。由装配体的名称，结合装配体的结构及各组成零件的功用，进一步分析出装配体的工作原理。

(3) 从装配图拆画出零件图也是工程技术人员必备的一项技能，除了要看懂装配图外，还需良好地掌握零件表达方案的选择及尺寸和技术要求的标注。在拆图时，需注意螺纹连接处的拆法，先判断所拆零件上的螺纹是外螺纹还是内螺纹，按螺纹的规定画法将螺纹大小径补全；有配合的地方要从配合代号拆出零件的公差代号。

(4) 拼画装配图要选择好装配体表达方案，装配体的主视图应以表达工作原理为主，另外利用 AutoCAD 画装配图、组装一个个零件时，需要注意哪个零件是被遮住的，需要将哪些线删除，特别注意螺纹连接处的画法。

第 11 章

三维绘图基础

学习目标

(1) 掌握拉伸、旋转、扫掠、放样的基本概念,能合理地选择建模方法。
(2) 能用 AutoCAD 绘制中等难度的三维模型图,会由三维模型图生成工程图。
(3) 能用 AutoCAD 绘制常见的网格曲面,会创建多个视口。
(4) 掌握 AutoCAD 三维装配方法与技巧,能进行简单零部件的装配。

随着三维技术在生产生活中的应用，AutoCAD 三维设计功能越来越受到设计人员的青睐。虽然它不是主流的三维软件，但它的建模思路与其他三维软件是相通的。

11.1 基本概念

11.1.1 三维图形的分类

用计算机绘制三维图形的技术称为三维造型。AutoCAD 可绘制的三维图形有线框模型、表面模型和实体模型 3 种，见表 11-1。

表 11-1 三维图形的分类

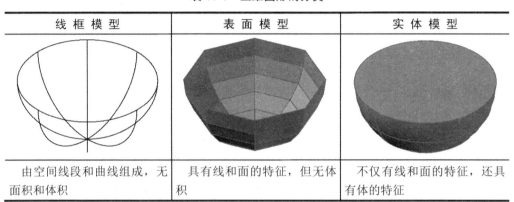

线框模型	表面模型	实体模型
由空间线段和曲线组成，无面积和体积	具有线和面的特征，但无体积	不仅有线和面的特征，还具有体的特征

11.1.2 用户坐标系

默认情况下，AutoCAD 坐标系是世界坐标系，该坐标系是一个固定坐标。用户也可以在三维空间建立自己的坐标系(UCS)，该坐标系是可变动的坐标系。AutoCAD 大部分 2D 命令只能在当前坐标系的 XY 平面或与 XY 平面平行的平面内使用，如果想在空间的某个平面内使用，应先在此平面上用 UCS 命令创建新的坐标系，所以在绘制三维图形的过程中经常需要创建和调整 UCS 坐标系。

除了 UCS 改变坐标系外，AutoCAD 用户可打开动态 UCS 功能，当光标移动到某个面时，会自动以该面作为 XY 平面。按 F6 键或选择  命令可打开或关闭动态 UCS。

【例 11-1】 在三维空间按要求创建坐标系。

1. 改变坐标原点[图 11.1(a)]

键入 UCS 命令，AutoCAD 提示：

```
指定 UCS 的原点或 [面(F)/命名(NA)/对象(OB)/上一个(P)/视图(V)/世界
(W)/X/Y/Z/Z轴(ZA)]<世界>：           //捕捉A点，作为坐标原点
指定 X 轴上的点或 <接受>：              //按 Enter 键
```

2. 将 UCS 坐标系绕 X 轴旋转 90° [图 11.1(b)]

键入 UCS 命令，AutoCAD 提示：

```
指定UCS的原点或[面(F)/命名(NA)/对象(OB)/上一个(P)/视图(V)/世界(W)/X/Y/Z/Z轴
(ZA)]<世界>:X                                              //使用X选项
    指定绕X轴的旋转角度 <90>:                              //按Enter键,使用默认值
```

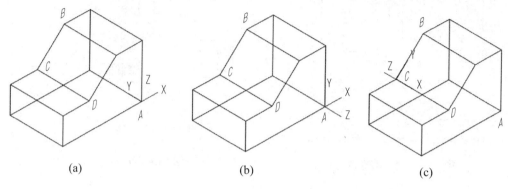

图 11.1 UCS 创建坐标系

3. 利用三点创建新坐标系[图 11.1(c)]

```
指定UCS的原点或[面(F)/命名(NA)/对象(OB)/上一个(P)/视图(V)/世界(W)/X/Y/Z/Z轴
(ZA)]<世界>:                                //捕捉C点,作为坐标原点
    指定X轴上的点或 <接受>:                 //捕捉D点,作为X轴上点
    指定XY平面上的点或 <接受>:              //捕捉B点,作为XY平面上点
```

11.1.3 观察三维模型

建立三维视图，离不开观察视点的设置，即设定用户观察三维对象的方向的点，也就是定位眼睛的位置。

1. 用标准视图观察三维实体

AutoCAD 提供了 10 种标准视图的查看方式，单击视图工具栏中三维导航中的小三角，在下拉列表中可选择标准视图，如图 11.2 所示。

2. 设置视点观察三维实体

可通过 VPOINT 命令设置视点，改变观察的角度和方向，如图 11.3 所示。

图 11.2 三维导航

3. 用 ViewCube 工具观察三维实体

利用 AutoCAD 右上角的 ViewCube 工具也可调整视图显示方向，如图 11.4 所示。

4. 用三维动态观察器观察三维实体

方法一：在 AutoCAD 右边的导航栏中选择 命令后按住鼠标左键可进行三维动态旋转，结束后按鼠标右键退出。

方法二：同时按住 Ctrl 键和鼠标左键，即可进行三维动态旋转。

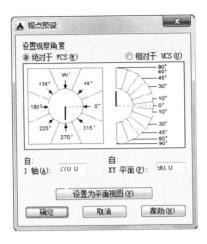

图 11.3 视点的设置

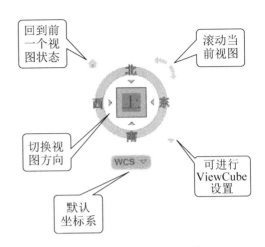

图 11.4 ViewCube 工具

11.1.4 视觉样式

为了使绘制的三维模型更具有立体真实感，AutoCAD 提供了多种视觉样式供用户使用，如图 11.5 所示。在具体绘图中要根据自己的需要进行视觉样式的切换。

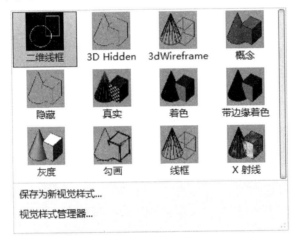

图 11.5 视觉样式的选择

11.2 绘制三维实体和曲面

AutoCAD 提供了长方体、圆柱体、圆锥体、球体、棱锥体、圆环体等基本体的建模命令，这些基本体可使用相应的命令，输入相应的尺寸后直接绘制。而大多数情况三维实体是在二维图形的基础上通过拉伸、旋转、扫掠和放样等方式创建出来的。

11.2.1 通过拉伸创建三维实体和曲面

EXTRUDE 命令可以拉伸二维对象生成三维实体或曲面，如果拉伸对象是首尾相连并闭合的环，而且为一个整体(如圆、多段线、多边形、椭圆、面域等)，则拉伸成实体，否则拉伸成曲面。设置拉伸倾斜角，可拉伸成类似放样的效果，另外按路径拉伸，也可拉伸成类似扫掠的效果，如图11.6所示。

图 11.6　拉伸创建实体和曲面

如果要将多条线段围成的图形拉伸成实体，则需先把它们创建成面域，再作拉伸。面域的创建方法有如下两种：

第一种，利用面域命令 ◎ (或键入"REG")，必须是一个闭合的曲线环才能创建成面域，如图11.7所示。

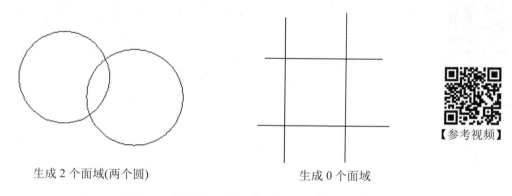

图 11.7　用面域工具生成面域

第二种，利用边界命令 □ (或键入"BO")，边界命令类似图案填充命令，只要图形封闭即可创建面域，如图11.8所示。

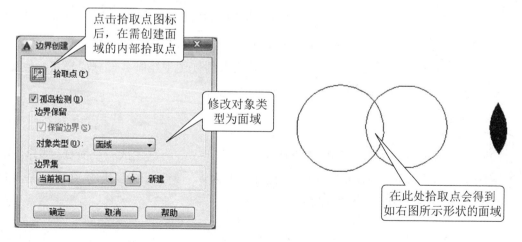

图 11.8　用边界命令创建面域

面域可以进行并集、差集、交集运算(也称布尔运算)，效果如图 11.9 所示。

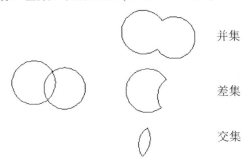

图 11.9　面域的布尔运算

【例 11-2】　创建图 11.10 所示支架的三维模型。

【参考视频】

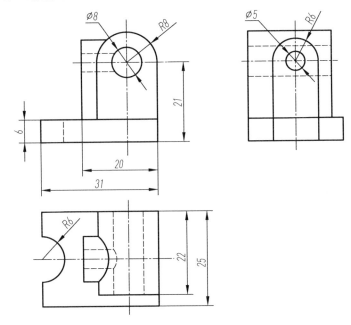

图 11.10　支架的三视图

分析：该模型由底板、U 形块和 U 形凸台三部分组成。这三部分别是俯视图、主视图、左视图反映实形，因此可在反映实形的视图中绘制各部分的形状，然后拉伸即可。

创建步骤如下：

1) 创建底板

在默认俯视状态绘制如图 11.11(a)所示的图形，并将其生成一个面域；选择 拉伸 命令，选择刚才创建的面域，设置为拉伸高度为 6，按 Enter 键，切换到西南等轴测，显示效果如图 11.11(b)所示。

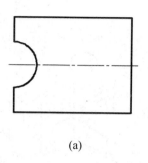 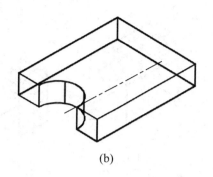

图 11.11 底板的创建

2) 创建 U 形块

切换到前视图,绘制如图 11.12(a)所示图形,并把它创建成面域,再选择 ![拉伸]命令,设置拉伸高度为 22,切换到西南等轴测,显示效果如图 11.12(b)所示。

3) 创建凸台

切换到左视图,绘制如图 11.13(a)所示图形,并将其创建成面域,再选择 ![拉伸]命令,设置拉伸高度为 12,切换到西南等轴测,显示效果如图 11.13(b)所示。

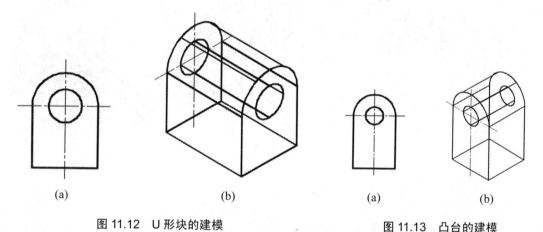

图 11.12 U 形块的建模　　　　　　　　　图 11.13 凸台的建模

4) 组合各组成部分

在底板上绘制一条距右面 20、长 12.5 的线,作为凸台定位基准线;然后利用移动命令,将各部分组合在一起,如图 11.14(a)所示;完成后的效果如图 11.14(b)所示。

5) 布尔运算

首先选择"实体编辑"中的并集工具 ⊙,选中底板、U 形块主体、凸台主体,按 Enter 键,可将三个实体合成一个实体,效果如图 11.15(a)所示;再选择"实体编辑"中的差集工具 ⊙,先选择刚合并的实体,按 Enter 键后再选择 U 形块及凸台的孔,这样可在实体上挖出孔来,效果如图 11.15(b)所示;更改视觉样式,以"着色"的方式显示,效果如图 11.15(c)所示。

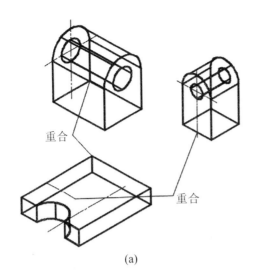
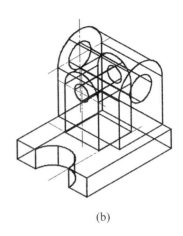

(a) (b)

图 11.14 组合各部分

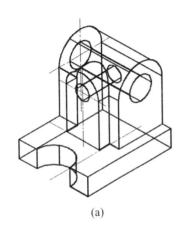
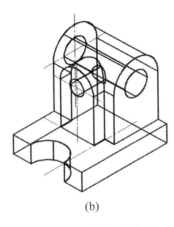

(a) (b) (c)

图 11.15 布尔运算

11.2.2 通过旋转创建三维实体和曲面

REVOLVE 命令可以旋转二维对象生成三维回转体，同样当二维对象是闭合的整体时，则生成实体，如图 11.16 所示。可以通过选择直线、指定两点或 X、Y 轴来确定旋转轴。

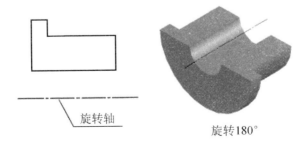

图 11.16 旋转创建实体

【例 11-3】 创建图 11.17 所示导轮的三维模型。

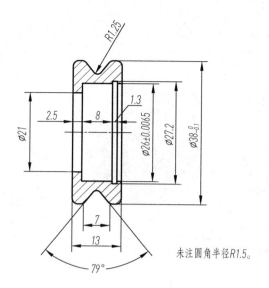

未注圆角半径R1.5。

【参考视频】

图 11.17 导轮

分析：导轮为一回转体，而且内部有不同直径的孔，可利用旋转方式创建。

创建步骤如下：

1) 旋转出导轮的外形

先绘制导轮最外部的轮廓线(以中心线为界只画一半，圆角先不画)，如图 11.18(a)所示，然后将其生成面域。选择 命令，选取刚才生成的面域，按 Enter 键确认，再选择中心线的两个端点定义旋转轴，输入旋转角度(默认 360°)，即可得到导轮的外形，如图 11.18(b)所示。

2) 旋转出导轮内部的孔

绘制导轮内部孔的轮廓线，如图 11.19(a)所示，然后生成面域，旋转该面域，得到如图 11.19(b)所示图形。

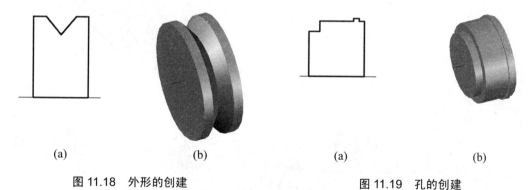

(a)　　　　(b)　　　　　　　　(a)　　　　　(b)

图 11.18 外形的创建　　　　　图 11.19 孔的创建

3) 布尔运算

选择移动命令 ，基点选择上一步创建实体的左端面的圆心，第二点选择第一步创建实体的左端面的中心，如图 11.20(a)所示。选择差集工具 ，先选择第一步创建的实体，按 Enter 键后选择第二步创建的实体，得到如图 11.20(b)所示的实体。

4) 倒圆角

选择 命令，输入"R"，按 Enter 键，输入半径"1.5"，然后选择导轮外面的四条边

(选择时将图11.21(a)所示左下方的绿色小框对准边线后单击)，即可画出圆角。重复圆角边，将半径改为11.25后，再选凹槽底部的线，倒圆角后效果如图11.21(b)所示。

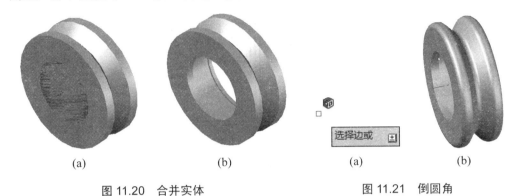

(a)   (b)   (a)   (b)

图 11.20   合并实体   图 11.21   倒圆角

11.2.3 通过扫掠创建三维实体和曲面

SWEEP 命令可以将平面轮廓沿二维或三维路径扫掠成三维实体或曲面。扫掠时，轮廓会被自动移到并被调整到与路径垂直的方向。默认情况，轮廓的形心与路径起始点对齐，也可指定轮廓的其他点作为扫掠对齐点，如图11.22所示。如果扫掠路径由很多线段组成，不是一个整体，则可以先用 PEDIT 命令合并成多段线。扫掠路径是三维线段，各线段不在同一平面，则无法合并，这时只能分段扫掠。

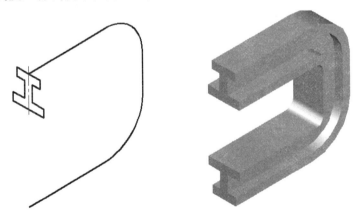

图 11.22   扫掠三维实体

【例 11-4】已知弹簧的旋向为右旋，中径为ϕ30mm 圈数为5，簧丝直径为3mm，节距为6mm，如图11.23所示，创建弹簧的三维实体。

创建步骤如下：

1) 绘制螺旋线

切换到左视图，选择绘图面板下的螺旋线 命令，拾取一点作为螺旋线底面的中心，然后输入"15"作为螺旋线底圆半径，按 Enter 键，默认顶圆半径也为15，输入"T"，按 Enter 键，输入圈数"5"，输入"H"，按 Enter 键，再输入"6"作为圈高(即节距)，即可绘制一条螺旋线，切换到西南等轴测，

【参考视频】

图 11.23   弹簧的三维图

如图 11.24(a)所示。

2) 绘制扫掠对象

在螺旋线的端点，画一个半径为"1.5"的圆，如图 11.24(b)所示。

3) 扫掠

选择 命令，先选择圆作为扫掠对象，按 Enter 键，再选取螺旋线作为扫掠路径，圆在扫掠过程中会自动对齐到路径，扫掠完成后如图 11.24(c)所示。

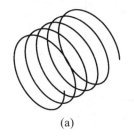 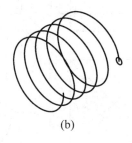 

(a)　　　　　　　　　　　(b)　　　　　　　　　　　(c)

图 11.24　螺旋弹簧的绘制

11.2.4　通过放样创建三维实体和曲面

Loft 命令可对一组平面轮廓曲线进行放样形成实体或曲面。放样实体或曲面的形状的控制方式有三种：第一种，利用放样路径控制，如图 11.25(a)所示，放样路径要与各个截面相交；第二种，用导向曲线控制放样形状，轮廓的导向曲线可以有多条，不过每条导向曲线必须与各轮廓相交，始于第一轮廓，止于最后一个轮廓，如图 11.25(b)所示；第三种，仅横截面，通过放样设置对话框，设置选择不同形式的曲面连接方式来控制形状，如图 11.26 所示。

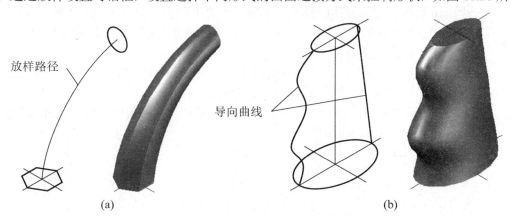

(a)　　　　　　　　　　　　　　　　　　　　(b)

图 11.25　路径放样与导向曲线放样

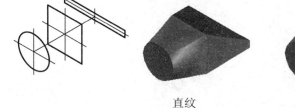  

直纹　　　　　　　　平滑拟合　　　　　　　法线指向

图 11.26　仅横截面放样的不同设置效果

【例 11-5】 创建如图 11.27 所示的模型。

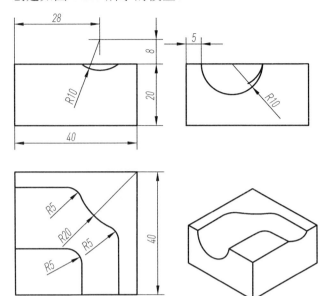

【参考视频】

图 11.27 模型的三视图

创建步骤如下：

(1) 选择"图元"中的 长方体 命令，拾取一点作为第一个角点，然后输入"@40，40"，按 Enter 键，再输入"20"，即可绘制出长方体，如图 11.28(a)所示。

(2) 先确认动态 UCS 是打开状态，然后选择画圆命令，在长方体的左端面绘制一个 $R10$ 的圆，在长方体的最前方绘制一个 $R10$ 的圆，如图 11.28(b)所示。

(3) 切换到俯视图，在长方体的上表面绘制两条曲线，每条绘制完成用 PE 命令连接起来，如图 11.28(c)所示。

(4) 选择 放样 命令，选择 $R10$ 的两个圆后按 Enter 键，选择"导向"命令，然后选择上表面的那两条曲线，得到如图 11.28(d)所示图形。

(5) 选择差集工具 ，先选择长方体，而后在需要减去的实体中选择放样实体，得到如图 11.28(e)所示的图形。

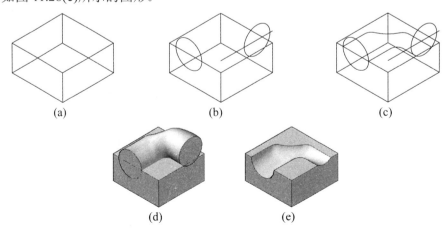

图 11.28 导向放样图形的绘制过程

11.2.5 三维建模综合举例

AutoCAD 除了常用的建模命令,还有一些实体编辑工具可用,除了前面用到的倒角、圆角、抽壳及布尔运算,还能对已有的线、面进行编辑(如提取边、复制边、压印、拉伸面、旋转面、偏移面、复制面等)。

【例 11-6】 绘制图 11.29 所示箱体的三维实体。

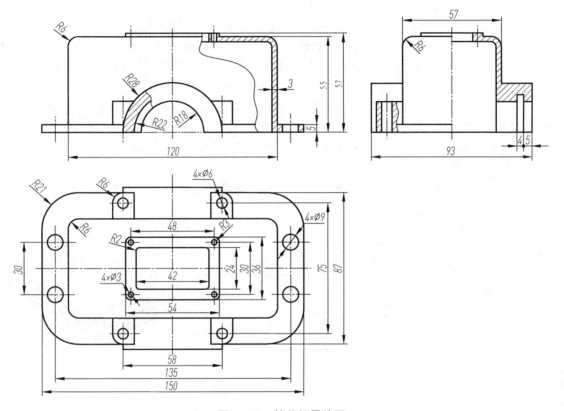

图 11.29 箱盖的零件图

通过形体分析可知该箱盖由五个部分组成,左右前后都对称。
创建步骤如下:
1) 绘制箱盖的主体结构
分析:箱盖的主体部分为带圆角的长方体,里面为空的,而且壁厚均匀。
(1) 绘制一个长 120、宽 57、高 55 的长方体,如图 11.30(a)所示。

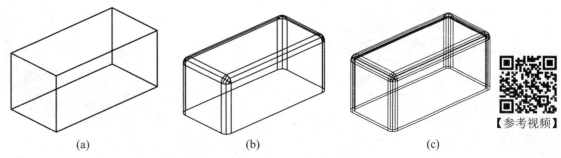

图 11.30 箱体主体结构的建模

(2) 选择"实体编辑"中的 圆角边 命令,将圆角半径改为"6",然后选择需圆角的边,按 Enter 键确认后如图 11.30(b)所示。

(3) 选择"实体编辑"中的 抽壳 命令,选择刚才的长方体,再选择底面作为要删除的面,按 Enter 键确认(会提示:找到一个面,已删除 1 个),然后输入抽壳偏移距离"3",按 Enter 键确认,如图 11.30(c)所示。

2) 绘制结合面

分析:底面俯视图反映实形,而且外形与箱体俯视图类似。

(1) 选择"实体编辑"中的 提取边 命令,将状态栏的"过滤对象选择"方式改为"边",选择 命令,依次选择箱体底面最外面的轮廓线,如图 11.31(a)所示,按 Enter 键确认。

(2) 将刚才提取的所有的边往外偏移"15",得到如图 11.31(b)所示的两个环形图线。选择"绘图"中面域工具 ,选择这两个环形图线,生成两个面域。选择布尔值中的差值,先选择大的面域,再选择小的面域,得到一个环形的面域;然后绘制底板上的四个 $\phi 9$ 的圆。

(3) 拉伸刚才创建的面域及四个小圆,拉伸高度为"5",效果如图 11.31(c)所示。

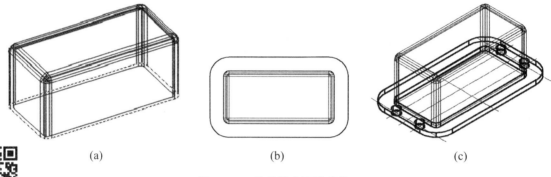

图 11.31 箱盖结合面的建模

3) 绘制前后的半圆形轴承座及孔

(1) 切换到主视图,绘制半圆图形后拉伸,拉伸高度为"18",效果如图 11.32(a)所示。

(2) 切换到左视图,绘制如图 11.32(b)所示图形,将其生成面域后旋转,旋转"360"度,并将其移动到相应的位置,如图 11.32(c)所示。

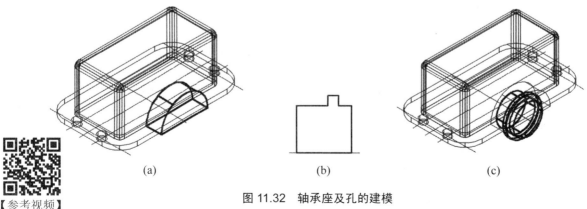

图 11.32 轴承座及孔的建模

4) 绘制轴承座两侧凸台及孔

(1) 切换到俯视图,绘制如图 11.33(a)所示图形,将其生成面域后拉伸,拉伸高度为"18",效果如图 11.33(b)所示。

(2) 镜像上一步及这一步创建的对象,如图 11.33(c)所示。

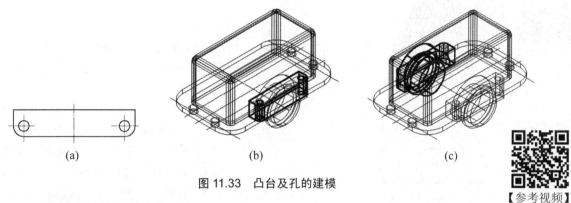

图 11.33　凸台及孔的建模

5) 绘制顶部长方形凸台及孔

切换到俯视图,绘制如图 11.34(a)所示图形,生成面域后拉伸,拉伸高度为"-5",效果如图 11.34(b)所示。

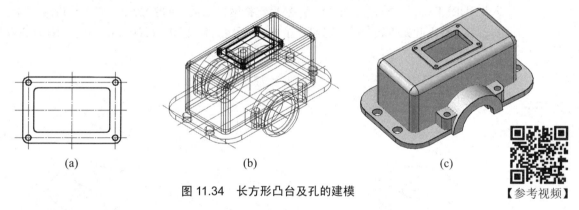

图 11.34　长方形凸台及孔的建模

6) 布尔运算

把箱体与结合面、半圆柱形的轴承座、凸台合并到一起,然后把合并后的实体减去所有的孔即可得到整个箱盖的形状,以灰度模式显示,如图 11.34(c)所示。

11.3　绘制三维网格曲面

除了拉伸、旋转、扫掠、放样创建曲面以外,AutoCAD 还提供了一些网格曲面创建方式。网格曲面主要通过调整 surftab1(曲面经线数)和 surftab2(曲面纬线数)这两个变量来控制曲面的平滑度。

11.3.1　绘制旋转网格曲面

要绘制旋转网格曲面必须有母线及旋转轴。

【参考视频】

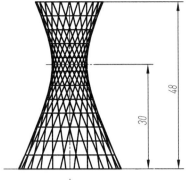

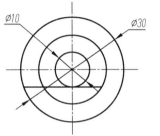

图 11.35 旋转网格曲面

【例 11-7】 绘制如图 11.35 所示的网格曲面，底圆直径为φ30mm，喉圆直径为φ10mm，保留母线。曲面经线数取 24，曲面纬线数取 12，并在模型空间创建四个视口，分别是主视、俯视、左视及西南等轴测。

创建步骤如下：

(1) 在默认的俯视状态下绘制两个直径分别为φ10、φ30 的圆和一条与小圆相切的直线，如图 11.36(a)所示。

(2) 绘制一条沿 Z 轴方向的轴线，将小圆及中心线向上复制一份，距离为 30，如图 11.36(b)所示。

(3) 在 A、B 之间绘制一条直线，并将第一步绘制的切线向上偏移 48，如图 11.36(c)所示。将直线 AB 延长到切线的平行线上，如图 11.36(d)所示；删除多余的辅助线，留下母线和轴线，如图 11.36(e)所示。

(4) 输入"SURFTAB1"，将值改为"24"，再输入"SURFTAB2"，将值改为"12"，然后选择网格面板中的 命令，先选择母线，再选择轴线，输入起始旋转角(默认为 0°)，输入指定夹角(默认为 360°)，得到如图 11.36(f)所示的图形。

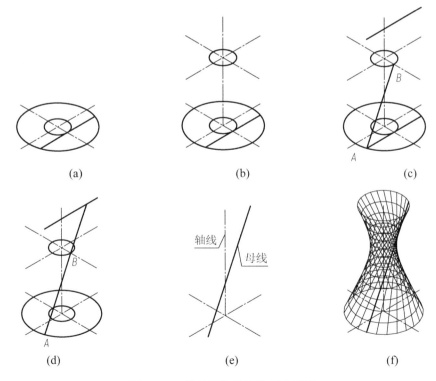

图 11.36 旋转网格曲面的创建过程

(5) 选择 命令，在弹出的视口对话框中，按图 11.37 所示进行设置，即可得到如图 11.38 所示的四个视口。为了方便将来在这四个视口和单个视口之间切换，可以在对话框中输入视口的名称，将这四个视口保存下来。

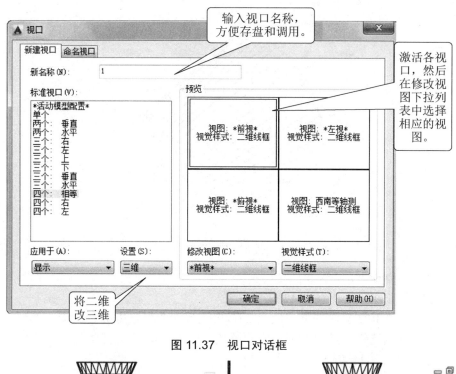

图 11.37　视口对话框

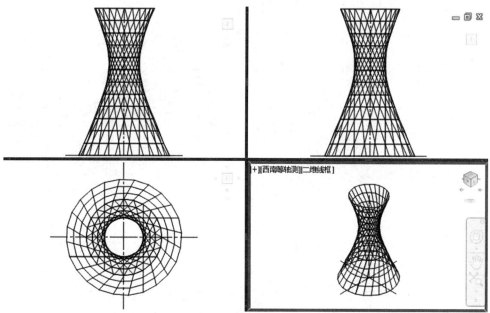

图 11.38　四个视口

11.3.2　绘制直纹网格曲面

在 AutoCAD 中，可以将两个指定的曲线之间进行直线连接，根据两个曲线的轮廓形成一个指定密度的网格。

【例 11-8】 绘制如图 11.39 所示的直纹网格曲面，曲面经线数为 24。

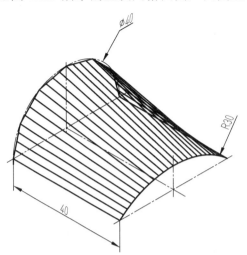

【参考视频】

图 11.39　直纹曲面

绘制步骤如下：

(1) 绘制如图 11.40(a)所示图形。

(2) 将 SURFTAB1 的值修改为 24，再选择曲面网格中的 命令，然后在多边形和圆弧上分别选择一点，即可得到如图 11.39 所示图形。[注意这两点位置选择不当时，会出现如图 11.40(b)所示图形。]

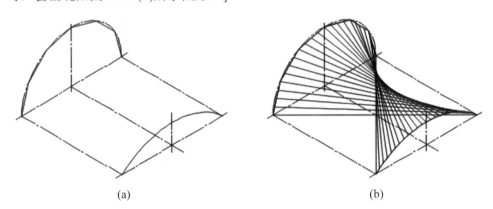

(a)   (b)

图 11.40　直纹曲面的创建

11.3.3　绘制边界网格曲面

在 AutoCAD 中可以将四条首尾连接的边创建成三维多边形网格，这四条边必须在端点处依次相连，形成一个封闭的路径。

【例 11-9】 按图 11.41 所示的形状和尺寸做出曲面造型，曲面经线数和纬线数均取 36。

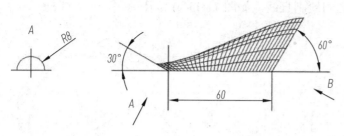
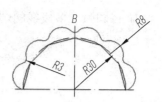

图 11.41　边界网格曲面的视图

【参考视频】

绘制步骤如下：

(1) 切换到前视方向，绘制如图 11.42(a)所示的点画线。

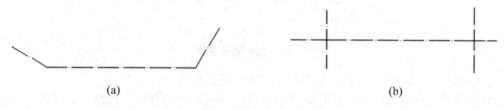

图 11.42　绘制中心线

(2) 切换到俯视方向，绘制点画线，如图 11.42(b)所示。
(3) 利用 UCS 命令，创建如图 11.43(a)所示的坐标系。

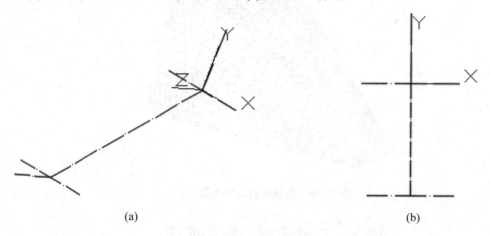

图 11.43　新的坐标系及绘图平面的创建

(4) 执行 PLAN 命令，按 Enter 键，默认选择当前 UCS，调整绘图平面，如图 11.43(b)所示。

(5) 绘制如图 11.44 所示图形，绘图参考过程：先绘制 R30 圆，然后绘制正十二边形，以正十二边形每边的中点绘制 R8 的圆弧，然后绘制 R3 圆角，最后使用 PEDIT 命令，将绘制的曲线连接成一条多段线。

(6) 再次利用 UCS 命令，将坐标创建在如图 11.45(a)所示的位置，然后绘制 R8 的半圆。

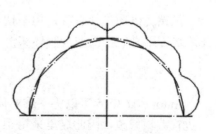

图 11.44　绘制边界曲线

(7) 在圆弧及多段线的端点之间绘制直线，如图 11.45(b)所示。

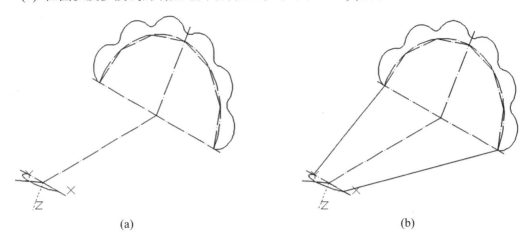

图 11.45　绘制边界曲线

(8) 将 surftab1 的值改为 36，然后将 surftab2 的值改为 36。

(9) 选择边界网格(EDGESURF)命令，依次选择所绘制的直线、圆弧、多段线，生成曲面如图 11.46 所示。

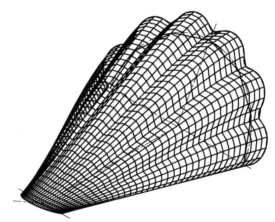

图 11.46　生成边界网格曲面

11.4　三维图转二维平面图

虽然三维图形很直观，但不便于标注尺寸，在实际生产中，一般还需要二维平面图形来表达零部件。下面通过阀体实例，介绍三维图转二维平面图。

11.4.1　视图的生成

AutoCAD 2015 可以将三维实体直接投影生成二维视图，但由于直接投影生成的视图无法进行编辑修改，因此这里采用正交投影法创建布局视口并生成三维实体的多面视图及剖视图，再编辑成零件图。

第 11 章 三维绘图基础

【例 11-10】 根据如图 11.47 所示的零件图绘制出阀体的三维图，并由三维图生成零件图。

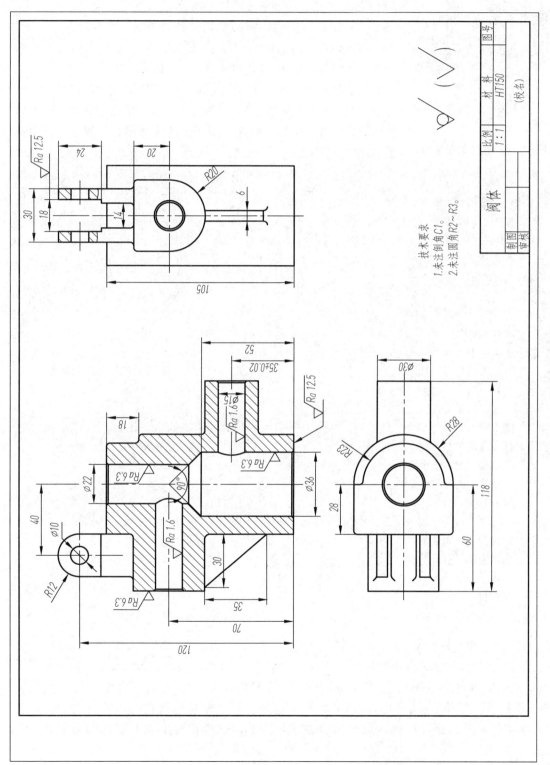

图 11.47 阀体的零件图

具体步骤如下:

(1) 根据零件图进行实体模型的造型,造型方法与步骤由读者自行分析,三维图如图 11.48 所示。

(2) 在模型空间中将模型切换到俯视图,在布局选项卡上,单击鼠标右键,选择"从样板"选项,选取先前制作好的样板文件,然后选 A3 图纸,进入图纸空间。

(3) 执行 SOLVIEW 命令,按下面的提示生成三视图,注意一定要给每个视图都命名,最后生成的三视图效果如图 11.49 所示(图上的字母为说明操作步骤另加上去的,在创建过程中不会出现在视图上)。

图 11.48 阀体的三维图

```
命令:SOLVIEW
输入选项 [UCS(U)/正交(O)/辅助(A)/截面(S)]:U
输入选项 [命名(N)/世界(W)/?/当前(C)] <当前>:        //按 Enter 键
输入视图比例<1>:1                                    //按 Enter 键
指定视图中心:                                        //在图纸左下方指定一点确定俯视
                                                      图位置
指定视口的第一个角点:                                //指定 A 点
指定视口的对角点:                                    //指定 B 点
输入视图名:fushi
输入选项 [UCS(U)/正交(O)/辅助(A)/截面(S)]: S         //主视图需要全剖,因此要用 S
指定剪切平面的第一个点:                              //打开圆心捕捉,捕捉左端圆心 C 点
指定剪切平面的第二个点:                              //捕捉右端圆心 D 点
指定要从哪侧查看:                                    //指定 J 点
输入视图比例<1>:                                     //按 Enter 键
指定视图中心:                                        //在俯视图的上方指定一点
指定视口的第一个角点:                                //指定 E 点
指定视口的对角点:                                    //指定 F 点
输入视图名:zhushi
输入选项 [UCS(U)/正交(O)/辅助(A)/截面(S)]:O          //用投影方式生成左视图
指定要从哪侧查看:                                    //指定 K 点
指定视图中心:                                        //在主视图的右方指定一点
指定视口的第一个角点:                                //指定 G 点
指定视口的对角点:                                    //指定 H 点
输入视图名:zuoshi
```

(4) 执行 SOLDRAW 命令,选择刚才创建的三个视图,按 Enter 键,得到如图 11.50 所示图形;在生成视图的同时也生成了这几个视口使用的图层,比如 zhushi 视口生成了"zhushi-VIS"(可见线图层)、"zhushi-HID"(隐藏线图层)、"zhushi-DIM"(标注图层)、"zhushi-HAT"(剖面线图层)。自动生成的图层是没有进行线型设置的,所有的线看起来都是细实线,并且剖面线的图案不符合要求。因此,这样直接生成的三视图还需进一步修改。

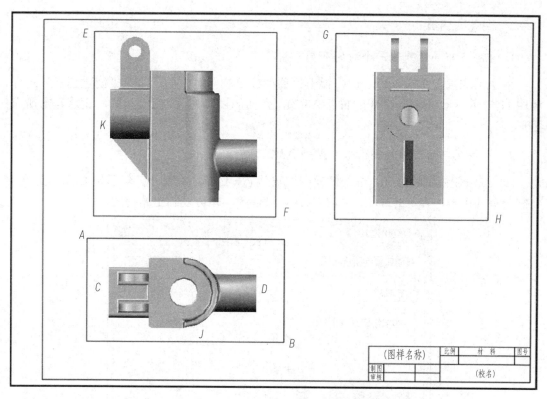

图 11.49　用 SOLVIEW 生成的三视图

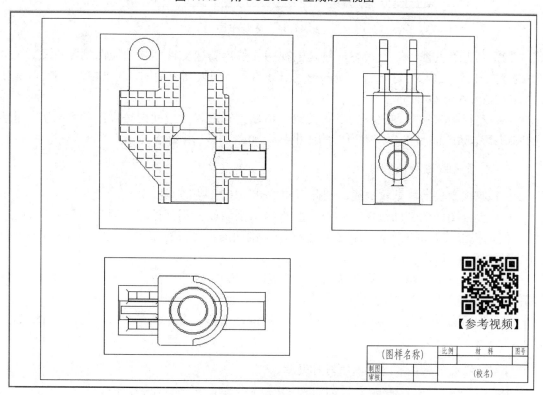

图 11.50　提取轮廓后的三视图

11.4.2 视图的编辑

1. 在 A3 布局上复制一个新的布局

在 A3 布局上单击鼠标右键，弹出"移动或复制"对话框，勾选"创建副本"选项，如图 11.51 所示，得到一个新的布局 A3(2)，上面的视口与 A3 完全相同，删除其上所有的图形。

2. 将各视口的图形复制出来粘贴到 A3(2)布局中

(1) 双击俯视图边框线，进入俯视图编辑状态，选择所有图形，然后按 Ctrl+C 组合键，复制所有的图形，在 A3(2)布局中按 Ctrl+V 组合键，即可复制出俯视图。

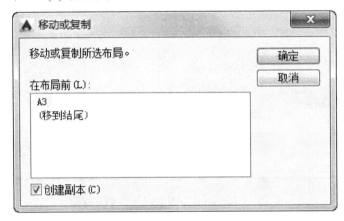

图 11.51　复制布局

(2) 先进入主视图编辑状态，复制主视图，然后新建文件，将主视图粘贴进去，双击中键最大化显示图表，这时会发现图形呈一条直线；切换到主视图，再次复制所有的图形，然后粘贴到 A3((2) 布局中。

(3) 左视图的粘贴方法与主视图类似。粘贴完毕后将三个视图按投影关系对齐，得到的图形跟粘贴之前相比，少了视口的边框线，如图 11.52 所示。

3. 对各视图进行编辑修改

(1) 俯视图只需可见轮廓线，因此可将 fushi-HID 图层关闭。

(2) 主视图中的剖面线图案不对，肋板纵向剖切要按不剖处理，因此先删除剖面线，将肋板按投影关系画出，然后在剖切区域画上剖面线；如果有螺纹，还需补画出外螺纹的小径及内螺纹的大径。

(3) 左视图上面两个小孔处需局部剖，因为它们的虚线应更换成粗实线，并加上波浪线；另外将 zuoshi-HID 图层关闭。

(4) 把所有需绘制的点画线加上去，并修改新生成的图层的线型及颜色，如图 11.53 所示。

4. 标注尺寸及技术要求，填写标题栏

按尺寸标注要求在视图上标注尺寸，并写明技术要求，最近写标题栏。

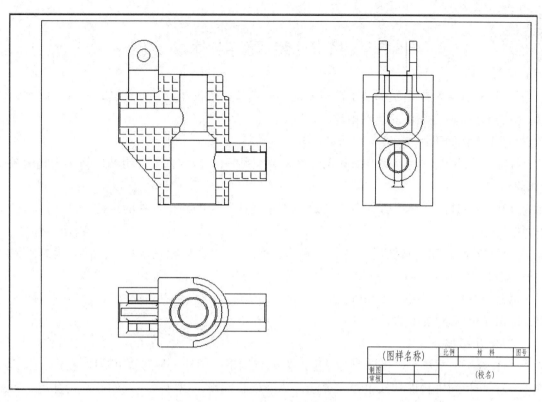

图 11.52 复制完成后的视图

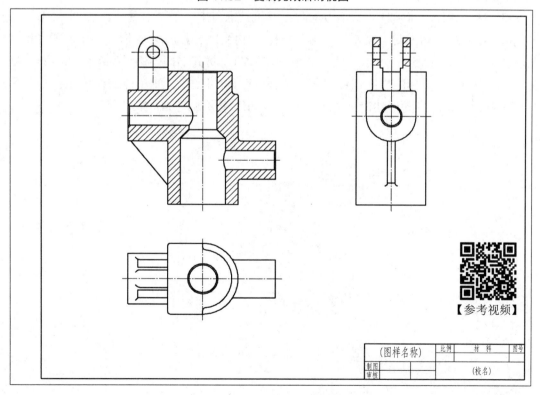

图 11.53 修改后的三视图

11.5 装配实体

三维实体装配就是根据装配图表示的装配关系，借助于移动、旋转、对齐、阵列、镜像等命令，可将各零件安装到指定的位置。

操作步骤如下：

(1) 读懂装配图，明确装配关系，确定装配顺序(一般由内向外组装，与实物装配顺序相同)。

(2) 逐个装入实体零件，首先要选好需安装在一起的两个零件的定位基准点，以便实现快速装配。

为了方便装配经常要进行视觉样式的切换,每个零件装配完成后，注意切换到不同视角，观察零件的位置有没有问题。

【例 11-11】 将图 11.54 所示的微型千斤顶各零件(零件上螺纹未造型)，装配成如图 11.55(h)所示的装配体。

装配步骤如下：

(1) 分析装配顺序，以底座为基准，按调整螺母—顶杆—导向螺钉顺序进行装配。

(2) 切换到主视图和线框模式显示，移动调整螺母，以它最下面的圆心为基点，第二点选择底座最上方的圆心，即可装好调整螺母，如图 11.55(a)所示。

(3) 移动顶杆，将顶杆头部下方的圆心调整到螺母上方的圆心处，如图 11.55(b)所示。

(4) 导向螺钉的方向与需安装方向不一样，如图 11.55(c)所示；切换到俯视图，将其先旋转-90°，如图 11.55(d)所示；然后切换到左视图，将其端面的圆心移动到孔的圆心处，如图 11.55(e)所示；标注导向螺钉端面到顶杆槽底部的距离，如图 11.55(f)所示；最后移动导向螺钉，移动距离为标注出来的距离值，移动后效果如图 11.55(g)所示。

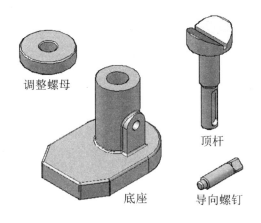

图 11.54　微型千斤顶的各组成零件

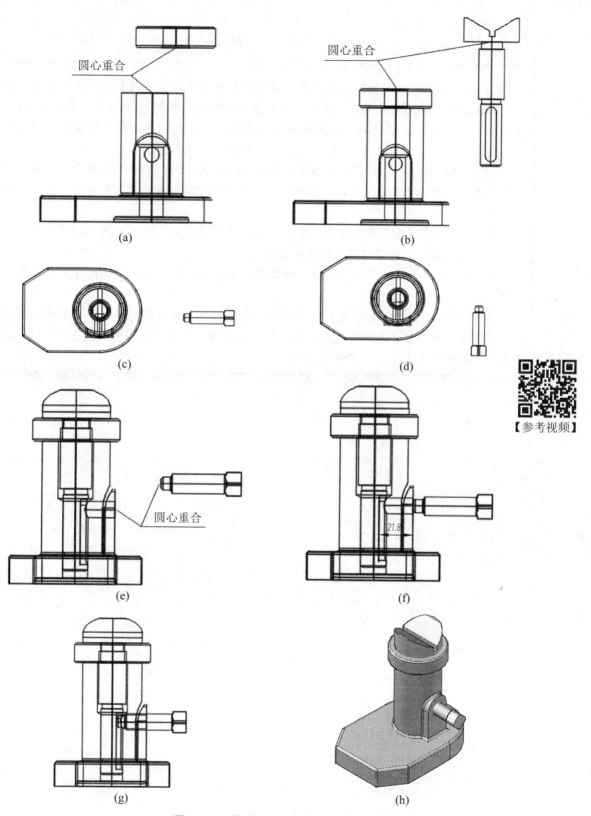

图 11.55　微型千斤顶的装配过程

小 结

（1）利用 AutoCAD 制作三维实体，首先应利用形体分析，想象出零件的形状，并将其拆成一些简单的组成部分；其次判断各组成部分需用哪种方式(拉伸、旋转、扫掠、放样等)进行建模，并确定每个组成部分的建模顺序，将各组成部分三维实体按顺序画出；最后利用布尔运算(并集、差集、交集)得到最终的三维模型。

（2）拉伸和旋转是绘制三维机械零件最常用的建模方法，要将二维图形拉伸或旋转成三维实体，必须将二维图形做成面域，对面域拉伸才能形成实体，否则只能拉伸或旋转成曲面。

（3）三维建模大多数情况是在二维的基础上进行建模的，因此要提高建模速度，除了理清建模思路外，还要提高二维绘图的速度。

（4）将三维实体转换成工程图最主要应掌握 SOLVIEW 和 SOLDRAW 这两个命令的使用。

（5）旋转曲面网格需要绘制轴线和母线，而且母线与轴线要位于一个平面内；直纹曲面只需两条边界线，这两条线可以是直线或是曲线，也可以是共面线或是异面线。边界曲面需要四条首尾相接的直线或曲线。

附 录

附表1 普通螺纹的牙型、直径与螺距 (单位：mm)

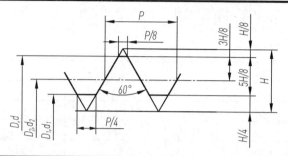

尺寸按下列公式计算：

$H=0.866P$

$5/8H=0.541P$

$3/8H=0.325P$

$1/4H=0.217P$

$1/8H=0.108P$

公称直径 D、d			螺距 P		粗牙小径 D_1、d_1	公称直径 D、d			螺距 P		粗牙小径 D_1、d_1
第一系列	第二系列	第三系列	粗牙	细牙		第一系列	第二系列	第三系列	粗牙	细牙	
4			0.7	0.5	3.242	24			3	2、1.5、1	20.752
	4.5		0.75	0.5	3.688			25		2、1.5、1	
5			0.8	0.5	4.134			26		1.5	
		5.5		0.5				27	3	2、1.5、1	24.752
6			1	0.75	4.917			28		2、1.5、1	
	7		1	0.75	5.917	30			3.5	(3)、2、1.5、1	26.211
8			1.25	1、0.75	6.647			32		2、1.5	
		9	1.25	1、0.75	7.647		33		3.5	(3)、2、1.5	29.211
10			1.5	1.25、1、0.75	8.376			35		1.5	
		11	1.5	1.5、1、0.75	9.367	36			4	3、2、1.5	31.670
12			1.75	1.25、1	10.106			38		1.5	
	14		2	1.5、1.25	11.835		39		4	3、2、1.5	34.670
		15		1.5、1			42		4.5	4、3、2、1.5	37.129
16			2	1.5、1	13.835		45		4.5	4、3、2、1.5	40.129
		17		1.5、1		48			5	4、3、2、1.5	42.588
	18		2.5	2、1.5、1	15.294		52		5	4、3、2、1.5	46.588
20			2.5	2、1.5、1	17.294	56			5.5	4、3、2、1.5	50.046
	22		2.5	2、1.5、1	19.294		60		5.5	4、3、2、1.5	54.046

注：M14×1.25仅用于火花塞；M35×1.5仅用于滚动轴承锁紧螺母。

附表2　非螺纹密封的管螺纹的尺寸　　　　　　　　　　　　　　（单位：mm）

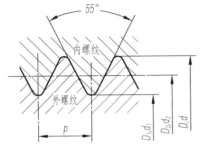

标注示例：
G1 1/2-LH（尺寸代号 1 1/2，LH 表示左旋）
G1 1/4A（尺寸代号 1 1/2，A 级，右旋）
G2B-LH（尺寸代号 2，B 级，左旋）

尺寸代号	每25.4mm内的牙数 n	螺距 P	牙高 h	圆弧半径 $r\approx$	基本直径		
					大径 $d=D$	中径 $d_2=D_2$	小径 $d_1=D_1$
1/16	28	0.907	0.581	0.125	7.723	7.142	6.561
1/8	28	0.907	0.581	0.125	9.728	9.147	8.566
1/4	19	1.337	0.856	0.184	13.157	12.301	11.445
3/8	19	1.337	0.856	0.184	16.662	15.806	14.950
1/2	14	1.814	1.162	0.249	20.955	19.793	18.631
5/8	14	1.814	1.162	0.249	22.911	21.749	20.587
3/4	14	1.814	1.162	0.249	26.441	25.279	24.117
7/8	14	1.814	1.162	0.249	30.201	29.039	27.877
1	11	2.309	1.479	0.317	33.249	31.771	30.291
1 1/4	11	2.309	1.479	0.317	37.897	36.418	34.939
1 1/2	11	2.309	1.479	0.317	41.910	40.431	38.952
1 2/3	11	2.309	1.479	0.317	47.803	46.324	44.845
1 3/4	11	2.309	1.479	0.317	53.746	52.267	50.788
2	11	2.309	1.479	0.317	59.614	58.135	56.656
2 1/4	11	2.309	1.479	0.317	65.710	64.231	62.752
2 1/2	11	2.309	1.479	0.317	75.184	73.705	72.226
2 3/4	11	2.309	1.479	0.317	81.534	80.055	78.576
3	11	2.309	1.479	0.317	87.884	86.405	84.926
3 1/2	11	2.309	1.479	0.317	100.330	98.851	97.372
4	11	2.309	1.479	0.317	113.030	111.551	110.072
4 1/2	11	2.309	1.479	0.317	125.730	124.251	122.772
5	11	2.309	1.479	0.317	138.430	136.951	135.472
5 1/2	11	2.309	1.479	0.317	151.130	149.651	148.172
6	11	2.309	1.479	0.317	163.830	162.351	160.872

注：本标注适用于管接头、旋塞、阀门及其附件。

附表3 六角头螺栓(GB/T 5782—2000)、六角头螺栓—全螺纹(GB/T 5783—2000)　(单位：mm)

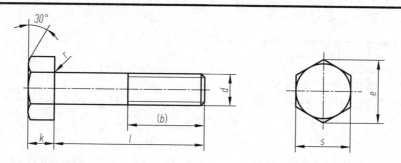

标注示例：

螺纹规格 d=M16，公称长度 l=80mm、性能等级为 8.8 级、表面氧化、A 级的六角螺栓，其标记为：螺栓 GB/T 5782 M16×80

螺纹规格 d		M3	M4	M5	M6	M8	M10	M12	M16	M20	M24	M30	M36
s		5.5	7	8	10	13	16	18	24	30	36	46	55
k		0.1	2.8	3.5	4	5.3	6.4	7.5	10	12.5	15	18.7	22.5
r		0.1	0.2	0.2	0.25	0.4	0.4	0.6	0.6	0.6	0.8	1	1
e	A	6.01	7.66	8.79	11.05	14.38	17.77	20.03	26.75	33.53	39.98	—	—
	B	5.88	7.50	8.63	10.89	14.20	17.59	19.85	26.17	32.95	39.55	50.85	51.11
(b) GB/T 5782	$l\leq 125$	12	14	16	18	22	26	30	38	46	54	66	—
	$125<l\leq 200$	18	20	22	24	28	32	36	44	52	60	72	84
	$l>200$	31	33	35	37	41	45	49	57	65	73	85	97
l 范围 GB/T 5782		20~30	25~40	25~50	30~60	40~80	45~100	50~120	65~160	80~200	90~240	110~300	140~360
l 范围 GB/T 5783		6~30	8~40	10~50	12~60	16~80	20~100	25~120	30~150	40~150	50~150	60~200	70~200
l 系列		6~12(2 进位)，16，20~70(5 进位)，80~160(10 进位)，180~500(20 进位)											

附表4　双头螺柱　　　　　　　　　　（单位：mm）

A型

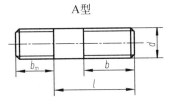

B型(辊制)

约等于螺纹中径

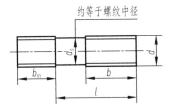

$b_m = 1d$ (GB/T 897)
$b_m = 1.25d$ (GB/T 898)
$b_m = 1.5d$ (GB/T 899)
$b_m = 2d$ (GB/T 900)

标注示例：
两端均为粗牙普通螺纹，$d=10$mm，$l=50$mm，性能等级为4.8级，不经表面处理，B型，$b_m=1d$的双头螺柱，其标记为：螺柱 GB/T 897 M10×50

螺纹规格 d	b_m(公称)				l/b
	GB/T 897	GB/T 898	GB/T 899	GB/T 900	
M2			3	4	12～16/6、20～25/10
M2.5			3.5	5	16/8、20～30/11
M3			4.5	6	16～20/6、25～40/12
M4			6	8	16～20/8、25～40/14
M5	5	6	8	10	16～20/10、25～50/16
M6	6	8	10	12	20/10、25～30/14、35～70/18
M8	8	10	12	16	20/12、25～30/16、35～90/22
M10	10	12	15	20	25/14、30～35/16、40～120/26、130/32
M12	12	15	18	24	25～30/16、35～40/20、45～120/30、130～180/36
M16	16	20	24	32	30～35/20、40～50/30、60～120/38、130～200/44
M20	20	25	30	40	35～40/25、45～60/35、70～120/46、130～200/52
M24	24	30	36	48	45～50/30、60～70/45、80～120/54、130～200/60
M30	30	38	45	60	60/40、70～90/50、100～200/66、130～200/72、210～250/85
M36	36	45	54	72	70/45、80～110/160、120/78、130～200/84、210～300/97
M42	42	50	63	84	70～80/50、90～110/70、120/90、130～200/96、210～300/109
M48	48	60	72	96	80～90/60、100～110/80、120/102、130～200/108、210～300/121
l 系列	12、16、20～50(5进位)、60～260(10进位)、280、300				

附表 5 开槽螺钉 (单位：mm)

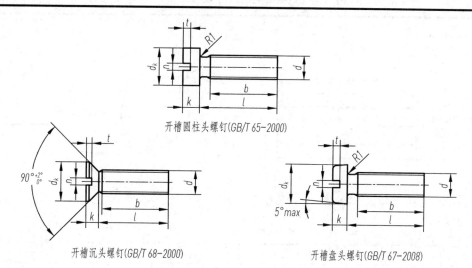

开槽圆柱头螺钉(GB/T 65-2000)

开槽沉头螺钉(GB/T 68-2000)

开槽盘头螺钉(GB/T 67-2008)

标注示例：

螺纹规格 d=M6，公称长度 l=25mm，性能等级为 4.8 级、不经表面处理的 A 级开槽圆柱头螺钉，其标记为：螺钉 GB/T 65　M6×25

	螺纹规格 d	M1.6	M2	M2.5	M3	M4	M5	M6	M8	M10
GB/T 65 -2000	d_k	3	3.8	4.5	5.5	7	8.5	10	13	16
	k	1.1	1.4	1.8	2	2.6	3.3	3.9	5	6
	t_{min}	0.45	0.6	0.7	0.85	1.1	1.3	1.6	2	2.4
	r_{min}	0.1				0.2		0.25	0.4	
	l	2～16	3～20	3～25	4～30	5～40	6～50	8～60	10～80	12～80
	全螺纹时最大长度	35				40				
GB/T 67 -2016	d_k	3.2	4	5	5.6	8	9.5	12	16	23
	k	1	1.3	1.5	1.8	2.4	3	3.6	4.8	6
	t_{min}	0.35	0.5	0.6	0.7	1	1.2	1.4	1.9	2.4
	r_{min}	0.1				0.2		0.25	0.4	
	l	2～16	2.5～20	3～25	4～30	5～40	6～50	8～60	10～80	12～80
	全螺纹时最大长度	30				40				
GB/T 68 -2016	d_k	3	3.8	4.7	5.5	8.4	9.3	11.3	15.8	18.5
	k	1	1.2	1.5	1.65	2.7	2.7	3.3	4.65	5
	t_{min}	0.32	0.4	0.5	0.6	1	1.1	1.2	1.8	2
	r_{min}	0.4	0.5	0.6	0.8	1	1.3	1.5	2	2.5
	l	2.5～16	3～20	4～25	5～30	6～40	8～50	8～60	10～80	12～80
	全螺纹时最大长度	30				45				
	n	0.4	0.5	0.6	0.8	1.2	1.2	1.6	2	2.5
	b_{min}	38				38				
	l 系列	2、2.5、3、4、5、6、8、10、12、(14)、16、20、25、30、35、40、45、50、(55)、60、(65)、70、(75)、80								

附表6 内六角圆柱头螺钉的尺寸规格(GB/T 70.1—2008)　　　　　(单位：mm)

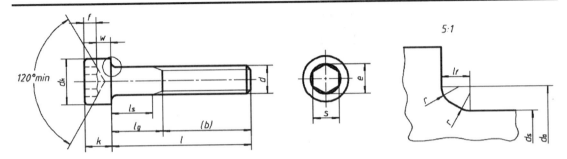

标注示例：

螺纹规格 d=M8，公称长度为 l=20mm，性能等级为8.8级表面氧化的内六角圆柱头螺钉，其标记为：螺钉 GB/T 70.1 M8×20

螺纹规格d		M2	M2.5	M3	M4	M5	M6	M8	M10	M12	M16	M20	M24
螺距P		0.4	0.45	0.5	0.7	0.8	1	1.25	1.5	1.75	2	2.5	3
b 参考		16	17	18	20	22	24	28	32	36	44	52	60
$d_{k\,max}$	光滑头部	3.80	4.50	5.50	7.00	8.50	10.00	13.00	16.00	18.00	24.00	30.00	36.00
	滚花头部	3.98	4.68	5.68	7.22	8.72	10.22	13.27	16.27	18.27	24.33	30.33	36.36
$d_{k\,min}$		3.66	4.32	5.32	6.78	8.28	9.78	12.73	15.73	17.73	23.67	29.67	35.61
$d_{a\,max}$		2.6	3.1	3.6	4.7	5.7	6.8	9.2	11.2	13.7	17.7	22.4	26.4
d_s	max	2.00	2.50	3.00	4.00	5.00	6.00	8.00	10.00	12.00	16.00	20.00	24.00
	min	1.86	2.36	2.86	3.82	4.82	5.82	7.78	9.78	11.73	15.73	19.67	23.67
e_{min}		1.733	2.303	2.873	3.443	4.583	5.723	6.863	9.149	11.429	15.996	19.437	21.734
$l_{f\,max}$		0.51	0.51	0.51	0.6	0.6	0.68	1.02	1.02	1.45	1.45	2.04	2.04
k	max	2.00	2.50	3.00	4.00	5.00	6.0	8.00	10.00	12.00	16.00	20.00	24.00
	min	1.86	2.36	2.86	3.82	4.82	5.7	7.64	9.64	11.37	15.57	19.48	23.48
r_{min}		0.1	0.1	0.1	0.2	0.2	0.25	0.4	0.4	0.6	0.6	0.8	0.8
s	公称	1.5	2	2.5	3	4	5	6	8	10	14	17	19
	max	1.58	2.08	2.58	3.08	4.095	5.14	6.14	8.175	10.175	14.212	17.23	19.275
	min	1.52	2.02	2.52	3.02	4.02	5.02	6.02	8.025	10.025	14.032	17.05	19.065
w_{min}		0.55	0.85	1.15	1.4	1.9	2.3	3.3	4	4.8	6.8	8.6	10.4
l 范围		3~20	4~25	5~30	6~40	8~50	10~60	12~80	16~100	20~120	25~160	30~200	40~200
l 系列		6、8、10、12、(14)、(16)、20、25、30、35、40、45、50、(55)、60、(65)、70、80、90、100、110、120、130、140、150、160、180、200											

附表7 Ⅰ型六角螺母的尺寸(GB/T 6170—2000)　　　　　　(单位：mm)

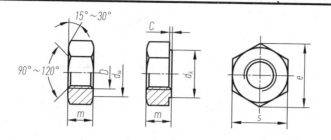

标注示例：

螺纹规格 D=M12、性能等级为10级、不经表面处理、A级的Ⅰ型六角螺母：螺母 GB/T 6170 M12

螺纹规格 D		M1.6	M2	M2.5	M3	M4	M5	M6	M8	M10	M12
C_{max}		0.2	0.2	0.3	0.4	0.4	0.5	0.5	0.6	0.6	0.6
d_a	max	1.84	2.3	2.9	3.45	4.6	5.75	6.75	8.75	10.8	13
	min	1.6	2	2.5	3	4	5	6	8	10	12
d_w		2.4	3.1	4.1	4.6	5.9	6.9	8.9	11.6	14.6	16.6
e		3.41	4.32	5.45	6.01	7.66	8.79	11.05	14.38	17.77	20.03
m	max	1.3	1.6	2	2.4	3.2	4.7	5.2	6.8	8.4	10.8
	min	1.05	1.35	1.75	2.15	2.9	4.4	4.9	6.44	8.04	10.37
m'		0.8	1.1	1.4	1.7	2.3	3.5	3.9	5.1	6.4	8.3
m''		0.7	0.9	1.2	1.5	2	3.1	3.4	4.5	5.6	7.3
s	max	3.2	4	5	5.5	7	8	10	13	16	18
	min	3.02	3.82	4.82	5.32	6.78	7.78	9.78	12.73	15.73	17.73
螺纹规格 D		M16	M20	M24	M30	M36	M42	M48	M56	M64	
C_{max}		0.8	0.8	0.8	0.8	0.8	1	1	1	1.2	
d_a	max	17.3	21.6	25.9	32.4	38.9	45.4	51.8	60.5	69.1	
	min	16	20	24	30	36	42	48	56	64	
d_w		22.5	27.7	33.2	42.7	51.1	60.6	69.4	78.7	88.2	
e		26.75	21.95	39.55	50.85	60.79	72.02	82.6	93.56	104.86	
m	max	14.8	18	21.5	25.6	31	34.7	38	45	51	
	min	14.1	16.9	20.2	24.3	29.4	32.4	36.4	43.4	49.1	
m'		11.3	13.5	16.2	19.4	23.5	25.9	29.1	34.7	39.3	
m''		9.9	11.8	14.1	17	20.6	22.7	25.5	30.4	34.4	
s	max	24	30	36	46	55	65	75	85	95	
	min	23.67	29.16	35	45	53.8	63.8	73.1	82.8	92.8	

注：1. A级用于 $D \leqslant 16mm$ 的螺母；B级用于 $D > 16mm$ 的螺母，本表仅按商品规格和通用规格列出。

2. 螺纹规格为M8～M64、细牙、A级和B型的Ⅰ型六角螺母，请查询GB/T 6171—2000。

附表8　平垫圈 A 级(GB/T 97.1—2002)、平垫圈倒角型 A 级(GB/T97.2—2002)　　　(单位：mm)

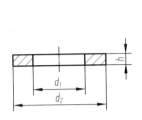 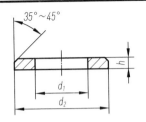

标注示例：
公称规格(螺纹大径为 8mm)，硬度等级为 200HV 级、不经表面处理、产品等级为 A 级的平垫圈，其标记为：垫圈 GB/T 97.1　8

螺纹大径 d	2	2.5	3	4	5	6	8	10	12	14	16	20	24	30
内径 d_1	2.2	2.7	3.2	4.3	5.3	6.4	8.4	10.5	13	15	17	21	25	31
外径 d_2	5	6	7	9	10	12	16	20	24	28	30	37	44	56
厚度 h	0.3	0.5	0.5	0.8	1	1.6	1.6	2	2.5	2.5	3	3	4	4

附表9　标准弹簧垫圈(GB/T 93—1987)　　　(单位：mm)

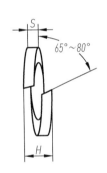 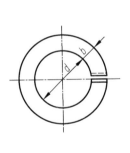 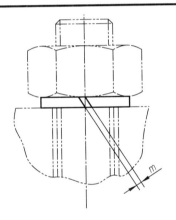

标注示例：
公称规格 8，材料为 65Mn、表面氧化的标准型弹簧垫圈，其标记为：垫圈 GB/T 93　8

螺纹大径 d		2	2.5	3	4	5	6	8	10	12	14	16	20	24	30
d	min	2.1	2.6	3.1	4.1	5.1	6.1	8.1	10.2	12.2	14.2	16.2	20.2	24.5	30.5
	max	2.35	2.85	3.4	4.4	5.4	6.68	8.68	10.9	12.9	14.9	16.9	21.04	25.5	28.5
S (b)	公称	0.5	0.65	0.8	1.1	1.3	1.6	2.1	2.6	3.1	3.6	4.1	5	6	7.5
	min	0.65	0.57	0.7	1	1.2	1.5	2	2.45	2.95	3.4	3.9	4.8	5.8	7.2
	max	0.58	0.7	0.9	1.2	1.4	1.7	2.2	2.75	3.25	3.8	4.3	5.2	6.2	7.8
H	min	1	1.3	1.6	2.2	2.6	3.2	4.2	5.2	6.2	7.2	8.2	10	12	15
	max	1.25	1.63	2	2.75	3.25	4	5.25	6.2	7.75	9	10.25	12.5	15	18.75
$m \leqslant$		0.25	0.33	0.4	0.55	0.65	0.8	1.05	1.3	1.55	1.8	2.05	2.5	3	3.75

附表 10　平键及键槽各部分尺寸(GB/T 1095~1096—2003)　　(单位：mm)

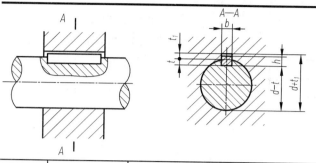

标记示例：

键 6×100 GB/T 1096—2003

(圆头普通平键，$b=16$，$l=100$)

键 B16×100 GB/T 1096—2003

(平头普通平键，$b=16$，$l=100$)

键 C16×100 GB/T 1096—2003

(单圆头普通平键，$b=16$，$l=100$)

轴	键		键槽										
				宽度				深度					
公称直径 d	公称尺寸 $b×h$(h9)	长度 l(h11)	公称尺寸 b	极限偏差				轴 t		毂 t_1		半径 r	
				较松键连接		一般键连接		较紧键连接	公称尺寸	极限偏差	公称尺寸	极限偏差	最大	最小
				轴 H9	毂 D10	轴 N9	毂 JS9	轴和毂 P9						
自 6~8	2×2	6~20	2	+0.025 0	+0.060 +0.020	−0.004 −0.029	±0.0125	−0.006 −0.031	1.2	+0.1 0	1	+0.1 0	0.08	0.16
>8~10	3×3	6~36	3						1.8		1.4			
>10~12	4×4	8~45	4	+0.030 0	+0.078 +0.030	0 −0.030	±0.015	−0.012 −0.042	2.5		1.8			
>12~17	5×5	10~56	5						3.0		2.3			
>17~22	6×6	14~70	6						3.5		2.8		0.16	0.25
>22~30	8×7	18~90	8	+0.036 0	+0.098 +0.040	0 −0.036	±0.018	−0.015 −0.051	4.0		3.3			
>30~38	10×8	22~110	10						5.0		3.3			
>38~44	12×8	28~140	12	+0.043 0	+0.120 +0.050	0 −0.043	±0.0215	−0.018 −0.061	5.0		3.3			
>44~50	14×9	36~160	14						5.5		3.8		0.25	0.40
>50~58	16×10	45~180	16						6.0	+0.2 0	4.3	+0.2 0		
>58~65	18×11	50~200	18						7.0		4.4			
>65~75	20×12	56~220	20	+0.052 0	+0.149 +0.065	0 −0.052	±0.026	−0.022 −0.074	7.5		4.9			
>75~85	22×14	63~250	22						9.0		5.4		0.40	0.60
>85~95	25×14	70~280	25						9.0		5.4			
>95~110	28×16	80~320	28						10.0		6.4			

注：l 系列为 6、8、10、12、14、16、18、20、22、25、28、32、36、40、45、50、56、63、70、80、90、100、110、125、140、160、180、200 等。

附表11 圆柱销的规格尺寸(GB/T 119.1—2000)　　　　(单位：mm)

标记示例：

公称直径为6mm，公称长度为30mm，材料为钢，不经淬火、不经表面处理的圆柱销，其标记为：销 GB/T 119.1 6×30

公称直径 d m6/h8	0.6	0.8	1	1.2	1.5	2	2.5	3	4	5	6	8	10	12	16	20	25	30	40	50
$c\approx$	0.12	0.16	0.2	0.25	0.3	0.35	0.4	0.5	0.63	0.8	1.2	1.6	2	2.5	3	3.5	4	5	6.3	8
l 范围	2~6	2~8	4~10	4~12	4~16	6~20	6~24	8~30	8~40	10~50	12~60	14~80	18~95	22~140	26~180	35~200	50~200	60~200	80~200	95~200
l 系列	2、3、4、5、6、8、10、12、14、16、18、20、22、24、26、28、30、32、35、40、45、50、55、60、65、70、75、80、85、90、95、100、120、140、160、180、200																			

附表12 圆锥销的规格尺寸(GB/T 117—2000)　　　　(单位：mm)

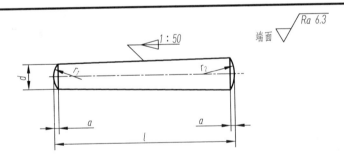

标注示例：

公称直径为d=10mm，公称长度为l=60mm，材料为35钢，热处理硬度28~38HRC、表面氧化处理的A型圆锥销，其标记为：销 GB/T 117 10×60

d(公称)h10	0.6	0.8	1	1.2	1.5	2	2.5	3	4	5	6	8	10	12	16	20	25	30	40	50
$c\approx$	0.08	0.1	0.12	0.16	0.2	0.25	0.3	0.4	0.5	0.63	0.8	1	1.2	1.6	2	2.5	3	4	5	6.3
l 范围	4~8	5~12	6~16	6~20	8~24	10~35	10~35	12~45	14~55	18~60	22~90	22~120	26~160	32~180	40~200	45~200	50~200	55~200	60~200	65~200
l 系列	2、3、4、5、6、8、10、12、14、16、18、20、22、24、26、28、30、32、35、40、45、50、55、60、65、70、75、80、85、90、95、100、120、140、160、180、200																			

附表13 深沟球轴承(GB 276—2013)

标注示例
滚动轴承 6012 GB/T 276
60000 型

轴承型号	尺寸/mm		
	d	D	B
17 系列			
617/5	5	8	2
617/6	6	10	2.5
617/7	7	11	2.5
617/8	8	12	2.5
617/9	9	14	3
61700	10	15	3
18 系列			
61800	10	19	5
61801	12	21	5
61802	15	24	5
61803	17	26	5
61804	20	32	7
61805	25	37	7
61806	30	42	7
61807	35	47	7
61808	40	52	7
61809	45	58	7
61810	50	65	7
61811	55	72	9
61812	60	78	10
61813	65	85	10
61814	70	90	10
61815	75	95	10
61816	80	100	10
61817	85	110	13
61818	90	115	13
61819	95	120	13
61820	100	125	13

轴承型号	尺寸/mm		
	d	D	B
37 系列			
637/5	5	8	3
637/6	6	10	3.5
637/7	7	11	3.5
637/8	8	12	3.5
637/9	9	14	4.5
63700	10	15	4.5
00 系列			
16001	12	28	7
16002	15	32	8
16003	17	35	8
16004	20	42	8
16005	25	47	8
16006	30	55	9
16007	35	62	9
16008	40	68	9
16009	45	75	10
16010	50	80	10
16011	55	90	11
16012	60	95	11
16013	65	100	11
16014	70	110	13
16015	75	115	13
04 系列			
6403	17	62	17
6404	20	72	19
6405	25	80	21
6406	30	90	23
6407	35	100	25
6408	40	110	27
6409	45	120	29
6410	50	130	31
6411	55	140	33
6412	60	150	35
6413	65	160	37
6414	70	180	42

附表 14 标准公差值表(GB/T 1800.1—2009)

基本尺寸/mm		标准公差等级																
		IT1	IT2	IT3	IT4	IT5	IT6	IT7	IT8	IT9	IT10	IT11	IT12	IT13	IT14	IT15	IT16	IT17	IT18
大于	至	μm											mm						
—	3	0.8	1.2	2	3	4	6	10	14	25	40	60	0.1	0.14	0.25	0.4	0.6	1	1.4
3	6	1	1.5	2.5	4	5	8	12	18	30	48	75	0.12	0.18	0.3	0.48	0.75	1.2	1.8
6	10	1	1.5	2.5	4	6	9	15	22	36	58	90	0.15	0.22	0.36	0.58	0.9	1.5	2.2
10	18	1.2	2	3	5	8	11	18	27	43	70	110	0.18	0.27	0.43	0.7	1.1	1.8	2.7
18	30	1.5	2.5	4	6	9	13	21	33	52	84	130	0.21	0.33	0.52	0.84	1.3	2.1	3.3
30	50	1.5	2.5	4	7	11	16	25	39	62	100	160	0.25	0.39	0.62	1	1.6	2.5	3.9
50	80	2	3	5	8	13	19	30	46	74	120	190	0.3	0.46	0.74	1.2	1.9	3	4.6
80	120	2.5	4	6	10	15	22	35	54	87	140	220	0.35	0.54	0.87	1.4	2.2	3.5	5.4
120	180	3.5	5	8	12	18	25	40	63	100	160	250	0.4	0.63	1	1.6	2.5	4	6.3
180	250	4.5	7	10	14	20	29	46	72	115	185	290	0.46	0.72	1.15	1.85	2.9	4.6	7.2
250	315	6	8	12	16	23	32	52	81	130	210	320	0.52	0.81	1.3	2.1	3.2	5.2	8.1
315	400	7	9	13	18	25	36	57	89	140	230	360	0.57	0.89	1.4	2.3	3.6	5.7	8.9
400	500	8	10	15	20	27	40	63	97	155	250	400	0.64	0.97	1.55	2.5	4	6.3	9.7
500	630	9	11	16	22	32	44	70	110	175	280	440	0.7	1.1	1.75	2.8	4.4	7	11
630	800	10	13	18	25	36	50	80	125	200	320	500	0.8	1.25	2	3.2	5	8	12.5
800	1000	11	15	21	28	40	56	90	140	230	360	560	0.9	1.4	2.3	3.6	5.6	9	14
1000	1250	13	18	24	33	47	66	105	165	260	420	660	1.05	1.65	2.6	4.2	6.6	10.5	16.5
1250	1600	15	21	29	39	55	78	125	195	310	500	780	1.25	1.95	3.1	5	.8	12.5	19.5
1600	2000	18	25	35	46	65	92	150	230	370	600	920	1.5	2.3	3.7	6	9.2	15	23
2000	2500	22	30	41	55	78	110	175	280	440	700	1100	1.75	2.8	4.4	7	11	17.5	28
2500	3150	26	36	50	68	96	135	210	330	540	860	1350	2.1	3.3	5.4	8.6	13.5	21	33

注: 1. 基本尺寸大于 500mm 的 IT1~IT5 的标准公差值为试行。
    2. 基本尺寸小于或等于 1mm 时, 无 IT14~IT18。

附表 15 优先配合中轴的极限偏差(摘自 GB/T 1800.2—2009)

基本尺寸/mm		公差带/μm										
		c	d	f	g	h				k	n	p	s	u
大于	至	11	9	7	6	6	7	9	11	6	6	6	6	6
—	3	160 −120	−20 −45	−6 −16	−2 −8	0 −6	0 −10	0 −25	0 −60	+6 0	+10 +4	+12 +6	+20 +14	+24 +18
3	6	−70 −145	−30 −60	−10 −22	−4 −22	0 −8	0 −12	0 −30	0 −75	+9 +1	+16 +8	+20 +12	+27 +19	+31 +23

续表

基本尺寸/mm		公差带/μm												
		c	d	f	g	h				k	n	p	s	u
大于	至	11	9	7	6	6	7	9	11	6	6	6	6	6
6	10	−80 −170	−40 −76	−13 −28	−5 −14	0 −9	0 −15	0 −36	0 −90	+10 +1	+19 +10	+24 +15	+32 +23	+37 +28
10	14	−95 −205	−50 −93	−16 −34	−6 −17	0 −11	0 −18	0 −43	0 −110	+12 +1	+23 +12	+29 +18	+39 +28	+44 +33
14	18													
18	24	−110 −240	−65 −117	−20 −41	−7 −20	0 −13	0 −21	0 −52	0 −130	+15 +2	+28 +15	+35 +22	+48 +35	+54 +41
24	30													+61 +48
30	40	−120 −280	−80 −142	−25 −50	−9 −25	0 −16	0 −25	0 −62	0 −160	+18 +2	+33 +17	+42 +26	+59 +43	+76 +60
40	50	−130 −290												+86 +70
50	65	−140 −330	−100 −174	−30 −60	−10 −29	0 −19	0 −30	0 −74	0 −190	+21 +2	+39 +20	+51 +32	+72 +53	+106 +87
65	80	−150 −340											+78 +59	+121 +102
80	100	−170 −390	−120 −207	−36 −71	−12 −34	0 −22	0 −35	0 −87	0 −220	+25 +3	+45 +23	+59 +37	+91 +71	+146 +124
100	120	−180 −400											+101 +79	+166 +144
120	140	−200 −450	−145 −245	−43 −83	−14 −39	0 −25	0 −40	0 −100	0 −250	+28 +3	+52 +27	+68 +43	+117 +92	+195 +170
140	160	−210 −460											+125 +100	+215 +190
160	180	−230 −480											+133 +108	+235 +210
180	200	−240 −530	−170 −285	−50 −96	−15 −44	0 −29	0 −46	0 −115	0 −290	+33 +4	+60 +31	+79 +50	+151 +122	+265 +236
200	225	−260 −550											+159 +130	+287 +258
225	250	−280 −570											+169 +140	+313 +284
250	280	−300 −620	−190 −320	−56 −108	−17 −49	0 −32	0 −52	0 −130	0 −320	+36 +4	+66 +34	+88 +56	+190 +158	+347 +315
280	315	−330 −650											+202 +170	+282 +350

续表

基本尺寸/mm		公差带/μm											
		c	d	f	g	h				k	n	p	s	u
大于	至	11	9	7	6	6	7	9	11	6	6	6	6	6
315	355	−360 −720	−210 −350	−62 −119	−18 −54	0 −36	0 −57	0 −140	0 −360	+40 +4	+73 +37	+98 +62	+226 +190	+426 +390
355	400	−400 −760											+244 +208	+471 +435
400	450	−440 −840	−230 −385	−68 −131	−20 −60	0 −40	0 −63	0 −155	0 −400	+45 +5	+80 +40	+108 +68	+272 +232	+530 +490
450	500	−480 −880											+292 +252	+580 +540

附表 16 优先配合中孔的极限偏差(摘自 GB/T 1800.2—2009)

基本尺寸/mm		公差带/μm											
		C	D	F	G	H				K	N	P	S	U
大于	至	11	9	8	7	7	8	9	11	7	7	7	7	7
—	3	+120 +60	+45 +20	+20 +6	+12 +2	+10 0	+14 0	+25 0	+60 0	0 −10	−4 −14	−6 −16	−14 −24	−18 −28
3	6	+145 +70	+60 +30	+28 +10	+16 +4	+12 0	+18 0	+30 0	+75 0	+3 −9	−4 −16	−8 −20	−15 −27	−19 −31
6	10	+170 +80	+76 +40	+35 +13	+20 +5	+15 0	+22 0	+36 0	+90 0	+5 −10	−4 −19	−9 −24	−17 −32	−22 −37
10	14	+205 +95	+93 +50	+43 +16	+24 +6	+18 0	+27 0	+43 0	+110 0	+6 −12	−5 −23	−11 −29	−21 −39	−26 −44
14	18													
18	24	+240 +110	+117 +65	+53 +20	+28 +7	+21 0	+33 0	+52 0	+130 0	+6 −15	−7 −28	−14 −35	−27 −48	−33 −54
24	30													−40 −61
30	40	+280 +120	+142 +80	+64 +25	+34 +9	+25 0	+39 0	+62 0	+160 0	+7 −18	−8 −33	−17 −42	−34 −59	−51 −76
40	50	+290 +130												−61 −86
50	65	+330 +140	+174 +100	+76 +30	+40 +10	+30 0	+46 0	+74 0	+190 0	+9 −21	−9 −39	−21 −51	−42 −72	−76 −106
65	80	+340 +150											−48 −78	−91 −121

续表

基本尺寸/mm		公差带/μm											
		C	D	F	G	H				K	N	P	S	U
大于	至	11	9	8	7	7	8	9	11	7	7	7	7	7
80	100	+390 +170	+207 +120	+90 +36	+47 +12	+35 0	+54 0	+87 0	+220 0	+10 −25	−10 −45	−24 −59	−58 −93	−111 −146
100	120	+400 +180											−66 −101	−131 −166
120	140	+450 +200	+245 +145	+106 +43	+54 +14	+40 0	+63 0	+100 0	+250 0	+12 −28	−12 −52	−28 −68	−77 −117	−155 −195
140	160	+460 +210											−85 −125	−175 −215
160	180	+480 +230											−93 −133	−195 −235
180	200	+530 +240	+285 +170	+122 +50	+61 +15	+46 0	+72 0	+115 0	+290 0	+13 −33	−14 −60	−33 −79	−105 −151	−219 −265
200	225	+550 +260											−113 −159	−241 −287
225	250	+570 +280											−123 −169	−267 −313
250	280	+620 +300	+320 +190	+137 +56	+69 +17	+52 0	+81 0	+130 0	+320 0	+16 −36	−14 −66	−36 −88	−138 −190	−295 −347
280	315	+650 +330											−150 −202	−330 −382
315	355	+720 +360	+350 +210	+151 +62	+75 +18	+57 0	+89 0	+140 0	+360 0	+17 −40	−16 −73	−41 −98	−169 −226	−369 −426
355	400	+760 +400											−187 −244	−414 −471
400	450	+840 +440	+385 +230	+165 +68	+83 +20	+63 0	+97 0	+155 0	+400 0	+18 −45	−17 −80	−45 −108	−209 −272	−467 −530
450	500	+880 +480											−229 −292	−517 −580

附表17 AutoCAD 常用快捷键

序号	图标	快捷键	命令	命令说明	序号	图标	快捷键	命令	命令说明
绘图命令					36		X	EXPLODE	分解
1		L	LINE	直线	37		AL	ALIGN	对齐
2		XL	XLINE	构造线	38		PE	PEDIT	编辑多段线
3		PL	PLINE	多段线	尺寸标注				
4		ML	MLINE	多线	39		DLI	DIMLINEAR	线性标注
5		REC	RECTANG	矩形	40		DAL	DIMALIGNED	对齐标注
6		POL	POLYGON	正多边形	41		DAN	DIMANGULAR	角度标注
7		A	ARC	画弧	42		DAR	DIMARC	弧长标注
8		C	CIRCLE	圆	43		DRA	DIMRADIUS	半径标注
9		SPL	SPLINE	样条曲线	44		DDI	DIMDIAMETER	直径标注
10		EL	ELLIPSE	椭圆	45		DJO	DIMJOGGED	半径折弯标注
11		I	INSERT	插入块					
12		B	BLOCK	创建块	46		DOR	DIMORDINATE	坐标标注
15		PO	POINT	点	47		DBA	DIMBASELINE	基线标注
16		H	HATCH	图案填充	48		DCO	DIMCONTINUE	连续标注
17		BO	BOUNDARY	边界	49		DJL	DIMJOGLINE	折弯线性标注
18		REG	REGION	面域					
19		T	MTEXT	多行文字	50		QDIM	QDIM	快速标注
20		DT	TEXT	单行文字	51		TOL	TOLERANCE	公差
修改命令					52		DCE	DIMCENTER	圆心标记
21		E	ERASE	删除	53		LE	QLEADER	快速引线
22		CO	COPY	复制	54		MLD	MLEADER	多重引线
23		MI	MIRROR	镜像	55		DED	DIMEDIT	编辑标注
24		O	OFFSET	偏移	56		DOV	DIMOVERRIDE	替换标注系统变量
25		AR	ARRAY	阵列					
26		M	MOVE	移动	捕捉命令				
27		RO	ROTATE	旋转	57		END	ENDPOINT	端点
28		SC	SCALE	缩放	58		MID	MIDPOINT	中点
29		S	STRETCH	拉伸	59		CEN	CENTER	中心点
30		LEN	LENGTHEN	拉长线	60		NODE	NODE	节点
31		TR	TRIM	修剪	61		QUA	QUADRANT	象限点
32		EX	EXTEND	延伸	62		INT	INTERSECTION	交点
33		BR	BREAK	打断	63		INS	INSERTION	插入点
34		CHA	CHAMFER	倒角	64		PER	PERPENDICULAR	垂足
35		F	FILLET	倒圆角	65		TAN	TANGENT	切点

续表

序号	图标	快捷键	命令	命令说明	序号	图标	快捷键	命令及说明	
66		NEAR	NEAREST	最近点	功能键				
格式命令					96		F1	获得帮助	
67		LA	LAYER	图层	97		F2	打开或关闭文本窗口	
68		COL	COLOR	颜色	98		F3	打开或关闭对象捕捉	
69		LT	LINETYPE	线型	99		F4	打开或关闭三维对象捕捉	
70		LW	LWEIGHT	线宽	100		F5	进行等轴测平面的切换	
71		ST	TEXT STYLE	文字样式	101		F6	打开或关闭动态 UCS	
72		D	DIMSTYLE	标注样式	102		F7	打开或关闭栅格	
73		MLS	MLEADERSTY-LE	多重引线样式	103		F8	打开或关闭正交	
					104		F9	打开或关闭捕捉	
74			PTYPE	点样式	105		F10	打开或关闭极轴	
75		UN	UNITS	图形单位	106		F11	打开或关闭对象捕捉追踪	
76		LTS	LTSCALE	线型比例	CTRL 快捷键				
77		TH	THICKNESS	厚度	107		Ctrl+0	打开或关闭全屏显示	
视窗操作					108		Ctrl+1	打开特性面板	
78		Z	ZOOM	视窗缩放	109		Ctrl+2	打开设计中心	
79		P	PAN	视窗平移	110		Ctrl+3	打开工具选项板	
80		R	REDRAW	重画	111		Ctrl+4	打开图纸集管理器	
81		RE	REGEN	重新生成	112		Ctrl+6	打开数据库连接管理器	
82		REA	REGENALL	全部重生成	113		Ctrl+7	打开标记集管理器	
83		TO	TOOLBARS	工具栏	114		Ctrl+8	打开快速计算器	
三维					115		Ctrl+9	打开或隐藏命令行	
84		EXT	EXTRUDE	拉伸	116		Ctrl+N	NEW	新建文件
85		REV	REVOLVE	旋转	117		Ctrl+O	OPEN	打开文件
86		3F	3DFACE	三维面	118		Ctrl+S	QSAVE	快速保存文件
87		3P	3DPLOY	三维多段线	119		Ctrl+P	PRINT	打印
88		3A	3DARRAY	三维阵列	120		Ctrl+X	CUT	剪切
89		VP	VPOINT	视点	121		Ctrl+C	COPY	复制
90		UC	UCS	用户坐标系	122		Ctrl+V	PASTE	粘贴
91		SEC	SECTION	截面面域	123		Ctrl+Z	UNDO	放弃
92		SL	SLICE	剖切	124		Ctrl+Y	REDO	重做
93		UNI	UNION	并集	125		Ctrl+A	AI_SELALL	选择全部对象
94		SU	SUBTRACT	差集					
95		IN	INTERSECT	交集	126		Ctrl+Q	QUIT	退出

参 考 文 献

[1] 叶玉驹，焦永和，张彤. 机械制图手册[M]. 5版. 机械工业出版社，2012.
[2] 王其昌，翁民玲. 机械制图[M]. 4版. 人民邮电出版社，2014.
[3] 孙岩，胡仁喜，尹芹芹，等. AutoCAD 2015中文版机械设计实例教程[M]. 机械工业出版社，2015.

北京大学出版社高职高专机电系列规划教材

序号	书号	书名	编著者	定价	印次	出版日期	配套情况
	"十二五"职业教育国家规划教材						
1	978-7-301-24455-5	电力系统自动装置(第2版)	王 伟	26.00	1	2014.8	ppt/pdf
2	978-7-301-24506-4	电子技术项目教程(第2版)	徐超明	42.00	1	2014.7	ppt/pdf
3	978-7-301-24475-3	零件加工信息分析(第2版)	谢 蕾	52.00	2	2015.1	ppt/pdf
4	978-7-301-24227-8	汽车电气系统检修(第2版)	宋作军	30.00	1	2014.8	ppt/pdf
5	978-7-301-24507-1	电工技术与技能	王 平	42.00	1	2014.8	ppt/pdf
6	978-7-301-17398-5	数控加工技术项目教程	李东君	48.00	1	2010.8	ppt/pdf
7	978-7-301-25341-0	汽车构造(上册)——发动机构造(第2版)	罗灯明	35.00	1	2015.5	ppt/pdf
8	978-7-301-25529-2	汽车构造(下册)——底盘构造(第2版)	鲍远通	36.00	1	2015.5	ppt/pdf
9	978-7-301-25650-3	光伏发电技术简明教程	静国梁	29.00	1	2015.6	ppt/pdf
10	978-7-301-24589-7	光伏发电系统的运行与维护	付新春	33.00	1	2015.7	ppt/pdf
11	978-7-301-18322-9	电子EDA技术(Multisim)	刘训非	30.00	2	2012.7	ppt/pdf
	机械类基础课						
1	978-7-301-13653-9	工程力学	武昭晖	25.00	3	2011.2	ppt/pdf
2	978-7-301-13574-7	机械制造基础	徐从清	32.00	3	2012.7	ppt/pdf
3	978-7-301-13656-0	机械设计基础	时忠明	25.00	3	2012.7	ppt/pdf
4	978-7-301-13662-1	机械制造技术	宁广庆	42.00	2	2010.11	ppt/pdf
5	978-7-301-27082-0	机械制造技术	徐 勇	48.00	1	2016.5	ppt/pdf
6	978-7-301-19848-3	机械制造综合设计及实训	裘俊彦	37.00	1	2013.4	ppt/pdf
7	978-7-301-19297-9	机械制造工艺及夹具设计	徐 勇	28.00	1	2011.8	ppt/pdf
8	978-7-301-25479-0	机械制图——基于工作过程(第2版)	徐连孝	62.00	1	2015.5	ppt/pdf
9	978-7-301-18143-0	机械制图习题集	徐连孝	20.00	2	2013.4	ppt/pdf
10	978-7-301-15692-6	机械制图	吴百中	26.00	2	2012.7	ppt/pdf
11	978-7-301-27234-3	机械制图	陈世芳	42.00	1	2016.8	ppt/pdf/素材
12	978-7-301-27233-6	机械制图习题集	陈世芳	38.00	1	2016.8	pdf
13	978-7-301-22916-3	机械图样的识读与绘制	刘永强	36.00	1	2013.8	ppt/pdf
14	978-7-301-23354-2	AutoCAD应用项目化实训教程	王利华	42.00	1	2014.1	ppt/pdf
15	978-7-301-17122-6	AutoCAD机械绘图项目教程	张海鹏	36.00	3	2013.8	ppt/pdf
16	978-7-301-17573-6	AutoCAD机械绘图基础教程	王长忠	32.00	1	2013.8	ppt/pdf
17	978-7-301-19010-4	AutoCAD机械绘图基础教程与实训(第2版)	欧阳全会	36.00	3	2014.1	ppt/pdf
18	978-7-301-22185-3	AutoCAD 2014机械应用项目教程	陈善岭	32.00	1	2016.1	ppt/pdf
19	978-7-301-26591-8	AutoCAD 2014机械绘图项目教程	朱 昱	40.00	1	2016.2	ppt/pdf
20	978-7-301-24536-1	三维机械设计项目教程(UG版)	龚肖新	45.00	1	2014.9	ppt/pdf
21	978-7-301-20752-9	液压传动与气动技术(第2版)	曹建东	40.00	2	2014.1	ppt/pdf/素材
22	978-7-301-13582-2	液压与气压传动技术	袁 广	24.00	5	2013.8	ppt/pdf
23	978-7-301-24381-7	液压与气动技术项目教程	武 威	30.00	1	2014.8	ppt/pdf
24	978-7-301-19436-2	公差与测量技术	余 键	25.00	1	2011.9	ppt/pdf
25	978-7-5038-4861-2	公差配合与测量技术	南秀蓉	23.00	4	2011.12	ppt/pdf
26	978-7-301-19374-7	公差配合与技术测量	庄佃霞	26.00	2	2013.8	ppt/pdf
27	978-7-301-25614-5	公差配合与测量技术项目教程	王丽丽	26.00	1	2015.4	ppt/pdf
28	978-7-301-25953-5	金工实训(第2版)	柴增田	38.00	1	2015.6	ppt/pdf
29	978-7-301-13651-5	金属工艺学	柴增田	27.00	1	2011.6	ppt/pdf
30	978-7-301-23868-4	机械加工工艺编制与实施(上册)	于爱武	42.00	1	2014.3	ppt/pdf/素材
31	978-7-301-24546-0	机械加工工艺编制与实施(下册)	于爱武	42.00	1	2014.7	ppt/pdf/素材

序号	书号	书名	编著者	定价	印次	出版日期	配套情况
32	978-7-301-21988-1	普通机床的检修与维护	宋亚林	33.00	1	2013.1	ppt/pdf
33	978-7-5038-4869-8	设备状态监测与故障诊断技术	林英志	22.00	3	2011.8	ppt/pdf
34	978-7-301-22116-7	机械工程专业英语图解教程(第 2 版)	朱派龙	48.00	2	2015.5	ppt/pdf
35	978-7-301-23198-2	生产现场管理	金建华	38.00	1	2013.9	ppt/pdf
36	978-7-301-24788-4	机械 CAD 绘图基础及实训	杜 洁	30.00	1	2014.9	ppt/pdf
数控技术类							
1	978-7-301-17148-6	普通机床零件加工	杨雪青	26.00	2	2013.8	ppt/pdf/素材
2	978-7-301-17679-5	机械零件数控加工	李 文	38.00	1	2010.8	ppt/pdf
3	978-7-301-13659-1	CAD/CAM 实体造型教程与实训(Pro/ENGINEER 版)	诸小丽	38.00	4	2014.7	ppt/pdf
4	978-7-301-24647-6	CAD/CAM 数控编程项目教程(UG 版)(第 2 版)	慕 灿	48.00	1	2014.8	ppt/pdf
5	978-7-301-21873-0	CAD/CAM 数控编程项目教程(CAXA 版)	刘玉春	42.00	1	2013.3	ppt/pdf
6	978-7-5038-4866-7	数控技术应用基础	宋建武	22.00	1	2010.7	ppt/pdf
7	978-7-301-13262-3	实用数控编程与操作	钱东东	32.00	4	2013.8	ppt/pdf
8	978-7-301-14470-1	数控编程与操作	刘瑞已	29.00	2	2011.2	ppt/pdf
9	978-7-301-20312-5	数控编程与加工项目教程	周晓宏	42.00	1	2012.3	ppt/pdf
10	978-7-301-23898-1	数控加工编程与操作实训教程(数控车分册)	王忠斌	36.00	1	2014.6	ppt/pdf
11	978-7-301-20945-5	数控铣削技术	陈晓罗	42.00	1	2012.7	ppt/pdf
12	978-7-301-21053-6	数控车削技术	王军红	28.00	1	2012.8	ppt/pdf
13	978-7-301-25927-6	数控车削编程与操作项目教程	肖国涛	26.00	1	2015.7	ppt/pdf
14	978-7-301-17398-5	数控加工技术项目教程	李东君	48.00	1	2010.8	ppt/pdf
15	978-7-301-21119-9	数控机床及其维护	黄应勇	38.00	1	2012.8	ppt/pdf
16	978-7-301-20002-5	数控机床故障诊断与维修	陈学军	38.00	1	2012.1	ppt/pdf
模具设计与制造类							
1	978-7-301-23892-9	注射模设计方法与技巧实例精讲	邹继强	54.00	1	2014.2	ppt/pdf
2	978-7-301-24432-6	注射模典型结构设计实例图集	邹继强	54.00	1	2014.6	ppt/pdf
3	978-7-301-18471-4	冲压工艺与模具设计	张 芳	39.00	1	2011.3	ppt/pdf
4	978-7-301-19933-6	冷冲压工艺与模具设计	刘洪贤	32.00	1	2012.1	ppt/pdf
5	978-7-301-20414-6	Pro/ENGINEER Wildfire 产品设计项目教程	罗 武	31.00	1	2012.5	ppt/pdf
6	978-7-301-16448-8	Pro/ENGINEER Wildfire 设计实训教程	吴志清	38.00	1	2012.8	ppt/pdf
7	978-7-301-22678-0	模具专业英语图解教程	李东君	22.00	1	2013.7	ppt/pdf
电气自动化类							
1	978-7-301-18519-3	电工技术应用	孙建领	26.00	1	2011.3	ppt/pdf
2	978-7-301-25670-1	电工电子技术项目教程（第 2 版）	杨德明	49.00	1	2016.2	配套情况
3	978-7-301-22546-2	电工技能实训教程	韩亚军	22.00	1	2013.6	ppt/pdf
4	978-7-301-22923-1	电工技术项目教程	徐超明	38.00	1	2013.8	ppt/pdf
5	978-7-301-12390-4	电力电子技术	梁南丁	29.00	3	2013.5	ppt/pdf
6	978-7-301-17730-3	电力电子技术	崔 红	23.00	1	2010.9	ppt/pdf
7	978-7-301-19525-3	电工电子技术	倪 涛	38.00	1	2011.9	ppt/pdf
8	978-7-301-24765-5	电子电路分析与调试	毛玉青	35.00	1	2015.3	ppt/pdf
9	978-7-301-16830-1	维修电工技能与实训	陈学平	37.00	1	2010.7	ppt/pdf
10	978-7-301-12180-1	单片机开发应用技术	李国兴	21.00	2	2010.9	ppt/pdf
11	978-7-301-20000-1	单片机应用技术教程	罗国荣	40.00	1	2012.2	ppt/pdf
12	978-7-301-21055-0	单片机应用项目化教程	顾亚文	32.00	1	2012.8	ppt/pdf
13	978-7-301-17489-0	单片机原理及应用	陈高锋	32.00	1	2012.9	ppt/pdf
14	978-7-301-24281-0	单片机技术及应用	黄贻培	30.00	1	2014.7	ppt/pdf
15	978-7-301-22390-1	单片机开发与实践教程	宋玲玲	24.00	1	2013.6	ppt/pdf

序号	书号	书名	编著者	定价	印次	出版日期	配套情况
16	978-7-301-17958-1	单片机开发入门及应用实例	熊华波	30.00	1	2011.1	ppt/pdf
17	978-7-301-16898-1	单片机设计应用与仿真	陆旭明	26.00	2	2012.4	ppt/pdf
18	978-7-301-19302-0	基于汇编语言的单片机仿真教程与实训	张秀国	32.00	1	2011.8	ppt/pdf
19	978-7-301-12181-8	自动控制原理与应用	梁南丁	23.00	3	2012.1	ppt/pdf
20	978-7-301-19638-0	电气控制与PLC应用技术	郭 燕	24.00	1	2012.1	ppt/pdf
21	978-7-301-18622-0	PLC与变频器控制系统设计与调试	姜永华	34.00	1	2011.6	ppt/pdf
22	978-7-301-19272-6	电气控制与PLC程序设计(松下系列)	姜秀玲	36.00	1	2011.8	ppt/pdf
23	978-7-301-12383-6	电气控制与PLC(西门子系列)	李 伟	26.00	2	2012.3	ppt/pdf
24	978-7-301-18188-1	可编程控制器应用技术项目教程(西门子)	崔维群	38.00	2	2013.6	ppt/pdf
25	978-7-301-23432-7	机电传动控制项目教程	杨德明	40.00	1	2014.1	ppt/pdf
26	978-7-301-12382-9	电气控制及PLC应用(三菱系列)	华满香	24.00	2	2012.5	ppt/pdf
27	978-7-301-22315-4	低压电气控制安装与调试实训教程	张 郭	24.00	1	2013.4	ppt/pdf
28	978-7-301-24433-3	低压电器控制技术	肖朋生	34.00	1	2014.7	ppt/pdf
29	978-7-301-22672-8	机电设备控制基础	王本铁	32.00	1	2013.7	ppt/pdf
30	978-7-301-18770-8	电机应用技术	郭宝宁	33.00	1	2011.5	ppt/pdf
31	978-7-301-23822-6	电机与电气控制	郭夕琴	34.00	1	2014.8	ppt/pdf
32	978-7-301-17324-4	电机控制与应用	魏润仙	34.00	1	2010.8	ppt/pdf
33	978-7-301-21269-1	电机控制与实践	徐 锋	34.00	1	2012.9	ppt/pdf
34	978-7-301-12389-8	电机与拖动	梁南丁	32.00	2	2011.12	ppt/pdf
35	978-7-301-18630-5	电机与电力拖动	孙英伟	33.00	1	2011.3	ppt/pdf
36	978-7-301-16770-0	电机拖动与应用实训教程	任娟平	36.00	1	2012.11	ppt/pdf
37	978-7-301-22632-2	机床电气控制与维修	崔兴艳	28.00	1	2013.7	ppt/pdf
38	978-7-301-22917-0	机床电气控制与PLC技术	林盛昌	36.00	1	2013.8	ppt/pdf
39	978-7-301-26499-7	传感器检测技术及应用(第2版)	王晓敏	45.00	1	2015.11	ppt/pdf
40	978-7-301-20654-6	自动生产线调试与维护	吴有明	28.00	1	2013.1	ppt/pdf
41	978-7-301-21239-4	自动生产线安装与调试实训教程	周 洋	30.00	1	2012.9	ppt/pdf
42	978-7-301-18852-1	机电专业英语	戴正阳	28.00	2	2013.8	ppt/pdf
43	978-7-301-24764-8	FPGA应用技术教程(VHDL版)	王真富	38.00	1	2015.2	ppt/pdf
44	978-7-301-26201-6	电气安装与调试技术	卢 艳	38.00	1	2015.8	ppt/pdf
45	978-7-301-26215-3	可编程控制器编程及应用(欧姆龙机型)	姜凤武	27.00	1	2015.8	ppt/pdf
46	978-7-301-26481-2	PLC与变频器控制系统设计与高度(第2版)	姜永华	44.00	1	2016.7	ppt/pdf
		汽车类					
1	978-7-301-17694-8	汽车电工电子技术	郑广军	33.00	1	2011.1	ppt/pdf
2	978-7-301-26724-0	汽车机械基础(第2版)	张本升	45.00	1	2016.1	ppt/pdf/素材
3	978-7-301-26500-0	汽车机械基础教程(第3版)	吴笑伟	35.00	1	2015.12	ppt/pdf/素材
4	978-7-301-17821-8	汽车机械基础项目化教学标准教程	傅华娟	40.00	2	2014.8	ppt/pdf
5	978-7-301-19646-5	汽车构造	刘智婷	42.00	1	2012.1	ppt/pdf
6	978-7-301-25341-0	汽车构造(上册)——发动机构造(第2版)	罗灯明	35.00	1	2015.5	ppt/pdf
7	978-7-301-25529-2	汽车构造(下册)——底盘构造(第2版)	鲍远通	36.00	1	2015.5	ppt/pdf
8	978-7-301-13661-4	汽车电控技术	祁翠琴	39.00	6	2015.2	ppt/pdf
9	978-7-301-19147-7	电控发动机原理与维修实务	杨洪庆	27.00	1	2011.7	ppt/pdf
10	978-7-301-13658-4	汽车发动机电控系统原理与维修	张吉国	25.00	2	2012.4	ppt/pdf
11	978-7-301-18494-3	汽车发动机电控技术	张 俊	46.00	2	2013.8	ppt/pdf/素材
12	978-7-301-21989-8	汽车发动机构造与维修(第2版)	蔡兴旺	40.00	1	2013.1	ppt/pdf/素材
14	978-7-301-18948-1	汽车底盘电控原理与维修实务	刘映凯	26.00	1	2012.1	ppt/pdf
15	978-7-301-24227-8	汽车电气系统检修(第2版)	宋作军	30.00	1	2014.8	ppt/pdf
16	978-7-301-23512-6	汽车车身电控系统检修	温立全	30.00	1	2014.1	ppt/pdf
17	978-7-301-18850-7	汽车电器设备原理与维修实务	明光星	38.00	2	2013.9	ppt/pdf

序号	书号	书名	编著者	定价	印次	出版日期	配套情况
18	978-7-301-20011-7	汽车电器实训	高照亮	38.00	1	2012.1	ppt/pdf
19	978-7-301-22363-5	汽车车载网络技术与检修	闫炳强	30.00	1	2013.6	ppt/pdf
20	978-7-301-14139-7	汽车空调原理及维修	林钢	26.00	3	2013.8	ppt/pdf
21	978-7-301-16919-3	汽车检测与诊断技术	娄云	35.00	2	2011.7	ppt/pdf
22	978-7-301-22988-0	汽车拆装实训	詹远武	44.00	1	2013.8	ppt/pdf
23	978-7-301-18477-6	汽车维修管理实务	毛峰	23.00	1	2011.3	ppt/pdf
24	978-7-301-19027-2	汽车故障诊断技术	明光星	25.00	1	2011.6	ppt/pdf
25	978-7-301-17894-2	汽车养护技术	隋礼辉	24.00	1	2011.3	ppt/pdf
26	978-7-301-22746-6	汽车装饰与美容	金守玲	34.00	1	2013.7	ppt/pdf
27	978-7-301-25833-0	汽车营销实务(第2版)	夏志华	32.00	1	2015.6	ppt/pdf
28	978-7-301-15578-3	汽车文化	刘锐	28.00	4	2013.2	ppt/pdf
29	978-7-301-20753-6	二手车鉴定与评估	李玉柱	28.00	1	2012.6	ppt/pdf
30	978-7-301-26595-6	汽车专业英语图解教程(第2版)	侯锁军	29.00	1	2016.4	ppt/pdf/素材
31	978-7-301-27089-9	汽车营销服务礼仪(第2版)	夏志华	36.00	1	2016.6	ppt/pdf
电子信息、应用电子类							
1	978-7-301-19639-7	电路分析基础(第2版)	张丽萍	25.00	1	2012.9	ppt/pdf
2	978-7-301-19310-5	PCB板的设计与制作	夏淑丽	33.00	1	2011.8	ppt/pdf
3	978-7-301-21147-2	Protel 99 SE 印制电路板设计案例教程	王静	35.00	1	2012.8	ppt/pdf
4	978-7-301-18520-9	电子线路分析与应用	梁玉国	34.00	1	2011.7	ppt/pdf
5	978-7-301-12387-4	电子线路CAD	殷庆纵	28.00	4	2012.7	ppt/pdf
6	978-7-301-12390-4	电力电子技术	梁南丁	29.00	2	2010.7	ppt/pdf
7	978-7-301-17730-3	电力电子技术	崔红	23.00	1	2010.7	ppt/pdf
8	978-7-301-19525-3	电工电子技术	倪涛	38.00	1	2011.9	ppt/pdf
9	978-7-301-18519-3	电工技术应用	孙建领	26.00	1	2011.3	ppt/pdf
10	978-7-301-22546-2	电工技能实训教程	韩亚军	22.00	1	2013.6	ppt/pdf
11	978-7-301-22923-1	电工技术项目教程	徐超明	38.00	1	2013.8	ppt/pdf
12	978-7-301-25670-1	电工电子技术项目教程（第2版）	杨德明	49.00	1	2016.2	ppt/pdf
14	978-7-301-26076-0	电子技术应用项目式教程(第2版)	王志伟	40.00	1	2015.9	ppt/pdf/素材
15	978-7-301-22959-0	电子焊接技术实训教程	梅琼珍	24.00	1	2013.8	ppt/pdf
16	978-7-301-17696-2	模拟电子技术	蒋然	35.00	1	2010.8	ppt/pdf
17	978-7-301-13572-3	模拟电子技术及应用	刁修睦	28.00	3	2012.8	ppt/pdf
18	978-7-301-18144-7	数字电子技术项目教程	冯泽虎	28.00	1	2011.1	ppt/pdf
19	978-7-301-19153-8	数字电子技术与应用	宋雪臣	33.00	1	2011.9	ppt/pdf
20	978-7-301-20009-4	数字逻辑与微机原理	宋振辉	49.00	1	2012.1	ppt/pdf
21	978-7-301-12386-7	高频电子线路	李福勤	20.00	3	2013.8	ppt/pdf
22	978-7-301-20706-2	高频电子技术	朱小祥	32.00	1	2012.6	ppt/pdf
23	978-7-301-18322-9	电子EDA技术(Multisim)	刘训非	30.00	2	2012.7	ppt/pdf
24	978-7-301-14453-4	EDA技术与VHDL	宋振辉	28.00	2	2013.8	ppt/pdf
25	978-7-301-22362-8	电子产品组装与调试实训教程	何杰	28.00	1	2013.6	ppt/pdf
26	978-7-301-19326-6	综合电子设计与实践	钱卫钧	25.00	2	2013.8	ppt/pdf
27	978-7-301-17877-5	电子信息专业英语	高金玉	26.00	2	2011.11	ppt/pdf
28	978-7-301-23895-0	电子电路工程训练与设计、仿真	孙晓艳	39.00	1	2014.3	ppt/pdf
29	978-7-301-24624-5	可编程逻辑器件应用技术	魏欣	26.00	1	2014.8	ppt/pdf
30	978-7-301-26156-9	电子产品生产工艺与管理	徐中贵	38.00	1	2015.8	ppt/pdf

如您需要更多教学资源如电子课件、电子样章、习题答案等，请登录北京大学出版社第六事业部官网 www.pup6.cn 搜索下载。

如您需要浏览更多专业教材，请扫下面的二维码，关注北京大学出版社第六事业部官方微信（微信号：pup6book），随时查询专业教材、浏览教材目录、内容简介等信息，并可在线申请纸质样书用于教学。

感谢您使用我们的教材，欢迎您随时与我们联系，我们将及时做好全方位的服务。联系方式：010-62750667，329056787@qq.com，pup_6@163.com，lihu80@163.com，欢迎来电来信。客户服务QQ号：1292552107，欢迎随时咨询。